研究生高水平课程体系建设丛书

机器人控制技术及智能控制方法

樊泽明　吴　娟　李祥阳　编著

西北工业大学出版社
西　安

【内容简介】 本书是一部系统、全面介绍机器人建模与控制的教材,全面反映国内外机器人学研究和应用的最新进展。全书分为9章,内容涉及机器人学的概况、理论基础、运动学分析、静力学分析、动力学分析、经典控制方法、状态空间控制、最优控制、模型预测控制和智能控制等。

本书适合作为高年级本科生和研究生的"机器人建模与控制"课程的教材,也适合从事机器人研究、开发和应用的科技人员阅读、参考。

图书在版编目(CIP)数据

机器人控制技术及智能控制方法/樊泽明,吴娟,李祥阳编著.—西安:西北工业大学出版社,2020.9
(研究生高水平课程体系建设丛书)
ISBN 978-7-5612-7302-9

Ⅰ.①机… Ⅱ.①樊… ②吴… ③李… Ⅲ.①机器人控制-研究生-教材 Ⅳ.①TP24

中国版本图书馆CIP数据核字(2020)第185010号

JIQIREN KONGZHI JISHU JI ZHINENG KONGZHI FANGFA
机 器 人 控 制 技 术 及 智 能 控 制 方 法

责任编辑:朱辰浩　　策划编辑:何格夫
责任校对:孙　倩　　装帧设计:李　飞
出版发行:西北工业大学出版社
通信地址:西安市友谊西路127号　　邮编:710072
电　　话:(029)88491757,88493844
网　　址:www.nwpup.com
印 刷 者:陕西向阳印务有限公司
开　　本:787 mm×1 092 mm　　1/16
印　　张:10.875
字　　数:285千字
版　　次:2020年9月第1版　　2020年9月第1次印刷
定　　价:50.00元

前　　言

机器人成为人类社会的一员已经60多年了。作为一门高度交叉的前沿学科，机器人学已引起越来越多的具有不同背景人士的广泛兴趣，并获得快速发展，取得了令人瞩目的成就。进入21世纪以来，工业机器人产业发展速度加快，年增长率达到30%左右。其中，亚洲工业机器人增长速度最为突出，高达43%，工业机器人市场前景看好。中国有望成为世界最大的机器人市场。近年来，世界主要机器人大国正在雄心勃勃、争先恐后地发展智能机器人技术，这必将促进国际机器人研究与应用进入一个新的时期，推动机器人技术达到一个新的水平。

全书分为9章，内容涉及机器人学的概况、理论基础、运动学分析、静力学分析、动力学分析、经典控制方法、状态空间控制、最优控制、模型预测控制和智能控制等。第1章简述机器人学的起源与发展，讨论机器人的分类，介绍机器人建模与控制技术。第2章讨论机器人学的理论基础，包括空间点的位置与刚体的位置和姿态变换、动系的位置和姿态、平移的奇次变换、旋转的奇次变换、复合齐次变换、算子左右乘规则等。第3章介绍机器人坐标系的建立、相邻杆件坐标系间的位姿分析，以及机器人正向运动学、机器人逆向运动学的求解方法。第4章介绍与机器人速度和静力有关的雅可比矩阵，在机器人雅可比矩阵分析的基础上进行机器人的静力分析等。第5章着重分析机械手动力学方程的两种解法——牛顿-欧拉动态平衡法和拉格朗日功能平衡法，然后总结出建立拉格朗日方程的步骤，并以二连杆和三连杆机械手为例推导出机械手动力学方程，最后探讨机器人的动态特性和静态特性。第6章介绍机器人的经典控制方法。第7章讨论机器人的状态空间控制方法。第8章讨论机器人的最优控制和模型预测控制。第9章介绍机器人的智能控制。

本书适合作为高年级本科生和研究生的“机器人建模与控制”课程的教材。当本书作为本科生教材时，教师可以跳过第5、8、9章等偏难内容章节；当本书作为研究生教材时，教师可补充一些反映最新研究进展的学术论文和专题研究资料。本书也适合从事机器人学研究、开发和应用的科技人员阅读、参考。

本书由西北工业大学樊泽明、吴娟和西安航空学院李祥阳编著。其中，樊泽明全面负责制订编写大纲、统稿和定稿，吴娟编写第2～4章，李祥阳编写第1章和第5～9章。

在本书的编写和出版过程中，笔者得到了众多领导、专家、教授、朋友和学生的热情鼓励和帮助，在此表示感谢。笔者编写本书曾参阅了相关文献资料，在此对其作者致以衷心的感谢。

由于水平有限，书中不妥之处恳请广大读者指正。

编著者

2020年6月

目　　录

第1章　绪　　论

人类进入21世纪以来，除了致力于自身的发展外，还需要关注机器人。当今社会的人们对"机器人"这个名称并不陌生。从古代的神话传说到现代的科学幻想小说、戏剧电影和电视，都有许多关于机器人的精彩描绘。尽管机器人学和机器人技术已取得许多重要成果，但现实世界中的绝大多数机器人既不像神话和文艺作品所描述的那样智勇双全，也没有像某些企业家、宣传机构和媒体所宣传的那样多才多艺。现在机器人的本领还是比较有限的，不过它正在迅速发展，并开始对整个工业生产、太空、海洋探索及人类生活的各方面产生越来越大的影响。

1.1　机器人学的起源与发展

1.1.1　机器人学的起源

机器人的概念在人类的想象中已经存在3 000多年了。早在我国西周时期(公元前1066年—公元前771年)，就流传着有关巧将偃师献给周穆王一个歌舞机器人的故事。作为第一批自动化动物之一的能够飞翔的木鸟，是在公元前400年—公元前350年间制成的。公元前3世纪古希腊发明家代达罗斯用青铜为克里特岛国王米诺斯塑造了一个守卫宝岛的青铜卫士塔罗斯。在公元前2世纪出现的书籍中，描写过一个具有类似机器人角色的机械化剧院，能够在宫廷仪式上进行舞蹈和乐队表演。我国东汉时期(25—220年)，张恒发明的指南车是世界上最早的机器人雏形。

进入近代之后，人类关于发明各种机械工具和动力机器协助或代替人们从事各种体力劳动的梦想更加强烈。18世纪发明的蒸汽机开辟了利用机器动力代替人类的新纪元。随着动力机器的发明，人类社会出现了第一次工业和科学革命，各种自动机器动力机和动力系统的问世，使机器人开始由幻想时期转入自动机械时期，许多机械式控制的机器人，主要是各种精巧的机器玩具和工艺品，应运而生。

1920年杰克根据作家卡雷尔·凯佩克在他的科幻情节剧《罗萨姆的万能机器人》(R. U. R)中，第1次提出了"机器人"这个名词，这被当成了机器人一词的起源。在该剧本中凯佩克把斯洛伐克语"Robota"理解为奴隶或劳役的意思。该剧预告了机器人的发展对人类社会产生的悲剧性影响，引起人们的广泛关注。该剧的情节大致如下：罗萨姆公司设计制造的机器人，按照其主人的命令默默地、没有感觉和感情、以呆板的方式从事繁重的劳动。后来，该公司研究的机器人技术取得了突破性进展，使机器人具有了智能和感情，导致了机器人的广泛应用，在工厂和家务劳动中，机器人成为必不可少的成员。

凯佩克也提出了机器人的安全、智能和自繁殖问题。机器人技术的进步很可能引发人类不希望出现的问题和结果。虽然科幻世界只是一种想象，但人类担心社会将可能出现这种现实。针对人类社会对即将问世的机器人的不安，美国著名科学幻想小说家阿西莫夫于 1950 年在他的小说《我是机器人》中，提出了以下有名的“机器人三守则”：

(1) 机器人必须不危害人类，也不允许它眼看人类受害而袖手旁观；

(2) 机器人必须绝对服从于人类，除非这种服从有害于人类；

(3) 机器人必须保护自身不受伤害，除非为了保护人类或者是人类命令它做出牺牲。

这三条守则，给机器人社会赋予了新的伦理性，并使机器人概念通俗化，更易于为人类社会所接受。至今，它仍为机器人研究人员、设计制造厂家和用户，提供了十分有意义的指导方针。

1.1.2 机器人学的发展

工业机器人问世的前 10 年(20 世纪 60 年代初期到 70 年代初期)，机器人技术的发展较为缓慢，许多研究单位和公司所做的努力均未获得成功。这一阶段的主要成果有美国斯坦福国际研究所于 1968 年研制的移动式智能机器人夏凯和辛辛那提·米拉克龙公司于 1973 年制成的第一台适于投放市场的机器人 T3 等。

20 世纪 70 年代，人工智能学界开始对机器人产生浓厚兴趣。他们发现，机器人的出现与发展为人工智能的发展带来了新的生机，提供了一个很好的试验平台和应用场所，是人工智能可能取得重大进展的潜在领域。这一认识，很快为许多国家的科技界、产业界和政府有关部门所赞同。随着自动控制理论、电子计算机和航天技术的迅速发展，到了 70 年代中期，机器人技术进入了一个新的发展阶段。70 年代末期，工业机器人有了更大的发展。进入 80 年代后，机器人生产继续保持 70 年代后期的发展势头。到 80 年代中期，机器人制造业成为发展最快和最好的经济部门之一。

20 世纪 80 年代后期，由于传统机器人用户应用工业机器人已趋饱和，从而造成工业机器人产品的积压，不少机器人厂家倒闭或被兼并，使国际机器人学研究和机器人产业出现不景气。90 年代初，机器人产业出现复苏和继续发展迹象。但是，好景不长，1993—1994 年又跌入低谷。全世界工业机器人的数量每年在递增，但市场是波浪式向前发展的，1980 年至 20 世纪末，出现过 3 次马鞍形曲线。1995 年后，全世界的机器人数量逐年增加，增长率也较高，机器人学以较好的发展势头进入 21 世纪。

进入 21 世纪，工业机器人产业发展速度加快，年增长率达到 30%左右。其中，亚洲工业机器人增长速度高达 43%，最为突出。

近年来，全球机器人行业发展迅速，2007 年全球机器人行业总销售量比 2006 年增长 10%。人性化、重型化、智能化已经成为未来机器人产业的主要发展趋势。现在全世界服役的工业机器人总数在 100 万台以上。此外，还有数百万服务机器人在运行。

现在在工业中运行的 90%以上的机器人都不具有智能。随着工业机器人数量的快速增长和工业生产的发展，人们对机器人的工作能力也提出了更高的要求，特别是需要各种具有不同程度智能的机器人和特种机器人。这些智能机器人不仅应用各种反馈传感器，而且还运用人工智能中的各种学习、推理和抉择技术。智能机器人还应用许多最新的智能技术，如临场感技术、虚拟现实技术、多真体技术、人工神经网络技术、遗传算法和遗传编程、仿生技术、多传感器集成和融合技术，以及纳米技术等。

移动机器人是一类具有较高智能的机器人，也是智能机器人研究的前沿和重点领域。智能机动机器人是一类能够通过传感器感知环境和自身状态，实现在有障碍物的环境中面向目标的自主运动，从而完成一定作业功能的机器人系统。移动机器人与其他机器人的不同之处就在于强调了“移动”的特性。移动机器人不仅能够在生产、生活中起到越来越大的作用，而且还是研究复杂智能行为的产生、探索人类思维模式的有效工具与实验平台。21世纪的机器人的智能水平，将提高到令人赞叹的更高水平。

1.2 机器人的分类

机器人的分类方法很多。本书将按机器人的移动性、机器人的控制方式、机械手的几何结构、机器人的智能程度及机器人的用途等方式进行分类。

1.2.1 按机器人的移动性分类

1. 固定式机器人

固定在某个底座上，整台机器人或机械手不能移动，只能移动各个关节。

2. 自动导向车辆(AGVs)

AGVs设计用于在工厂、仓库和运输区域的室内和室外移动材料(一种称为材料处理的应用程序)。它们可能在制造场所运送汽车零件，在出版公司运送新闻纸或在核电厂运送废料。

早期车辆的制导系统基于嵌入在地面的感应导线，而现代车辆使用激光三角测量系统或由地面的磁性地标增强的惯性系统。

现代交通系统通常使用无线通信将所有车辆连接到一个负责控制交通流量的中央计算机。车辆进一步分类的依据是，它们是拉动装满材料的拖车(拖曳式AGV)，还是用叉式AGV来装卸，还是在车顶的平台上运输(单位装载式AGV)。

AGVs可能是移动机器人最发达的市场。公司的存在是为了向许多相互竞争的汽车制造商出售零部件和控制器，而汽车制造商有时存在相互竞争，将产品卖给为特定应用程序组装解决方案的增值系统集成商。除了移动材料，卡车、火车、轮船和飞机的装卸也是未来几代交通工具的潜在应用。

3. 服务机器人

服务机器人执行的任务如果由人类来执行，就会被认为是服务行业的工作。有些服务任务，如邮件、食品和药物的递送，被认为是“轻”材料处理，与AGVs的工作类似。然而，许多服务任务的特点是与人的亲密程度更高，从应对人群到回答问题。

医疗服务机器人可以用来给病人送食物、水、药品和阅读材料等。它们还可以从一个地方到另一个地方的医院移动生物样本、废物、医疗记录和行政报告。

监视机器人就像自动化的保安。在某些情况下，能够胜任在一个区域内移动并简单地探测入侵者的自动化能力是很有价值的。这个应用程序是移动机器人制造商的早期兴趣之一。

4. 清洁和草坪护理机器人

其他服务机器人包括用于机构和家庭地板清洁和草坪护理的机器人。清洁机器人用于机场、超市、购物中心和工厂等。它们的工作包括清洗、清扫、吸尘、洗地毯和收垃圾。

这些设备与到达某个地方或携带任何东西无关,而是与至少一次到达任何地方有关。它们想要覆盖地板特定区域的每一部分来进行清洁。

5. 社交机器人

社交机器人是专门设计用来与人类互动的服务机器人,它们的主要目的通常是传递信息或娱乐。虽然是固定地传递信息,但社交机器人出于这样或那样的原因需要移动。

一些潜在的应用包括回答零售商店(如杂货店)中的产品位置问题。在餐厅里给孩子送汉堡的机器人会很有趣。老年人和体弱者的机器人助手(如机器人导盲犬)可以帮助他们的主人看东西、移动,或者记住他们的药物。

近年来,索尼公司生产和销售了一些令人印象深刻的机器人,用来娱乐它们的主人。最早的这类设备被包装成“宠物”。博物馆和博览会的自动导游可以指导顾客参观特定的展品。

6. 现场机器人

大多数事情在户外都比较难做:在恶劣的天气很难看到,很难决定如何穿过复杂的自然地形,也很容易陷入困境。而野战机器人可以在极具挑战性的户外自然地形“野战”条件下执行任务。几乎任何类型的车辆,必须在户外环境中移动和做有用的工作,都有可能实现自动化。

野战机器人看起来很像人类驱动的同类。野战机器人通常是安装在移动基座上的武器和/或工具(通常称为工具)。因此,专家们举例说明了一个更普遍的情况,移动机器人不仅会去某个地方,而且还会以某种有用的方式与环境进行物理交互。

在农业方面,真正和潜在的应用包括种植、除草、化学(除草剂、杀虫剂、肥料)应用、修剪、收获和采摘水果和蔬菜。与家庭除草不同,大规模的除草在公园、高尔夫球场和公路中间地带是必要的。用于割草、专门的人力驱动车辆是自动化的良好候选。在林业方面,照料苗圃和收获成年树木是潜在的应用。

在采矿和挖掘中有多种应用。在地面上,挖掘机、装载机和岩石卡车已经在露天矿山实现了自动化。井下、钻机、锚杆机、连续式采煤机和自卸车都实现了自动化。

7. 检查、侦察、监视和探测机器人

检查、侦察、监视和探测机器人是现场机器人,它们在移动平台上部署仪器,以检查一个区域或发现、探测某个区域内的某些东西。通常,采用机器人的最佳理由是环境太危险,不能冒险让人类来做这项工作。这种环境的典型例子包括受高辐射水平影响的地区(核电站深处)、某些军事和警察场景(侦察、拆弹)和空间探索。

在能源领域,机器人已被用于检查核反应堆的部件,包括蒸汽发生器、加热管和废物储存罐。用于检查高压电力线、天然气和石油管道的机器人已经原型化或装备完毕。远程驾驶的水下交通工具正变得越来越大,它们已经被用来检查石油钻井平台、海底通信电缆,甚至帮助寻找像泰坦尼克号那样的沉船。

近年来,开发机器人士兵的研究变得尤为紧张。机器人车辆正在考虑用于侦察和监视、部队补给、雷区测绘和清除,以及救护车服务等任务。军用车辆制造商已经在努力将各种各样的机器人技术应用到他们的产品中。拆弹已经是一个成熟的利基市场。

在太空中，一些机器人飞行器已经在火星表面自动行驶了数千米，而在推进器的动力下绕空间站飞行的飞行器的概念已经提上日程有一段时间了。

1.2.2 按机器人的控制方式分类

按照控制方式可把机器人分为非伺服机器人和伺服控制机器人两种。

1. 非伺服机器人

非伺服机器人工作能力比较有限，它们往往涉及那些叫作“终点”“抓放”或“开关”式机器人，尤其是“有限顺序”机器人。这种机器人按照预先编好的程序顺序进行工作，使用终端限位开关、制动器、插销板和定序器来控制机器人机械手的运动。

2. 伺服控制机器人

伺服控制机器人比非伺服机器人有更强的工作能力，因而价格较贵，而且在某种情况下不如简单的机器人可靠。这种机器人通过反馈传感器取得的反馈信号与来自给定装置的综合信号，用比较器加以比较后，得到误差信号，经过放大后用以激发机器人的驱动装置，进而带动末端执行器装置以一定规律运动，到达规定的位置或速度等。显然这就是一个反馈控制系统。伺服控制机器人又可以分为点位伺服控制和连续路径伺服控制两种。

1.2.3 按机器人的几何结构分类

机器人的机械结构形式多种多样。最常用的结构形式是用其坐标特性来描述的。这种坐标结构包括笛卡儿坐标结构、柱面坐标结构、极坐标结构、球面坐标结构和关节式球面坐标结构等。

1.2.4 按机器人的智能程度分类

1. 一般机器人

一般机器人不具有智能，只是具有一般编程能力和操作功能。

2. 智能机器人

智能机器人具有不同程度的智能，又可分为传感型机器人、交互型机器人和自立型机器人。

1.2.5 按机器人的用途分类

1. 工业机器人或产业机器人

工业机器人或产业机器人应用在工农业生产中，主要应用在制造业，进行焊接、喷涂、装配、搬运和农产品加工等作业。

2. 探索机器人

探索机器人用于进行太空或海洋探索，也可用于地面和地下的探险与探索。

3. 服务机器人

服务机器人是一种半自主或全自主工作的机器人，其所从事的服务工作可使人类生存得更好，使制造业以外的设备工作得更好。

4. 军事机器人

军事机器人用于军事目的，或进攻性的、或防务性的。它又可分为空中军用机器人、海洋军用机器人和地面军用机器人，或简称为空军机器人、海军机器人和陆军机器人。

1.3 机器人建模与控制技术

在所有的机器人应用中，完成一个一般性任务需要执行赋予机器人的指定动作。正确相应的动作交由控制系统完成，控制系统为机器人执行器提供与期望运动作相一致的指令。运动控制要求对机械结构、执行器及传感器的特征进行精确分析。分析的目的在于导出描述输入/输出关系的数学模型以刻画机器人组成的特征。因此，对机器人机械手进行建模是制定运动控制策略的必要前提。

机器人建模、规划与控制研究的重要主题是后续章节所考虑的问题，现将其简述如下。

1.3.1 机器人建模技术

机器人机械结构的运动学分析，是描述相对一个固定参考笛卡儿坐标系的运动，其中不考虑导致结构运动的力和力矩。在此很有必要对运动学和微分运动学加以区分。对于一个机器人机械手，运动学描述的是关节位置与末端执行器位置和方向之间的解析关系。微分运动学则是通过雅可比矩阵描述关节运动与末端执行器运动在速度方面的解析关系。

运动学关系的公式化表示，使得对机器人学两个关键问题——所谓的正运动学问题和逆运动学问题的研究成为可能。正运动学利用线性代数工具，确定一个系统性和一般性方法，将末端执行器的运动描述为关节运动的函数。逆运动学考虑前一问题的逆问题，其解的本质作用是将自然地在工作空间中制定给末端执行器的期望运动，转换为相应的关节的运动。

获得一个机械手的运动学模型，对确定处于静态平衡位形时作用到关节上的力和力矩与作用到末端执行器上的力和力矩之间的关系也是有用的。

1. 位姿描述

在机器人研究中，通常在三维空间中研究物体的位置。这里所说的物体既包括操作臂的杆件、零部件和抓持工具，也包括操作臂工作空间内的其他物体。通常这些物体可用两个非常重要的特性——位置和姿态来描述。自然我们会首先研究如何用数学方法表示和计算这些参量。

为了描述空间物体的位姿，一般先将物体固置于一个空间坐标系(即参考系)中，然后就在这个参考系中研究空间物体的位置和姿态。

任一坐标系都能用作描述物体位姿的参考系，我们经常在不同参考系中变换表示物体空间位姿的形式。第 2 章将研究同一物体在不同坐标系中空间位姿的描述方法和数学计算方法。

刚体位姿的研究对于机器人以外的领域也是非常有意义的。

2. 操作臂正运动学

运动学研究物体的运动，而不考虑引起这种运动的力。在运动学中，研究位置、速度、加速度和位置变量对于时间或者其他变量的高阶微分。这样，操作臂运动学的研究对象就是运动的全部几何和时间特性。

几乎所有的操作臂都是由刚性连杆组成的，相邻连杆间由可作相对运动的关节连接。这些关节通常装有位置传感器，用来测量相邻杆件的相对位置。如果是转动关节，这个位移被称为关节角。一些操作臂含有滑动（或移动）关节，那么两个相邻连杆的位移是直线运动，有时将这个位移称为关节偏距。

操作臂自由度的数目是操作臂中具有独立位置变量的数目，这些位置变量确定了机构中所有部件的位置。末端执行器安装在操作臂的自由端。根据机器人的不同应用场合，末端执行器可以是一个夹具、一个焊枪、一个电磁铁或是其他装置。通常用附着于末端执行器上的工具坐标系描述操作臂的位置，与工具坐标系相对应的是与操作臂固定底座相联的基坐标系。

在操作臂运动学的研究中，一个典型的问题是操作臂正运动学。计算操作臂末端执行器的位置和姿态是一个静态的几何问题。具体来讲，给定一组关节角的值，正运动学问题是计算工具坐标系相对于基坐标系的位置和姿态。一般情况下，将这个过程称为从关节空间描述到笛卡儿空间描述的操作臂位置表示。这个问题将在第3章的3.1～3.3节中详细论述。

3. 操作臂逆运动学

第3章的3.4节将讨论操作臂逆运动学。这个问题就是给定操作臂末端执行器的位置和姿态，计算所有可达给定位置和姿态的关节角。这是操作臂实际应用中的一个基本问题。

这是一个相当复杂的几何问题，然而人类或其他生物系统每天都要进行数千次这样的求解。对于机器人这样一个人工智能系统，需要在控制计算机中生成一种算法来实现这种逆向计算。从某种程度上讲，逆运动学问题的求解对于操作臂系统来说是最重要的部分。

笔者认为这是一个“定位”映射问题，是将机器人位姿从三维笛卡儿空间向内部关节空间的映射。当机器人目标位置用外部三维空间坐标表示时，则需要进行这种映射。某些早期的机器人没有这种算法，它们只能简单地被移动（有时要由人工示教）到期望位置，同时记录一系列关节变量（如各关节空间的位置和姿态）以实现再现运动。显然如果机器人只是单纯地记录和再现机器人的关节位置和运动，那么就不需要任何从关节空间到笛卡儿空间的变换算法。然而现在已经很难找到一台没有这种逆运动学算法的工业机器人。

逆运动学不像正运动学那样简单。因为运动学方程是非线性的，所以很难得到封闭解，有时甚至无解，同时提出了解的存在性和多解问题。

上述问题的研究给人脑和神经系统在无意识的情况下引导手臂和手移动及操作物体的现象做出了一种恰当的解释。运动学方程解的存在与否限定了操作臂的工作空间。无解表示目标点处在工作空间之外，因此操作臂不能达到这个期望位姿。

4. 机器人静力学分析

除了分析静态定位问题之外，还希望分析运动中的操作臂。为操作臂定义雅可比矩阵可以比较方便地进行机构的速度分析。雅可比矩阵定义了从关节空间速度向笛卡儿空间速度的映射。这种映射关系随着操作臂位形的变化而变化。在奇异点雅可比矩阵是不可逆的。对这种现象的正确理解对于操作臂的设计者和用户都是十分重要的。

以第一次世界大战中坐在老式双翼飞机后座的机枪手为例。当在前座舱中的驾驶员控制飞机飞行时,后座舱的机枪手负责射击敌人。

为了完成这项任务,后座舱机枪被安装在有两个旋转自由度的机构上,这两个自由度分别被称为方位角和仰角。通过这两个运动(两个自由度),机枪手可以直接射击上半球面中任何方向的目标。

操作臂并不总是在工作空间内自由运动,有时也接触工件或工作面,并施加一个静力。在这种情况下产生的问题是一组什么样的关节力矩能够产生要求的接触力和力矩。为了解决这个问题,自然又要利用操作臂的雅可比矩阵。

5. 机器人动力学分析

动力学是一个广泛的研究领域,主要研究产生运动所需要的力。为了使操作臂从静止开始加速,末端执行器以恒定的速度做直线运动,最后减速停止,必须通过关节驱动器产生一组复杂的力矩函数来实现。关节驱动器产生的力矩函数形式取决于末端执行器路径的空间形式和瞬时特性、连杆和负载的质量特性,以及关节摩擦等因素。控制操作臂沿期望路径运动的一种方法是通过运用操作臂动力学方程求解出这些关节力矩函数。

许多人都有拿起比预想轻得多的物体的经历(例如,从冰箱中取出一瓶牛奶,我们以为是满的,但实际上却几乎是空的),这种对负载的错判可能引起异常的抓举动作。这种经验表明,人体控制系统比纯粹的运动规划更复杂。操作臂控制系统就是利用了质量及其他动力学知识。同样,构造机器人操作臂运动控制的算法也应当把动力学考虑进去。

动力学方程的第二个用途是用于仿真。通过重构动力学方程以便以驱动力矩函数的形式来计算加速度,这样就可以在一组驱动力矩作用下对操作臂的运动进行仿真。随着计算能力的提高和计算成本的下降,仿真在许多领域得到广泛应用并且显得越来越重要。

第 5 章中将推导动力学方程,这些动力学方程可用于对操作臂运动的控制和仿真。

1.3.2 机器人控制技术

实现由控制率指定的运动需要使用执行器和传感器。控制系统的功能是实现控制率及与操作人员的接口。

生成的轨迹构成了机械结构运动控制系统的参考输入。机器人机械手控制的问题在于寻找由关节执行器提供的力和力矩的时间特性,以保证参考轨迹的执行。这一问题相当复杂,因为机械手是一个链接系统,一个连杆的运动会影响其他连杆的运动。机械手的运动方程毫无疑问地揭示出在关节之间存在耦合动态影响,除非是在各轴两两垂直的笛卡儿坐标系中。关节的力和力矩的综合不能以动力学模型信息为唯一的基础,因为该模型并未完全描述真实的结构。因此,机械手控制需要闭合反馈回路。通过计算参考输入和本体传感器所提供数据之间的偏差,反馈控制系统能够满足执行规定轨迹的精度要求。

第 6 章将描述经典控制方法,第 7 章将描述现代控制方法,第 8 章将描述最优控制和模型预测控制方法,第 9 章将描述智能控制。

习 题 1

1.1 国内外机器人技术的发展有何特点?

1.2 制作一个年表,记录在过去40年里工业机器人发展的主要事件。

1.3 简述机器人的正运动学。

1.4 简述机器人的逆运动学。

1.5 简述机器人的速度和静力学。

1.6 简述机器人的动力学。

1.7 简述机器人的控制类型。

第2章　机器人理论基础

机器人种类繁多,但最具代表性的是关节型机器人。关节型机器人是由一个个关节连接起来的空间连杆开式链机构,每个关节都有其伺服驱动单元,各关节的运动在各自关节坐标系里度量,每个关节的运动最终决定了机器人末端执行器的位置与姿态。因此要获得各关节运动对机器人位姿的影响,就必须掌握机器人的运动学和动力学规律。本章将介绍机器人基础理论知识,通过引入齐次坐标对机器人的位置和姿态进行描述,引入齐次变换为后面章节的机器人运动学、动力学分析奠定基础。

2.1　位置和姿态的描述

2.1.1　点的位置

一旦坐标系建立后,空间任一点在坐标系中的位置可以用3×1位置列矢量来表示。如图2-1所示,在直角坐标系$\{A\}$中,空间任一点P的位置可用列矢量$^{A}\boldsymbol{P}$表示为

$$^{A}\boldsymbol{P}=[P_x \quad P_y \quad P_z]^{\mathrm{T}} \tag{2-1}$$

式中,$^{A}\boldsymbol{P}$为位置矢量,左上标表示参考坐标系$\{A\}$;P_x,P_y,P_z是点P在坐标系$\{A\}$中的3个位置坐标分量;T表示转置。

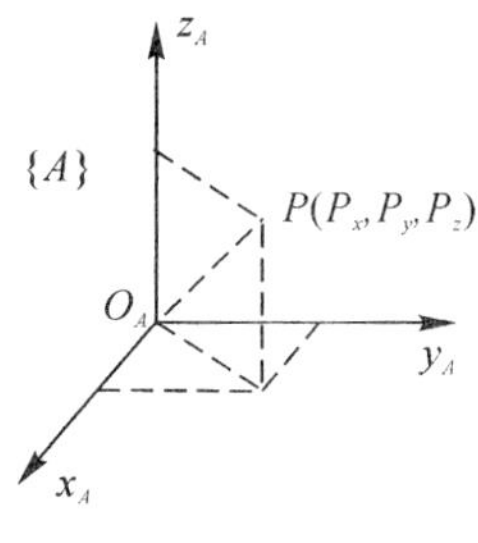

图2-1　点的位置

2.1.2　刚体的位置和姿态

为了研究机器人的运动与操作,往往不仅要表示空间某个点的位置,而且要表示空间某个刚体的位置和姿态,刚体的位姿可由固接于此刚体的坐标系的位姿来描述。如图2-2所示,设一直角坐标系$\{B\}$与刚体固接,原点O_B设在刚体的P点处,在参考坐标系$\{A\}$中,刚体的位置

由坐标系$\{B\}$的原点位置 P 来表示，即

$$^{A}\boldsymbol{P}=[P_x \quad P_y \quad P_z]^{\mathrm{T}} \tag{2-2}$$

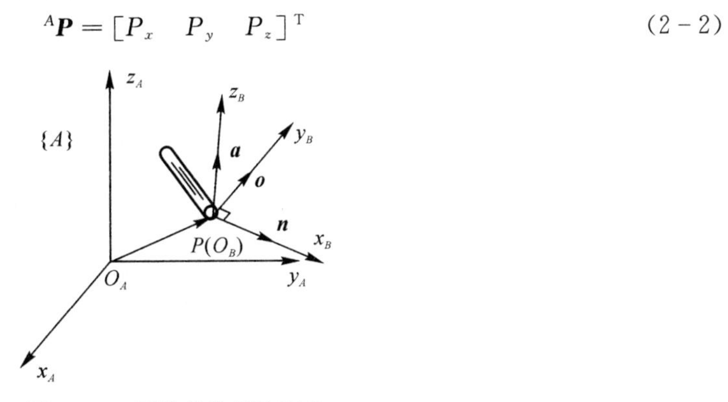

图 2-2　刚体的位置和姿态

原点通常设置在刚体的特征点上，如刚体的质心、杆件的端点等；而刚体的姿态则用坐标系$\{B\}$的 3 个坐标轴的方位来描述，即由坐标轴 x_B,y_B,z_B 的单位矢量 $\boldsymbol{n}$,$\boldsymbol{o}$,$\boldsymbol{a}$ 在参考坐标系$\{A\}$中的方向余弦值组成 3×3 的矩阵来表示，即

$$^{A}\boldsymbol{R}_B=[^{A}\boldsymbol{n} \quad ^{A}\boldsymbol{o} \quad ^{A}\boldsymbol{a}]=\begin{bmatrix} n_x & o_x & a_x \\ n_y & o_y & a_y \\ n_z & o_z & a_z \end{bmatrix}=\begin{bmatrix} \cos\alpha_{nx} & \cos\alpha_{ox} & \cos\alpha_{ax} \\ \cos\beta_{ny} & \cos\beta_{oy} & \cos\beta_{ay} \\ \cos\gamma_{nz} & \cos\gamma_{oz} & \cos\gamma_{az} \end{bmatrix} \tag{2-3}$$

式中：$^{A}\boldsymbol{R}_B$ 称为旋转矩阵，上标 A 代表参考坐标系$\{A\}$，下标 B 代表刚体的坐标系$\{B\}$；$^{A}\boldsymbol{n}$,$^{A}\boldsymbol{o}$,$^{A}\boldsymbol{a}$ 为$\{B\}$系坐标轴单位矢量 $\boldsymbol{n}$,$\boldsymbol{o}$,$\boldsymbol{a}$ 在$\{A\}$中的方位表达；$\cos\alpha_{ij}$,$\cos\beta_{ij}$,$\cos\gamma_{ij}$ 分别表示坐标系$\{B\}$的 i 坐标轴相对于坐标系$\{A\}$的 j 坐标轴的方向余弦，$i=n,o,a$，$j=x,y,z$，则有

$$\left.\begin{aligned} ^{A}\boldsymbol{n}&=[n_x \quad n_y \quad n_z]^{\mathrm{T}}=[\cos\alpha_{nx} \quad \cos\beta_{ny} \quad \cos\gamma_{nz}]^{\mathrm{T}} \\ ^{A}\boldsymbol{o}&=[o_x \quad o_y \quad o_z]^{\mathrm{T}}=[\cos\alpha_{ox} \quad \cos\beta_{oy} \quad \cos\gamma_{oz}]^{\mathrm{T}} \\ ^{A}\boldsymbol{a}&=[a_x \quad a_y \quad a_z]^{\mathrm{T}}=[\cos\alpha_{ax} \quad \cos\beta_{ay} \quad \cos\gamma_{az}]^{\mathrm{T}} \end{aligned}\right\} \tag{2-4}$$

因 $\boldsymbol{n}$,$\boldsymbol{o}$,$\boldsymbol{a}$ 都是单位矢量，且两两互相垂直，则有

$$^{A}\boldsymbol{n}\cdot{}^{A}\boldsymbol{n}={}^{A}\boldsymbol{o}\cdot{}^{A}\boldsymbol{o}={}^{A}\boldsymbol{a}\cdot{}^{A}\boldsymbol{a}=1 \tag{2-5}$$

$$^{A}\boldsymbol{n}\cdot{}^{A}\boldsymbol{o}={}^{A}\boldsymbol{o}\cdot{}^{A}\boldsymbol{a}={}^{A}\boldsymbol{a}\cdot{}^{A}\boldsymbol{n}=0 \tag{2-6}$$

表明旋转矩阵$^{A}\boldsymbol{R}_B$ 是正交矩阵，并且满足条件

$$^{A}\boldsymbol{R}_B^{-1}={}^{A}\boldsymbol{R}_B^{\mathrm{T}};\quad |^{A}\boldsymbol{R}_B|=1 \tag{2-7}$$

式中，上标 T 表示转置；$|\;|$ 为行列式符号。

相对于参考系$\{A\}$，坐标系$\{B\}$的原点位置和坐标轴的方位，分别由位置矢量$^{A}\boldsymbol{P}$ 和旋转矩阵$^{A}\boldsymbol{R}_B$ 来描述。这样，刚体 B 的位姿就由坐标系$\{B\}$的位姿来描述。

2.1.3　齐次坐标

齐次坐标是用 $n+1$ 维坐标来描述 n 维空间中点的位置或刚体位姿的表达方法。

引入齐次坐标的意义在于：利用齐次坐标对机器人的位置和姿态进行描述能够为后续的矩阵运算带来便捷。

1. 点的齐次坐标

在空间直角坐标系中，任一点 $P(P_x, P_y, P_z)$ 的齐次坐标可表达为

$$\boldsymbol{P}=[P_x \quad P_y \quad P_z \quad 1]^{\mathrm{T}} \tag{2-8}$$

也可以表达为

$$\boldsymbol{P}=[wP_x \quad wP_y \quad wP_z \quad w]^{\mathrm{T}} \tag{2-9}$$

式中，w 称为该齐次坐标的比例因子，当取 $w=1$ 时，为点 P 的齐次坐标的规格化形式，当 $w \neq 1$ 时，则相当于规格化齐次坐标中各元素同时乘以一个非零的比例因子 w，但仍表示同一点 P。

2. 刚体的齐次坐标

由 2.1.2 节可知，刚体的位姿取决于固接在其上的坐标系的位姿，而坐标系的位置用其原点位置来表示，坐标系的姿态用其 3 个坐标轴的方位来表示。

这样，在图 2-2 中，刚体坐标系{B}相对于自身坐标系的位置齐次坐标为

$$\boldsymbol{O}_B=[0 \quad 0 \quad 0 \quad 1]^{\mathrm{T}} \tag{2-10}$$

相对于参考坐标系{A}的位置齐次坐标为

$${}^{A}\boldsymbol{P}=[P_x \quad P_y \quad P_z \quad 1]^{\mathrm{T}} \tag{2-11}$$

对于坐标轴方位，其齐次坐标的前 3 项用坐标轴单位矢量的方向余弦表示，第 4 项取零。因此，刚体坐标系{B}各坐标轴相对于自身坐标系的方位齐次坐标为

$$\left.\begin{aligned}\boldsymbol{n}&=[1 \quad 0 \quad 0 \quad 0]^{\mathrm{T}}\\ \boldsymbol{o}&=[0 \quad 1 \quad 0 \quad 0]^{\mathrm{T}}\\ \boldsymbol{a}&=[0 \quad 0 \quad 1 \quad 0]^{\mathrm{T}}\end{aligned}\right\} \tag{2-12}$$

相对于参考坐标系{A}的方位齐次坐标为

$$\left.\begin{aligned}{}^{A}\boldsymbol{n}&=[n_x \quad n_y \quad n_z \quad 0]^{\mathrm{T}}=[\cos\alpha_{nx} \quad \cos\beta_{ny} \quad \cos\gamma_{nz} \quad 0]^{\mathrm{T}}\\ {}^{A}\boldsymbol{o}&=[o_x \quad o_y \quad o_z \quad 0]^{\mathrm{T}}=[\cos\alpha_{ox} \quad \cos\beta_{oy} \quad \cos\gamma_{oz} \quad 0]^{\mathrm{T}}\\ {}^{A}\boldsymbol{a}&=[a_x \quad a_y \quad a_z \quad 0]^{\mathrm{T}}=[\cos\alpha_{ax} \quad \cos\beta_{ay} \quad \cos\gamma_{az} \quad 0]^{\mathrm{T}}\end{aligned}\right\} \tag{2-13}$$

可以看出，表达各轴方向的齐次坐标 $[a \quad b \quad c \quad 0]^{\mathrm{T}}$ 中第 4 个元素为零，且 a,b,c 满足 $a^2+b^2+c^2=1$。

若齐次坐标 $[a \quad b \quad c \quad w]^{\mathrm{T}}$ 中第 4 个元素不为零，则表示空间某点的位置。

例 2-1 用齐次坐标表示图 2-3 中所示矢量 $\boldsymbol{u},\boldsymbol{v},\boldsymbol{w}$ 的方位。

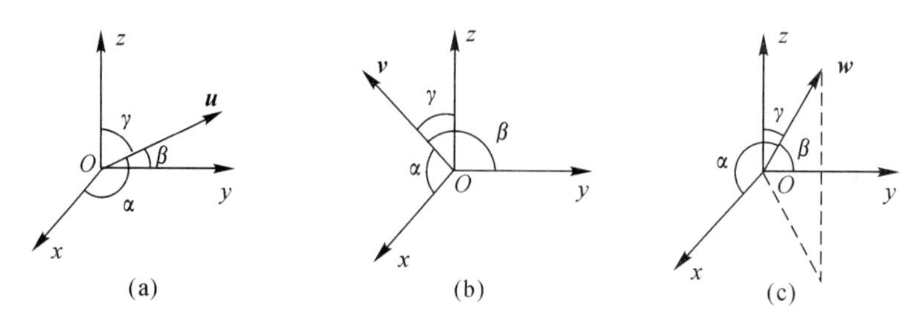

图 2-3 矢量 $\boldsymbol{u},\boldsymbol{v},\boldsymbol{w}$ 的方位表示

(a) $\alpha=90^\circ, \beta=30^\circ, \gamma=60^\circ$； (b) $\alpha=45^\circ, \beta=90^\circ, \gamma=45^\circ$； (c) $\alpha=60^\circ, \beta=60^\circ, \gamma=45^\circ$

解

(a)$\cos\alpha=0,\cos\beta=0.866,\cos\gamma=0.5,\boldsymbol{u}=[0\quad 0.866\quad 0.5\quad 0]^{\mathrm{T}}$；

(b)$\cos\alpha=0.707,\cos\beta=0,\cos\gamma=0.707,\boldsymbol{v}=[0.707\quad 0\quad 0.707\quad 0]^{\mathrm{T}}$；

(c)$\cos\alpha=0.5,\cos\beta=0.5,\cos\gamma=0.707,\boldsymbol{w}=[0.5\quad 0.5\quad 0.707\quad 0]^{\mathrm{T}}$。

2.1.4　动系的位置和姿态

在机器人坐标系中，相对于连杆的运动，静止不动的坐标系称为静系，跟随连杆运动的坐标系称为动系。机器人连杆及手部的坐标系均为动系。动系位置与姿态的描述是对动系原点位置及各坐标轴方向的描述。在本节将引入齐次坐标矩阵来表达动系的位姿。

1. 机器人连杆的位姿

设有一个机器人的连杆，若给定了连杆某点的位置和该连杆在空间的姿态，则该连杆在空间的状态是完全确定的。如图 2－4 所示，在静坐标系 $Oxyz$ 中，与机器人连杆 L 固接的动坐标系 $O_1x_1y_1z_1$ 建立在连杆的端点 $P(P_x,P_y,P_z)$ 处，连杆为刚体，依据 2.1.3 节内容，可以写出连杆动系的位置及方位的齐次坐标，合并这些齐次坐标，则得到表示连杆动系位姿的齐次坐标矩阵，即

$$\boldsymbol{T}=[\boldsymbol{n}\quad \boldsymbol{o}\quad \boldsymbol{a}\quad \boldsymbol{P}]=\begin{bmatrix} n_x & o_x & a_x & P_x \\ n_y & o_y & a_y & P_y \\ n_z & o_z & a_z & P_z \\ 0 & 0 & 0 & 1 \end{bmatrix} \tag{2-14}$$

可以看出，动系位姿矩阵表达式的前 3 列表达了连杆的姿态，第 4 列则表达了连杆的位置。显然，连杆 L 的位姿就是与其固连的动系的位姿。

例 2－2　如图 2－5 所示，坐标系$\{B\}$固连在连杆的端点 P 处，原点 O_B 的位置矢量为 $\boldsymbol{P}=[1\quad \sqrt{3}\quad 0\quad 1]^{\mathrm{T}}$，在 $x_AO_Ay_A$ 平面内，坐标系$\{B\}$相对于固定坐标系$\{A\}$偏转 60°，试写出连杆坐标系$\{B\}$的 4×4 位姿矩阵表达式。

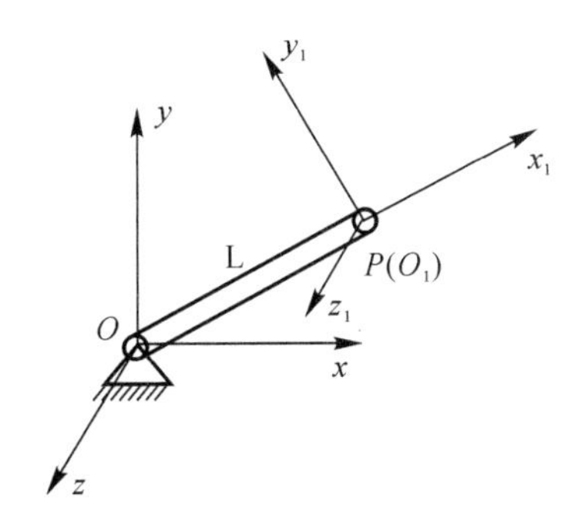

图 2－4　连杆的位姿

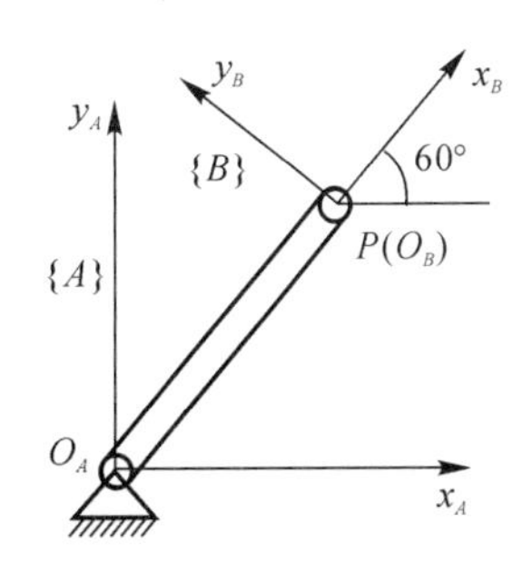

图 2－5　动坐标系$\{B\}$的位姿

解　连杆坐标系$\{B\}$的位姿矩阵表达式为

$$
\boldsymbol{T}=[\boldsymbol{n}\quad \boldsymbol{o}\quad \boldsymbol{a}\quad \boldsymbol{P}]=\begin{bmatrix} n_x & o_x & a_x & P_x \\ n_y & o_y & a_y & P_y \\ n_z & o_z & a_z & P_z \\ 0 & 0 & 0 & 1 \end{bmatrix}=\begin{bmatrix} \cos 60^\circ & \cos 150^\circ & \cos 90^\circ & 1 \\ \cos 30^\circ & \cos 60^\circ & \cos 90^\circ & \sqrt{3} \\ \cos 90^\circ & \cos 90^\circ & \cos 0^\circ & 0 \\ 0 & 0 & 0 & 1 \end{bmatrix}=
$$

$$
\begin{bmatrix} 0.5 & -0.866 & 0 & 1 \\ 0.866 & 0.5 & 0 & \sqrt{3} \\ 0 & 0 & 1 & 0 \\ 0 & 0 & 0 & 1 \end{bmatrix} \tag{2-15}
$$

2. 机器人手部的位姿

机器人手部的位置和姿态也可以用固连于手部的坐标系$\{B\}$的位姿来表示，如图 2-6 所示。坐标系$\{B\}$的原点位置及3个坐标轴方向一般这样来选取：取手部的中心点为原点O_B；关节轴线定义为z_B轴，其单位方向矢量$\boldsymbol{a}$称为接近矢量，指向朝外；两手指的连线为y_B轴，其单位方向矢量$\boldsymbol{o}$称为姿态矢量，指向可任意选定；x_B轴与y_B，z_B轴垂直，其单位方向矢量$\boldsymbol{n}$称为法向矢量，且$\boldsymbol{n}=\boldsymbol{o}\times\boldsymbol{a}$指向符合右手法则。

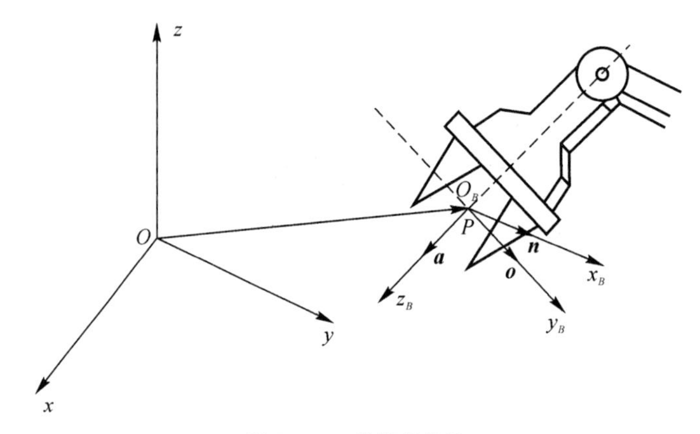

图 2-6　手部的位姿

手部的位置矢量为固定参考系原点指向手部坐标系$\{B\}$原点的矢量$\boldsymbol{P}$，手部的方向矢量为$\boldsymbol{n}$,$\boldsymbol{o}$,$\boldsymbol{a}$。于是手部的位姿可用 4×4 的齐次坐标矩阵表示为

$$
\boldsymbol{T}=[\boldsymbol{n}\quad \boldsymbol{o}\quad \boldsymbol{a}\quad \boldsymbol{P}]=\begin{bmatrix} n_x & o_x & a_x & P_x \\ n_y & o_y & a_y & P_y \\ n_z & o_z & a_z & P_z \\ 0 & 0 & 0 & 1 \end{bmatrix} \tag{2-16}
$$

例 2-3　图 2-7 所示为手部抓握物体 W，手部坐标系 $O_Bx_By_Bz_B$ 的坐标原点O_B位于物体 W 的形心，物体是边长为 1 个单位的正立方体，写出该手部的位姿矩阵。

解　手部坐标系原点位于 W 的形心，因此表达手部位置的 4×1 齐次坐标阵为

$$
\boldsymbol{O}_B=[0.5\quad 0.5\quad 0.5\quad 1]^{\mathrm{T}} \tag{2-17}
$$

手部坐标系坐标轴的单位方向矢量$\boldsymbol{n}$,$\boldsymbol{o}$,$\boldsymbol{a}$分别与固定坐标系x,y,z轴的夹角为

$$\left.\begin{array}{l} \boldsymbol{n}:\alpha=90^\circ,\quad \beta=180^\circ,\quad \gamma=90^\circ \\ \boldsymbol{o}:\alpha=180^\circ,\quad \beta=90^\circ,\quad \gamma=90^\circ \\ \boldsymbol{a}:\alpha=90^\circ,\quad \beta=90^\circ,\quad \gamma=180^\circ \end{array}\right\} \tag{2-18}$$

依据式 (2-16) 可知,手部位姿矩阵为

$$\boldsymbol{T}=[\boldsymbol{n}\quad \boldsymbol{o}\quad \boldsymbol{a}\quad \boldsymbol{P}]=\begin{bmatrix} n_x & o_x & a_x & P_x \\ n_y & o_y & a_y & P_y \\ n_z & o_z & a_z & P_z \\ 0 & 0 & 0 & 1 \end{bmatrix}=\begin{bmatrix} \cos 90^\circ & \cos 180^\circ & \cos 90^\circ & 0.5 \\ \cos 180^\circ & \cos 90^\circ & \cos 90^\circ & 0.5 \\ \cos 90^\circ & \cos 90^\circ & \cos 180^\circ & 0.5 \\ 0 & 0 & 0 & 1 \end{bmatrix}=$$

$$\begin{bmatrix} 0 & -1 & 0 & 0.5 \\ -1 & 0 & 0 & 0.5 \\ 0 & 0 & -1 & 0.5 \\ 0 & 0 & 0 & 1 \end{bmatrix} \tag{2-19}$$

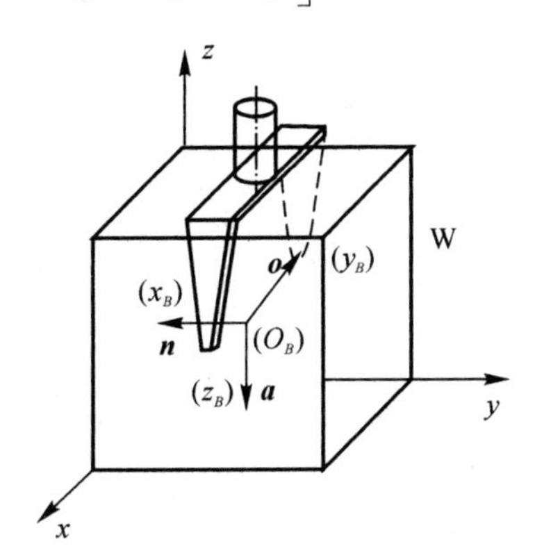

图 2-7　手部抓握物体 W

3. 目标物的位姿

如图 2-8 所示,目标物楔块 W 在图 2-8(a) 所示的位置和姿态可用 6 个点描述,矩阵表达式为

$$\boldsymbol{W}=\begin{bmatrix} 2 & 0 & 0 & 2 & 2 & 0 \\ 0 & 0 & 3 & 3 & 0 & 0 \\ 0 & 0 & 0 & 0 & 2 & 2 \\ 1 & 1 & 1 & 1 & 1 & 1 \end{bmatrix} \tag{2-20}$$

若让楔块沿 x,y 轴方向分别平移 -1,2,则楔块成为图 2-8(b) 所示状况。此时楔块用新的 6 个点来描述它的位置和姿态,其矩阵表达式为

$$\boldsymbol{W}'=\begin{bmatrix} 1 & -1 & -1 & 1 & 1 & -1 \\ 2 & 2 & 5 & 5 & 2 & 2 \\ 0 & 0 & 0 & 0 & 2 & 2 \\ 1 & 1 & 1 & 1 & 1 & 1 \end{bmatrix} \tag{2-21}$$

若让楔块在图 2-8(a) 所示初始位置绕 z 轴方向旋转 -90°,则楔块成为图 2-8(c) 所示状况。此时楔块用新的 6 个点来描述它的位置和姿态,其矩阵表达式为

$$W''=\begin{bmatrix}0&0&3&3&0&0\\-2&0&0&-2&-2&0\\0&0&0&0&2&2\\1&1&1&1&1&1\end{bmatrix} \tag{2-22}$$

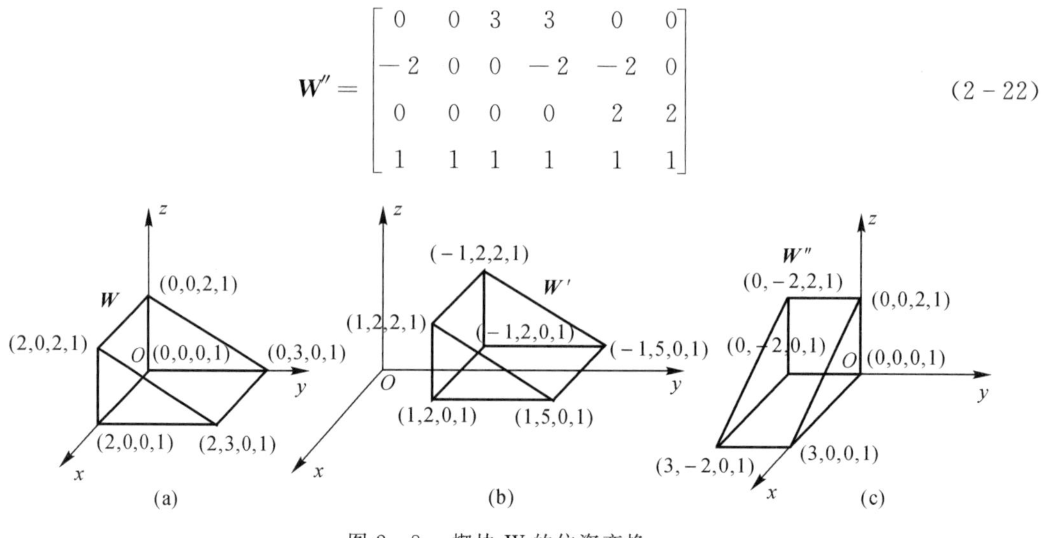

图 2-8　楔块 W 的位姿变换

2.2　齐次变换

空间任意一点在不同的坐标系中的描述是不同的。为了阐明从一个坐标系到另一个坐标系的描述关系，需要讨论这种变换的数学问题。

机器人连杆的运动是由转动和平移组成的。为了能用同一矩阵表示转动和平移，引入齐次坐标变换矩阵。

2.2.1　平移的齐次变换

1. 点的平移变换

如图 2-9 所示，空间直角坐标系$\{A\}$中，某点 P 的坐标值为(P_x,P_y,P_z)，当它沿 x，y，z 轴分别平移 Δx，Δy 及 Δz 后，移动至点 P'，坐标变为(P'_x,P'_y,P'_z)，假设有一与点 P 固接的坐标系$\{A'\}$，一开始与$\{A\}$重合，而后随同点 P 一同移动。P' 与 P 两点间的坐标关系为

$$\left.\begin{aligned}P'_x&=P_x+\Delta x\\P'_y&=P_y+\Delta y\\P'_z&=P_z+\Delta z\end{aligned}\right\} \tag{2-23}$$

此关系式表达了下述含义：

(1) 平移后，点 P' 相对于原坐标系$\{A\}$，坐标值变为了(P'_x,P'_y,P'_z)；

(2) 平移后，点 P' 在坐标系$\{A'\}$中，其坐标值仍为(P_x,P_y,P_z)。

写成齐次矩阵方程为

$$\begin{bmatrix} P'_x \\ P'_y \\ P'_z \\ 1 \end{bmatrix} = \begin{bmatrix} 1 & 0 & 0 & \Delta x \\ 0 & 1 & 0 & \Delta y \\ 0 & 0 & 1 & \Delta z \\ 0 & 0 & 0 & 1 \end{bmatrix} \begin{bmatrix} P_x \\ P_y \\ P_z \\ 1 \end{bmatrix} \tag{2-24}$$

可简写为

$$\boldsymbol{P}' = \mathrm{Trans}(\Delta x, \Delta y, \Delta z)\boldsymbol{P} \tag{2-25}$$

该式称为点的平移齐次坐标变换公式。式中 $\mathrm{Trans}(\Delta x, \Delta y, \Delta z)$ 称为齐次坐标变换的平移算子，表达式为

$$\mathrm{Trans}(\Delta x, \Delta y, \Delta z) = \begin{bmatrix} 1 & 0 & 0 & \Delta x \\ 0 & 1 & 0 & \Delta y \\ 0 & 0 & 1 & \Delta z \\ 0 & 0 & 0 & 1 \end{bmatrix} \tag{2-26}$$

式中，第 4 列元素 $\Delta x, \Delta y, \Delta z$ 分别表示沿坐标轴 x, y, z 的平移量。

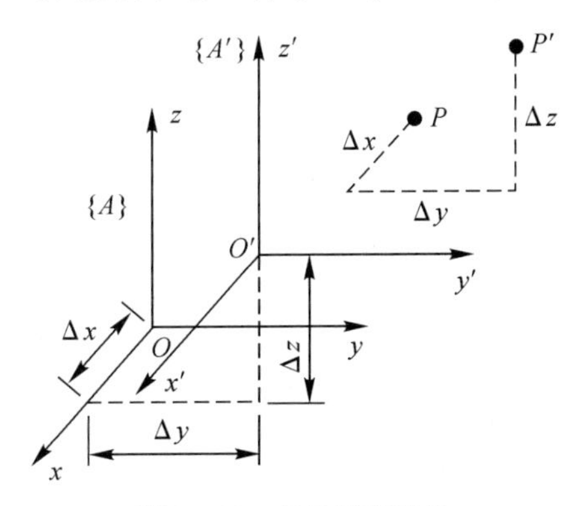

图 2-9　点的平移变换

2. 坐标系及物体的平移变换

点的平移齐次坐标变换式(2-25)及平移算子式(2-26)同样适用于坐标系及物体的平移变换计算。

在图 2-9 中，平移前，坐标系$\{A'\}$与$\{A\}$重合，$\{A'\}$相对于$\{A\}$的位姿矩阵为单位阵，用 $\boldsymbol{A}_0$ 表示，则有

$$\boldsymbol{A}_0 = \begin{bmatrix} 1 & 0 & 0 & 0 \\ 0 & 1 & 0 & 0 \\ 0 & 0 & 1 & 0 \\ 0 & 0 & 0 & 1 \end{bmatrix} \tag{2-27}$$

平移后，坐标系$\{A'\}$相对于$\{A\}$的位姿矩阵可依据式(2-25)进行计算，即

$$\boldsymbol{A}' = \mathrm{Trans}(\Delta x, \Delta y, \Delta z)\boldsymbol{A}_0 = \begin{bmatrix} 1 & 0 & 0 & \Delta x \\ 0 & 1 & 0 & \Delta y \\ 0 & 0 & 1 & \Delta z \\ 0 & 0 & 0 & 1 \end{bmatrix} \begin{bmatrix} 1 & 0 & 0 & 0 \\ 0 & 1 & 0 & 0 \\ 0 & 0 & 1 & 0 \\ 0 & 0 & 0 & 1 \end{bmatrix} = \begin{bmatrix} 1 & 0 & 0 & \Delta x \\ 0 & 1 & 0 & \Delta y \\ 0 & 0 & 1 & \Delta z \\ 0 & 0 & 0 & 1 \end{bmatrix} \tag{2-28}$$

式中，$\mathrm{Trans}(\Delta x,\Delta y,\Delta z)$ 为坐标系$\{A'\}$的平移算子，表达式为

$$\mathrm{Trans}(\Delta x,\Delta y,\Delta z)=\begin{bmatrix}1&0&0&\Delta x\\0&1&0&\Delta y\\0&0&1&\Delta z\\0&0&0&1\end{bmatrix}$$

可以看出：这是一种特殊状况，即初始时$\{A'\}$与$\{A\}$重合，$\boldsymbol{A}_0$ 为单位阵，故平移后$\{A'\}$的位姿矩阵等同于其平移算子。对于一般状况，即初始时$\{A'\}$与$\{A\}$不重合，$\boldsymbol{A}_0$ 不是单位阵，则平移后的位姿矩阵同样依照式(2-25)计算即可。再如，图2-8(a)(b)中，平移前，楔块W的位姿矩阵为

$$\boldsymbol{W}=\begin{bmatrix}2&0&0&2&2&0\\0&0&3&3&0&0\\0&0&0&0&2&2\\1&1&1&1&1&1\end{bmatrix}\tag{2-29}$$

沿 x，y 轴方向分别平移 -1，2，即 $\Delta x=-1$，$\Delta y=2$，$\Delta z=0$，则楔块的平移算子为

$$\mathrm{Trans}(\Delta x,\Delta y,\Delta z)=\begin{bmatrix}1&0&0&\Delta x\\0&1&0&\Delta y\\0&0&1&\Delta z\\0&0&0&1\end{bmatrix}=\begin{bmatrix}1&0&0&-1\\0&1&0&2\\0&0&1&0\\0&0&0&1\end{bmatrix}\tag{2-30}$$

此时，楔块W′的位姿矩阵可以式(2-31)计算：

$$\boldsymbol{W}'=\mathrm{Trans}(\Delta x,\Delta y,\Delta z)\boldsymbol{W}=\begin{bmatrix}1&0&0&-1\\0&1&0&2\\0&0&1&0\\0&0&0&1\end{bmatrix}\begin{bmatrix}2&0&0&2&2&0\\0&0&3&3&0&0\\0&0&0&0&2&2\\1&1&1&1&1&1\end{bmatrix}=$$

$$\begin{bmatrix}1&-1&-1&1&1&-1\\2&2&5&5&2&2\\0&0&0&0&2&2\\1&1&1&1&1&1\end{bmatrix}\tag{2-31}$$

可看出，式(2-31)的计算与前述结果相同。

2.2.2 旋转的齐次变换

点绕不同轴转动，其齐次坐标变换矩阵的表达式不同，现在分别进行讨论。

1. 点绕坐标轴的旋转变换

如图2-10所示，在空间直角坐标系$\{A\}$中，某点 P 的坐标值为(P_x,P_y,P_z)，当它绕 z 轴旋转 θ 后至点 P'，坐标变为(P'_x,P'_y,P'_z)，假设有一与点 P 固接的坐标系$\{A'\}$，一开始与$\{A\}$重合，而后随同点 P 一同绕 z 轴转动，P' 与 P 两点间的坐标关系为

$$\left.\begin{aligned}P'_x&=P_x\cos\theta-P_y\sin\theta\\P'_y&=P_x\sin\theta+P_y\cos\theta\\P'_z&=P_z\end{aligned}\right\}\tag{2-32}$$

同前述平移原理一样，此关系式表达了下述含义：

(1) 转动后，点 P' 相对于原坐标系$\{A\}$，坐标值变为了(P'_x, P'_y, P'_z)；

(2) 转动后，点 P' 在坐标系$\{A'\}$中，其坐标值仍为(P_x, P_y, P_z)。

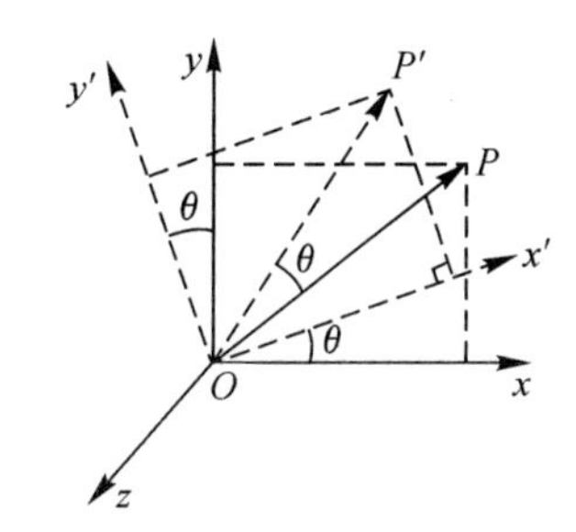

图 2-10　点绕 z 轴的旋转变换

写成齐次矩阵方程为

$$\begin{bmatrix} P'_x \\ P'_y \\ P'_z \\ 1 \end{bmatrix} = \begin{bmatrix} \cos\theta & -\sin\theta & 0 & 0 \\ \sin\theta & \cos\theta & 0 & 0 \\ 0 & 0 & 1 & 0 \\ 0 & 0 & 0 & 1 \end{bmatrix} \begin{bmatrix} P_x \\ P_y \\ P_z \\ 1 \end{bmatrix} \tag{2-33}$$

可简写为

$$\boldsymbol{P}' = \mathrm{Rot}(z,\theta)\boldsymbol{P} \tag{2-34}$$

该式称为点绕 z 轴转动的齐次坐标变换公式。式中，$\mathrm{Rot}(z,\theta)$ 称为点绕 z 轴的齐次坐标变换矩阵，也称旋转算子，有

$$\mathrm{Rot}(z,\theta) = \begin{bmatrix} c\theta & -s\theta & 0 & 0 \\ s\theta & c\theta & 0 & 0 \\ 0 & 0 & 1 & 0 \\ 0 & 0 & 0 & 1 \end{bmatrix} \tag{2-35}$$

式中，$c\theta = \cos\theta$，$s\theta = \sin\theta$，下同。

同理，可写出点绕 x 轴转动的旋转算子和点绕 y 轴转动的旋转算子，则有

$$\mathrm{Rot}(x,\theta) = \begin{bmatrix} 1 & 0 & 0 & 0 \\ 0 & c\theta & -s\theta & 0 \\ 0 & s\theta & c\theta & 0 \\ 0 & 0 & 0 & 1 \end{bmatrix} \tag{2-36}$$

$$\mathrm{Rot}(y,\theta) = \begin{bmatrix} c\theta & 0 & s\theta & 0 \\ 0 & 1 & 0 & 0 \\ -s\theta & 0 & c\theta & 0 \\ 0 & 0 & 0 & 1 \end{bmatrix} \tag{2-37}$$

2. 坐标系及物体绕坐标轴的旋转变换

点绕坐标轴旋转的齐次坐标变换式(2-34)及旋转算子式(2-35)～式(2-37)同样适用于坐标系及物体的旋转变换计算。

例如，在图 2-10 中，绕 z 轴转动前，坐标系$\{A'\}$与$\{A\}$重合，$\{A'\}$相对于$\{A\}$的位姿矩阵

为单位阵，用 $\boldsymbol{A}_0$ 表示为

$$\boldsymbol{A}_0=\begin{bmatrix}1&0&0&0\\0&1&0&0\\0&0&1&0\\0&0&0&1\end{bmatrix} \tag{2-38}$$

绕 z 轴转动后，坐标系$\{A'\}$相对于$\{A\}$的位姿矩阵可依据式(2-34)进行计算，有

$$\boldsymbol{A}'=\mathrm{Rot}(z,\theta)\boldsymbol{A}_0=\begin{bmatrix}c\theta&-s\theta&0&0\\s\theta&c\theta&0&0\\0&0&1&0\\0&0&0&1\end{bmatrix}\begin{bmatrix}1&0&0&0\\0&1&0&0\\0&0&1&0\\0&0&0&1\end{bmatrix}=\begin{bmatrix}c\theta&-s\theta&0&0\\s\theta&c\theta&0&0\\0&0&1&0\\0&0&0&1\end{bmatrix} \tag{2-39}$$

式中，$\mathrm{Rot}(z,\theta)$ 为坐标系$\{A'\}$绕 z 轴的旋转算子，表达式为

$$\mathrm{Rot}(z,\theta)=\begin{bmatrix}c\theta&-s\theta&0&0\\s\theta&c\theta&0&0\\0&0&1&0\\0&0&0&1\end{bmatrix}$$

与图 2-9 平移变换一样，这是一种特殊状况，即初始时$\{A'\}$与$\{A\}$重合，$\boldsymbol{A}_0$ 为单位阵，故旋转后$\{A'\}$的位姿矩阵等同于其旋转算子。对于一般状况，即初始时$\{A'\}$与$\{A\}$不重合，$\boldsymbol{A}_0$ 不是单位阵，则旋转后的位姿矩阵同样依照式(2-34)计算即可。

再如，图 2-8(a)(c) 中，楔块 W 转动前的位姿矩阵为

$$\boldsymbol{W}=\begin{bmatrix}2&0&0&2&2&0\\0&0&3&3&0&0\\0&0&0&0&2&2\\1&1&1&1&1&1\end{bmatrix} \tag{2-40}$$

绕 z 轴转动 $-90°$，即 $\theta=-90°$，则楔块的旋转算子为

$$\mathrm{Rot}(z,\theta)=\begin{bmatrix}c\theta&-s\theta&0&0\\s\theta&c\theta&0&0\\0&0&1&0\\0&0&0&1\end{bmatrix}=\begin{bmatrix}0&1&0&0\\-1&0&0&0\\0&0&1&0\\0&0&0&1\end{bmatrix} \tag{2-41}$$

此时，楔块 W″ 的位姿矩阵可以式(2-42)计算：

$$\boldsymbol{W}''=\mathrm{Rot}(z,\theta)\boldsymbol{W}=\begin{bmatrix}0&1&0&0\\-1&0&0&0\\0&0&1&0\\0&0&0&1\end{bmatrix}\begin{bmatrix}2&0&0&2&2&0\\0&0&3&3&0&0\\0&0&0&0&2&2\\1&1&1&1&1&1\end{bmatrix}=\begin{bmatrix}0&0&3&3&0&0\\-2&0&0&-2&-2&0\\0&0&0&0&2&2\\1&1&1&1&1&1\end{bmatrix} \tag{2-42}$$

可以看出，式(2-42)的计算与前述结果相同。

3. 点绕任意轴的旋转变换

前面研究了点绕坐标轴转动的旋转变换矩阵，现在来分析最一般的情况，即研究点绕任一矢量轴 $\boldsymbol{f}$ 转动 θ 时的旋转变换矩阵。

首先来推导点绕通过原点的任一矢量轴 $\boldsymbol{f}$ 转动 θ 时的旋转矩阵。如图 2-11 所示，空间直

角坐标系$\{A\}$中，某点P的齐次坐标为${}^{A}\boldsymbol{P}=[P_x \quad P_y \quad P_z \quad 1]^{\mathrm{T}}$，$\boldsymbol{f}$为任一过原点矢量，当$P$绕$\boldsymbol{f}$旋转$\theta$后至点$P'$，坐标变为${}^{A}\boldsymbol{P}'=[P'_x \quad P'_y \quad P'_z \quad 1]^{\mathrm{T}}$。

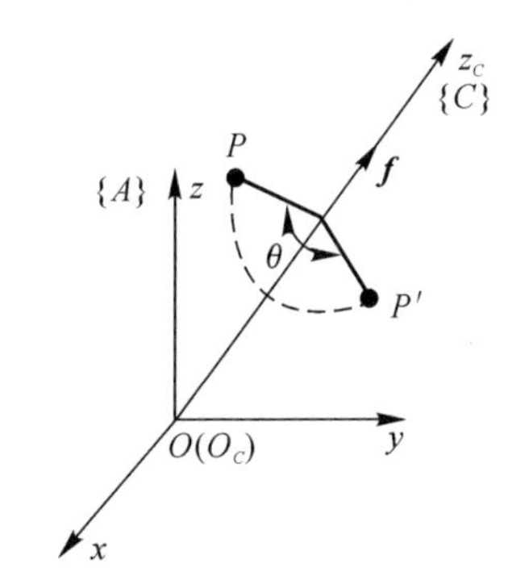

图 2－11　点绕过原点的矢量 $\boldsymbol{f}$ 转动 θ

设想$\boldsymbol{f}$为坐标系$\{C\}$的z_C轴上的单位矢量，$\{C\}$的原点与$\{A\}$重合，$\{C\}$相对于$\{A\}$的位姿矩阵为

$$
{}^{A}\boldsymbol{T}_C=\begin{bmatrix} n_x & o_x & a_x & 0 \\ n_y & o_y & a_y & 0 \\ n_z & o_z & a_z & 0 \\ 0 & 0 & 0 & 1 \end{bmatrix} \tag{2-43}
$$

则

$$
\boldsymbol{f}=a_x\boldsymbol{i}+a_y\boldsymbol{j}+a_z\boldsymbol{k} \tag{2-44}
$$

于是，绕矢量$\boldsymbol{f}$旋转等价于绕坐标系$\{C\}$的z_C轴旋转，即有

$$
\mathrm{Rot}(\boldsymbol{f},\theta)=\mathrm{Rot}(z_C,\theta) \tag{2-45}
$$

在直角坐标系$\{A\}$中，P'与P点之间的坐标关系为

$$
{}^{A}\boldsymbol{P}'=\mathrm{Rot}(\boldsymbol{f},\theta)\cdot{}^{A}\boldsymbol{P}=\mathrm{Rot}(z_C,\theta)\cdot{}^{A}\boldsymbol{P} \tag{2-46}
$$

设点P相对于坐标系$\{C\}$的坐标为${}^{C}\boldsymbol{P}=[P_{Cx} \quad P_{Cy} \quad P_{Cz} \quad 1]^{\mathrm{T}}$，则$P$在坐标系$\{A\}$及$\{C\}$中的坐标关系为

$$
{}^{A}\boldsymbol{P}={}^{A}\boldsymbol{T}_C\cdot{}^{C}\boldsymbol{P} \tag{2-47}
$$

由式(2－47)，可得

$$
{}^{C}\boldsymbol{P}={}^{A}\boldsymbol{T}_C^{-1}\cdot{}^{A}\boldsymbol{P} \tag{2-48}
$$

设点P绕矢量$\boldsymbol{f}$旋转后，点P'在坐标系$\{C\}$中的坐标为${}^{C}\boldsymbol{P}'=[P'_{Cx} \quad P'_{Cy} \quad P'_{Cz} \quad 1]^{\mathrm{T}}$，则$P'$与$P$在坐标系$\{C\}$中的坐标关系为

$$
{}^{C}\boldsymbol{P}'=\mathrm{Rot}(z,\theta)\cdot{}^{C}\boldsymbol{P} \tag{2-49}
$$

式中，算子$\mathrm{Rot}(z,\theta)$的表达式与式(2－35)相同。注意算子$\mathrm{Rot}(z,\theta)$与式(2－45)中算子$\mathrm{Rot}(z_C,\theta)$的区别。

点P'在坐标系$\{A\}$及$\{C\}$中的坐标关系为

$$
{}^{A}\boldsymbol{P}'={}^{A}\boldsymbol{T}_C\cdot{}^{C}\boldsymbol{P}' \tag{2-50}
$$

结合式(2－48)～式(2－50)，可得

$$
{}^{A}\boldsymbol{P}'={}^{A}\boldsymbol{T}_C\cdot\mathrm{Rot}(z,\theta)\cdot{}^{A}\boldsymbol{T}_C^{-1}\cdot{}^{A}\boldsymbol{P} \tag{2-51}
$$

由式(2-46)及式(2-51)可得

$$\mathrm{Rot}(\boldsymbol{f},\theta)=\mathrm{Rot}(z_C,\theta)={}^A\boldsymbol{T}_C\cdot\mathrm{Rot}(z,\theta)\cdot{}^A\boldsymbol{T}_C^{-1} \tag{2-52}$$

式(2-52)即为点绕过原点矢量 $\boldsymbol{f}$ 旋转 θ 时的旋转变换阵。因为 $\boldsymbol{f}$ 为坐标系$\{C\}$的 z 轴上的单位矢量，所以对式(2-52)展开，可以发现 ${}^A\boldsymbol{T}_C\mathrm{Rot}(z,\theta)\,{}^A\boldsymbol{T}_C^{-1}$ 仅仅是 $\boldsymbol{f}$ 及 θ 的函数，因为

$$\mathrm{Rot}(\boldsymbol{f},\theta)={}^A\boldsymbol{T}_C\mathrm{Rot}(z,\theta)\,{}^A\boldsymbol{T}_C^{-1}=\begin{bmatrix}n_x&o_x&a_x&0\\n_y&o_y&a_y&0\\n_z&o_z&a_z&0\\0&0&0&1\end{bmatrix}\begin{bmatrix}\mathrm{c}\theta&-\mathrm{s}\theta&0&0\\\mathrm{s}\theta&\mathrm{c}\theta&0&0\\0&0&1&0\\0&0&0&1\end{bmatrix}\begin{bmatrix}n_x&n_y&n_z&0\\o_x&o_y&o_z&0\\a_x&a_y&a_z&0\\0&0&0&1\end{bmatrix}=$$

$$\begin{bmatrix}n_xn_x\mathrm{c}\theta-n_xo_x\mathrm{s}\theta+n_xo_x\mathrm{s}\theta+o_xo_x\mathrm{c}\theta+a_xa_x & n_xn_y\mathrm{c}\theta-n_xa_y\mathrm{s}\theta+n_yo_x\mathrm{s}\theta+o_yo_x\mathrm{c}\theta+a_xa_y & n_xn_z\mathrm{c}\theta-n_xo_z\mathrm{s}\theta+n_zo_x\mathrm{s}\theta+o_zo_x\mathrm{c}\theta+a_xa_z & 0\\ n_yn_x\mathrm{c}\theta-n_yo_x\mathrm{s}\theta+n_xo_y\mathrm{s}\theta+o_yo_x\mathrm{c}\theta+a_ya_x & n_yn_y\mathrm{c}\theta-n_ya_y\mathrm{s}\theta+n_yo_y\mathrm{s}\theta+o_yo_y\mathrm{c}\theta+a_ya_y & n_yn_z\mathrm{c}\theta-n_yo_z\mathrm{s}\theta+n_zo_y\mathrm{s}\theta+o_zo_y\mathrm{c}\theta+a_ya_z & 0\\ n_zn_x\mathrm{c}\theta-n_zo_x\mathrm{s}\theta+n_xo_z\mathrm{s}\theta+o_zo_x\mathrm{c}\theta+a_za_x & n_zn_y\mathrm{c}\theta-n_za_y\mathrm{s}\theta+n_yo_z\mathrm{s}\theta+o_yo_z\mathrm{c}\theta+a_za_y & n_zn_z\mathrm{c}\theta-n_zo_z\mathrm{s}\theta+n_zo_z\mathrm{s}\theta+o_zo_z\mathrm{c}\theta+a_za_z & 0\\ 0&0&0&1\end{bmatrix} \tag{2-53}$$

根据2.1.2节，正交矢量点积、矢量自乘、单位矢量及正交矩阵的性质，并令 $\mathrm{vers}\theta=1-\mathrm{c}\theta$，$\boldsymbol{f}=\boldsymbol{a}$，对式(2-53)进行化简，可得

$$\mathrm{Rot}(\boldsymbol{f},\theta)=\begin{bmatrix}f_xf_x\mathrm{vers}\theta+\mathrm{c}\theta & f_yf_x\mathrm{vers}\theta-f_z\mathrm{s}\theta & f_zf_x\mathrm{vers}\theta+f_y\mathrm{s}\theta & 0\\ f_xf_y\mathrm{vers}\theta+f_z\mathrm{s}\theta & f_yf_y\mathrm{vers}\theta+\mathrm{c}\theta & f_zf_y\mathrm{vers}\theta-f_x\mathrm{s}\theta & 0\\ f_xf_z\mathrm{vers}\theta-f_y\mathrm{s}\theta & f_yf_z\mathrm{vers}\theta+f_x\mathrm{s}\theta & f_zf_z\mathrm{vers}\theta+\mathrm{c}\theta & 0\\ 0&0&0&1\end{bmatrix} \tag{2-54}$$

这是一个重要的结果，式(2-54)称为通用旋转齐次变换公式，简称为通用旋转算子。

这里有以下几点需要说明：

(1) 式(2-54)概括了绕 x，y 和 z 轴进行旋转的基本旋转变换。

当 $f_x=1$，$f_y=0$ 和 $f_z=0$ 时，由式(2-54)则可得到 $\mathrm{Rot}(x,\theta)$，同式(2-36)，即

$$\mathrm{Rot}(x,\theta)=\begin{bmatrix}1&0&0&0\\0&\mathrm{c}\theta&-\mathrm{s}\theta&0\\0&\mathrm{s}\theta&\mathrm{c}\theta&0\\0&0&0&1\end{bmatrix}$$

同理

当 $f_y=1$，$f_x=0$ 和 $f_z=0$ 时，由式(2-54)则可得到 $\mathrm{Rot}(y,\theta)$，同式(2-37)；

当 $f_z=1$，$f_x=0$ 和 $f_y=0$ 时，由式(2-54)则可得到 $\mathrm{Rot}(z,\theta)$，同式(2-35)。

(2) 式(2-54)与绕 x，y 和 z 轴旋转的旋转算子式(2-36)、式(2-37)、式(2-35)一样，不仅适用于点的旋转变换，而且也适用于矢量、坐标系、物体等的旋转变换计算，在此不做赘述。

(3) 对于绕不通过原点的矢量进行旋转的状况，可做如下分析。

如图2-12所示，在坐标系$\{A\}$中，矢量 $\boldsymbol{f}$ 不过原点 O_A，某点 P 的齐次坐标为 ${}^A\boldsymbol{P}=[P_x\quad P_y\quad P_z\quad 1]^{\mathrm{T}}$，当 P 绕 $\boldsymbol{f}$ 旋转 θ 后至点 P'，坐标变为 ${}^A\boldsymbol{P}'=[P'_x\quad P'_y\quad P'_z\quad 1]^{\mathrm{T}}$。则

$$^{A}\boldsymbol{P}'=\mathrm{ROT}(\boldsymbol{f},\theta)\cdot{}^{A}\boldsymbol{P} \tag{2-55}$$

式中，$\mathrm{ROT}(\boldsymbol{f},\theta)$ 为直角坐标系$\{A\}$中，点 P 转至点 P' 的旋转变换矩阵。

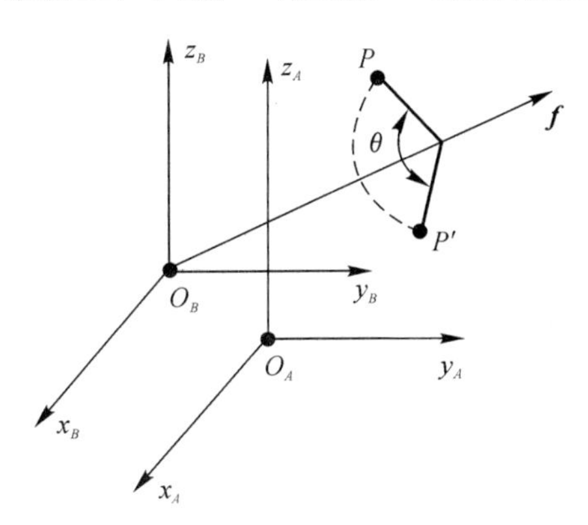

图 2-12　点绕不过原点的矢量 $\boldsymbol{f}$ 转动 θ

在矢量 $\boldsymbol{f}$ 上取一点 $O_B(O_{Bx},O_{By},O_{Bz})$，现过 O_B 点建立一新坐标系$\{B\}$，其坐标轴与坐标系$\{A\}$的坐标轴对应平行且同向，则坐标系$\{B\}$相对于$\{A\}$的位姿矩阵为

$$^{A}\boldsymbol{T}_{B}=\begin{bmatrix}1&0&0&O_{Bx}\\0&1&0&O_{By}\\0&0&1&O_{Bz}\\0&0&0&1\end{bmatrix} \tag{2-56}$$

由于

$$\left.\begin{aligned}&^{A}\boldsymbol{P}={}^{A}\boldsymbol{T}_{B}\cdot{}^{B}\boldsymbol{P}\\&^{A}\boldsymbol{P}'={}^{A}\boldsymbol{T}_{B}\cdot{}^{B}\boldsymbol{P}'\\&^{B}\boldsymbol{P}'=\mathrm{Rot}(\boldsymbol{f}_{B},\theta)\cdot{}^{B}\boldsymbol{P}\end{aligned}\right\} \tag{2-57}$$

式中，$^{B}\boldsymbol{P}$，$^{B}\boldsymbol{P}'$ 分别为点 P 和 P' 相对于坐标系$\{B\}$的齐次坐标；$\boldsymbol{f}_B$ 为矢量 $\boldsymbol{f}$ 在坐标系$\{B\}$中的度量，由于在坐标系$\{B\}$中，矢量 $\boldsymbol{f}_B$ 是过原点 O_B 的，所以，$\mathrm{Rot}(\boldsymbol{f}_B,\theta)$ 的计算采用式(2-54)。由式(2-57)可推出

$$^{A}\boldsymbol{P}'={}^{A}\boldsymbol{T}_{B}\cdot\mathrm{Rot}(\boldsymbol{f}_{B},\theta)\cdot{}^{A}\boldsymbol{T}_{B}^{-1}\cdot{}^{A}\boldsymbol{P} \tag{2-58}$$

再由式(2-55)及式(2-58)可得

$$\mathrm{ROT}(\boldsymbol{f},\theta)={}^{A}\boldsymbol{T}_{B}\cdot\mathrm{Rot}(\boldsymbol{f}_{B},\theta)\cdot{}^{A}\boldsymbol{T}_{B}^{-1} \tag{2-59}$$

由于坐标系$\{A\}$与$\{B\}$对应坐标轴平行且同向，所以 $\boldsymbol{f}$ 在坐标系$\{A\}$中的矢量表达式与 $\boldsymbol{f}$ 在坐标系$\{B\}$中的矢量表达式相同，即 $\boldsymbol{f}=\boldsymbol{f}_B$。则式(2-59)变为

$$\mathrm{ROT}(\boldsymbol{f},\theta)={}^{A}\boldsymbol{T}_{B}\cdot\mathrm{Rot}(\boldsymbol{f},\theta)\cdot{}^{A}\boldsymbol{T}_{B}^{-1} \tag{2-60}$$

式中，$\mathrm{Rot}(\boldsymbol{f},\theta)$ 的计算采用式(2-54)。需要说明的是，虽然 $\boldsymbol{f}$ 与 $\boldsymbol{f}_B$ 两者表达式相同，但其含义不同，$\boldsymbol{f}$ 是坐标系$\{A\}$中的矢量，$\boldsymbol{f}_B$ 是坐标系$\{B\}$中的矢量。

式(2-60)即为点绕任一矢量转动的旋转变换矩阵计算公式。该式也涵盖了矢量过原点的状况。当矢量过原点时，$^{A}\boldsymbol{T}_B$ 与 $^{A}\boldsymbol{T}_B^{-1}$ 为单位阵，此时式(2-60)等同式(2-54)。另外，式(2-60)同样适用于矢量、坐标系、物体等的旋转变换计算。

将式(2-60)进行变换，可得

$$\mathrm{ROT}(\boldsymbol{f},\theta)={}^{A}\boldsymbol{T}_{B}\cdot\mathrm{Rot}(\boldsymbol{f},\theta)\cdot{}^{A}\boldsymbol{T}_{B}^{-1}=$$

$$[{}^{A}\boldsymbol{T}_{B}\cdot\mathrm{Rot}(\boldsymbol{f},\theta)\cdot{}^{A}\boldsymbol{T}_{B}^{-1}\cdot\mathrm{Rot}(\boldsymbol{f},\theta)^{-1}]\mathrm{Rot}(\boldsymbol{f},\theta)=M\mathrm{Rot}(\boldsymbol{f},\theta)\qquad(2-61)$$

式中，$\boldsymbol{M}=[{}^{A}\boldsymbol{T}_{B}\cdot\mathrm{Rot}(\boldsymbol{f},\theta)\cdot{}^{A}\boldsymbol{T}_{B}^{-1}\cdot\mathrm{Rot}(\boldsymbol{f},\theta)^{-1}]$，可以证明 $\boldsymbol{M}$ 为一平移算子，推导如下。

为简单起见，现将式(2-54)表达为

$$\mathrm{Rot}(\boldsymbol{f},\theta)=\begin{bmatrix}f_{11}&f_{12}&f_{13}&0\\f_{21}&f_{22}&f_{23}&0\\f_{31}&f_{32}&f_{33}&0\\0&0&0&1\end{bmatrix}\qquad(2-62)$$

则

$$\boldsymbol{M}=[{}^{A}\boldsymbol{T}_{B}\cdot\mathrm{Rot}(\boldsymbol{f},\theta)\cdot{}^{A}\boldsymbol{T}_{B}^{-1}\cdot\mathrm{Rot}(\boldsymbol{f},\theta)^{-1}]=$$

$$\begin{bmatrix}1&0&0&O_{Bx}\\0&1&0&O_{By}\\0&0&1&O_{Bz}\\0&0&0&1\end{bmatrix}\begin{bmatrix}f_{11}&f_{12}&f_{13}&0\\f_{21}&f_{22}&f_{23}&0\\f_{31}&f_{32}&f_{33}&0\\0&0&0&1\end{bmatrix}\begin{bmatrix}1&0&0&O_{Bx}\\0&1&0&O_{By}\\0&0&1&O_{Bz}\\0&0&0&1\end{bmatrix}^{-1}\begin{bmatrix}f_{11}&f_{12}&f_{13}&0\\f_{21}&f_{22}&f_{23}&0\\f_{31}&f_{32}&f_{33}&0\\0&0&0&1\end{bmatrix}^{-1}=$$

$$\begin{bmatrix}f_{11}&f_{12}&f_{13}&O_{Bx}\\f_{21}&f_{22}&f_{23}&O_{By}\\f_{31}&f_{32}&f_{33}&O_{Bz}\\0&0&0&1\end{bmatrix}\begin{bmatrix}1&0&0&-O_{Bx}\\0&1&0&-O_{By}\\0&0&1&-O_{Bz}\\0&0&0&1\end{bmatrix}\begin{bmatrix}f_{11}&f_{21}&f_{31}&0\\f_{12}&f_{22}&f_{32}&0\\f_{13}&f_{23}&f_{33}&0\\0&0&0&1\end{bmatrix}=$$

$$\begin{bmatrix}f_{11}&f_{12}&f_{13}&O_{Bx}\\f_{21}&f_{22}&f_{23}&O_{By}\\f_{31}&f_{32}&f_{33}&O_{Bz}\\0&0&0&1\end{bmatrix}\begin{bmatrix}f_{11}&f_{21}&f_{31}&-O_{Bx}\\f_{12}&f_{22}&f_{32}&-O_{By}\\f_{13}&f_{23}&f_{33}&-O_{Bz}\\0&0&0&1\end{bmatrix}=$$

$$\begin{bmatrix}1&0&0&(1-f_{11})O_{Bx}-f_{12}O_{By}-f_{13}O_{Bz}\\0&1&0&-f_{21}O_{Bx}+(1-f_{22})O_{By}-f_{23}O_{Bz}\\0&0&1&-f_{31}O_{Bx}-f_{32}O_{By}+(1-f_{33})O_{Bz}\\0&0&0&1\end{bmatrix}=\begin{bmatrix}1&0&0&\Delta x\\0&1&0&\Delta y\\0&0&1&\Delta z\\0&0&0&1\end{bmatrix}\qquad(2-63)$$

式中

$$\Delta x=(1-f_{11})O_{Bx}-f_{12}O_{By}-f_{13}O_{Bz}$$

$$\Delta y=-f_{21}O_{Bx}+(1-f_{22})O_{By}-f_{23}O_{Bz}$$

$$\Delta z=-f_{31}O_{Bx}-f_{32}O_{By}+(1-f_{33})O_{Bz}$$

可以看出 $\boldsymbol{M}$ 为一平移算子，因此可将式(2-61)表达为

$$\mathrm{ROT}(\boldsymbol{f},\theta)=\mathrm{Trans}(\Delta x,\Delta y,\Delta z)\,\mathrm{Rot}(\boldsymbol{f},\theta)\qquad(2-64)$$

式(2-64)表明：绕任一矢量转动的旋转变换矩阵等价于绕与该矢量平行且同向的过原点矢量进行转动的旋转变换矩阵再左乘一平移变换矩阵。

4. 转角与转轴的计算

前面分析了已知旋转角度 θ 及转轴矢量 $\boldsymbol{f}$，求解旋转变换矩阵；现在反过来，给出任一旋转

变换,来求解旋转角度 θ 及所绕的转轴矢量 $\boldsymbol{f}$。

已知某点绕过原点矢量 $\boldsymbol{f}$ 的旋转变换矩阵为

$$\boldsymbol{R}=\begin{bmatrix} n_x & o_x & a_x & 0 \\ n_y & o_y & a_y & 0 \\ n_z & o_z & a_z & 0 \\ 0 & 0 & 0 & 1 \end{bmatrix} \tag{2-65}$$

令 $\boldsymbol{R}=\mathrm{Rot}(\boldsymbol{f},\theta)$,依据式(2-54)有

$$\begin{bmatrix} n_x & o_x & a_x & 0 \\ n_y & o_y & a_y & 0 \\ n_z & o_z & a_z & 0 \\ 0 & 0 & 0 & 1 \end{bmatrix}=\begin{bmatrix} f_xf_x\mathrm{vers}\theta+\mathrm{c}\theta & f_yf_x\mathrm{vers}\theta-f_z\mathrm{s}\theta & f_zf_x\mathrm{vers}\theta+f_y\mathrm{s}\theta & 0 \\ f_xf_y\mathrm{vers}\theta+f_z\mathrm{s}\theta & f_yf_y\mathrm{vers}\theta+\mathrm{c}\theta & f_zf_y\mathrm{vers}\theta-f_x\mathrm{s}\theta & 0 \\ f_xf_z\mathrm{vers}\theta-f_y\mathrm{s}\theta & f_yf_z\mathrm{vers}\theta+f_x\mathrm{s}\theta & f_zf_z\mathrm{vers}\theta+\mathrm{c}\theta & 0 \\ 0 & 0 & 0 & 1 \end{bmatrix} \tag{2-66}$$

把式(2-66)两边对角线项分别相加,可得

$$n_x+o_y+a_z=(f_x^2+f_y^2+f_z^2)\mathrm{vers}\theta+3\mathrm{c}\theta=1+2\mathrm{c}\theta \tag{2-67}$$

因此

$$\mathrm{c}\theta=\frac{1}{2}(n_x+o_y+a_z-1) \tag{2-68}$$

把非对角线对应项成对相减,可得

$$\left.\begin{aligned} o_z-a_y&=2f_x\mathrm{s}\theta \\ a_x-n_z&=2f_y\mathrm{s}\theta \\ n_y-o_x&=2f_z\mathrm{s}\theta \end{aligned}\right\} \tag{2-69}$$

把式(2-69)中 3 式二次方后相加,有

$$(o_z-a_y)^2+(a_x-n_z)^2+(n_y-o_x)^2=4\mathrm{s}^2\theta \tag{2-70}$$

因此

$$\mathrm{s}\theta=\pm\frac{1}{2}\sqrt{(o_z-a_y)^2+(a_x-n_z)^2+(n_y-o_x)^2} \tag{2-71}$$

于是,由式(2-68)及式(2-71)可得

$$\tan\theta=\pm\frac{\sqrt{(o_z-a_y)^2+(a_x-n_z)^2+(n_y-o_x)^2}}{n_x+o_y+a_z-1} \tag{2-72}$$

而矢量 $\boldsymbol{f}$ 的各分量可由式(2-69)求得,即

$$\left.\begin{aligned} f_x&=(o_z-a_y)/2\mathrm{s}\theta \\ f_y&=(a_x-n_z)/2\mathrm{s}\theta \\ f_z&=(n_y-o_x)/2\mathrm{s}\theta \end{aligned}\right\} \tag{2-73}$$

由式(2-72)及式(2-73)即可求得旋转角度 θ 及所绕的转轴矢量 $\boldsymbol{f}$。

2.2.3　复合齐次变换

平移变换和旋转变换可以组合在一个齐次变换中,称为复合变换。

例 2-4 如图 2-13 所示，已知坐标系 $Oxyz$ 中点 P 的位置矢量 $\boldsymbol{P}=[5\quad 3\quad 2\quad 1]^{\mathrm{T}}$。设想一坐标系 $O'x'y'z'$ 与 $Oxyz$ 重合，点 P 与坐标系 $O'x'y'z'$ 固接。

(1) 将点 P(连同坐标系 $O'x'y'z'$) 绕 z 轴旋转 90° 至点 Q，再做 $3\boldsymbol{i}-2\boldsymbol{j}-\boldsymbol{k}$ 的平移至 M 点，如图 2-13(a) 所示，求复合变换后所得的点 M 的坐标。

(2) 将点 P(连同坐标系 $O'x'y'z'$) 做 $3\boldsymbol{i}-2\boldsymbol{j}-\boldsymbol{k}$ 的平移至点 Q'，再绕 z' 轴旋转 90° 至点 M'，如图 2-13(b) 所示，求复合变换后所得的点 M' 的坐标。

(3) 将点 P(连同坐标系 $O'x'y'z'$) 做 $3\boldsymbol{i}-2\boldsymbol{j}-\boldsymbol{k}$ 的平移至点 Q''，再绕 z 轴旋转 90° 至点 M''，如图 2-13(c) 所示，求变换后所得的点 M'' 的坐标。

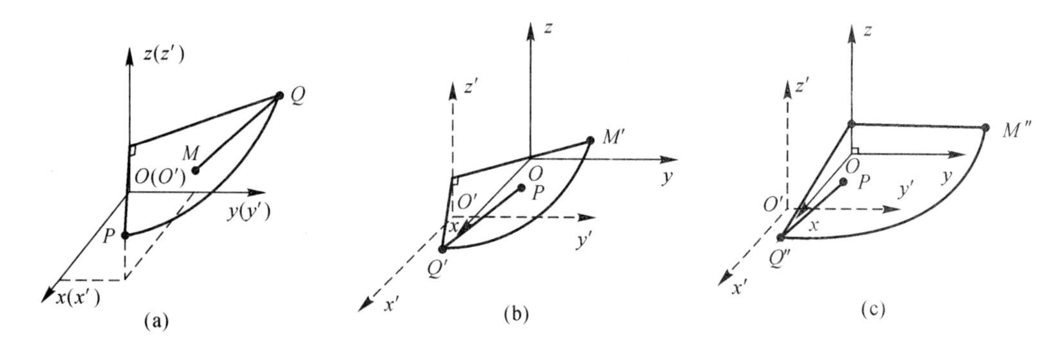

图 2-13 复合变换及二次变换

解 由题知，点 P 在坐标系 $O'x'y'z'$ 中的位置矢量也为 $\boldsymbol{P}=[5\quad 3\quad 2\quad 1]^{\mathrm{T}}$。

(1) 点 P(连同坐标系 $O'x'y'z'$) 的运动是先旋转再平移，其坐标系 $O'x'y'z'$ 的变换均相对于固定坐标系 $Oxyz$。

由于最初时坐标系 $O'x'y'z'$ 与 $Oxyz$ 重合，所以当坐标系 $O'x'y'z'$ 绕 z 轴旋转后，其在坐标系 $Oxyz$ 中的新位姿矩阵就等于其旋转算子 $\mathrm{Rot}(z,90°)$，再平移后，其在坐标系 $Oxyz$ 中的最终位姿矩阵依据式(2-25) 进行计算，有

$$\boldsymbol{H}=\mathrm{Trans}(3,-2,-1)\,\mathrm{Rot}(z,90°)=$$

$$\begin{bmatrix}1&0&0&3\\0&1&0&-2\\0&0&1&-1\\0&0&0&1\end{bmatrix}\begin{bmatrix}0&-1&0&0\\1&0&0&0\\0&0&1&0\\0&0&0&1\end{bmatrix}=\begin{bmatrix}0&-1&0&3\\1&0&0&-2\\0&0&1&-1\\0&0&0&1\end{bmatrix}\tag{2-74}$$

$\boldsymbol{H}$ 称为复合变换矩阵，可以看出，$\boldsymbol{H}$ 将平移算子及旋转算子组合在一个矩阵中。因为 $\boldsymbol{H}$ 是坐标系 $O'x'y'z'$ 在坐标系 $Oxyz$ 中的最终位姿矩阵，点 P 也随坐标系 $O'x'y'z'$ 移至点 M，所以点 M 在坐标系 $Oxyz$ 中的坐标为

$$\boldsymbol{M}=\boldsymbol{HP}=\begin{bmatrix}0&-1&0&3\\1&0&0&-2\\0&0&1&-1\\0&0&0&1\end{bmatrix}\begin{bmatrix}5\\3\\2\\1\end{bmatrix}=\begin{bmatrix}0\\3\\1\\1\end{bmatrix}\tag{2-75}$$

(2) 先平移，再绕平移后的自身坐标系 $O'x'y'z'$ 旋转。

可以这样考虑问题，最终旋转后的坐标系 $O'x'y'z'$ 相对于平移后的坐标系 $O'x'y'z'$ 的位姿矩阵为 $\mathrm{Rot}(z',90°)$，而平移后的坐标系 $O'x'y'z'$ 相对于固定坐标系 $Oxyz$ 的位姿矩阵为

Trans(3, −2 , −1)，因此坐标系 $O'x'y'z'$ 在坐标系 $Oxyz$ 中的最终位姿矩阵为 Rot(z',90°) 左乘 Trans(3, −2 , −1)，即

$$\boldsymbol{H}' = \text{Trans}(3,-2,-1)\,\text{Rot}(z',90°) =$$

$$\begin{bmatrix}1&0&0&3\\0&1&0&-2\\0&0&1&-1\\0&0&0&1\end{bmatrix}\begin{bmatrix}0&-1&0&0\\1&0&0&0\\0&0&1&0\\0&0&0&1\end{bmatrix}=\begin{bmatrix}0&-1&0&3\\1&0&0&-2\\0&0&1&-1\\0&0&0&1\end{bmatrix} \tag{2-76}$$

可以看出 $\boldsymbol{H}$ 与 $\boldsymbol{H}'$ 等同，表明二者的变换是等价的，则点 M' 的坐标与点 M 相同，为

$$\boldsymbol{M}' = \boldsymbol{H}'\boldsymbol{P} = \begin{bmatrix}0&-1&0&3\\1&0&0&-2\\0&0&1&-1\\0&0&0&1\end{bmatrix}\begin{bmatrix}5\\3\\2\\1\end{bmatrix}=\begin{bmatrix}0\\3\\1\\1\end{bmatrix} \tag{2-77}$$

(3) 先平移再旋转，坐标系 $O'x'y'z'$ 的变换均相对于固定坐标系 $Oxyz$。

与(1) 同理，可得坐标系 $O'x'y'z'$ 在坐标系 $Oxyz$ 中的最终位姿矩阵为

$$\boldsymbol{H}'' = \text{Rot}(z,90°)\,\text{Trans}(3,-2,-1) =$$

$$\begin{bmatrix}0&-1&0&0\\1&0&0&0\\0&0&1&0\\0&0&0&1\end{bmatrix}\begin{bmatrix}1&0&0&3\\0&1&0&-2\\0&0&1&-1\\0&0&0&1\end{bmatrix}=\begin{bmatrix}0&-1&0&2\\1&0&0&3\\0&0&1&-1\\0&0&0&1\end{bmatrix} \tag{2-78}$$

式中，$\boldsymbol{H}''$ 为先平移再绕原固定坐标系 $Oxyz$ 旋转的二重变换矩阵，可以看出 $\boldsymbol{H}''$ 与 $\boldsymbol{H}$ 及 $\boldsymbol{H}'$ 不等同。点 M'' 在坐标系 $Oxyz$ 中的坐标计算为

$$\boldsymbol{M}'' = \boldsymbol{H}''\boldsymbol{P} = \begin{bmatrix}0&-1&0&2\\1&0&0&3\\0&0&1&-1\\0&0&0&1\end{bmatrix}\begin{bmatrix}5\\3\\2\\1\end{bmatrix}=\begin{bmatrix}-1\\8\\1\\1\end{bmatrix} \tag{2-79}$$

结论：(1) 与(2) 的变换过程是等价的，称为复合变换，其平移算子及旋转算子可以组合在同一个矩阵中；(3) 的变换过程属于二次变换，其平移算子及旋转算子不能组合在同一个矩阵中，这一点应引起注意。

2.2.4　算子左、右乘规则

在求解动坐标系相对于基础坐标系的新位姿矩阵时，若动坐标系是相对基础坐标系进行变换，则用算子左乘动坐标系的原有位姿矩阵；若是相对自身坐标系进行变换，则用算子右乘动坐标系的原有位姿矩阵。

例如，例 2-4 的(1) 中，坐标系 $O'x'y'z'$ 先旋转再平移的变换均相对于固定坐标系 $Oxyz$ 进行，则算子依次左乘，因此可直接写出坐标系 $O'x'y'z'$ 的最终位姿表达式为

$$\boldsymbol{H} = \text{Trans}(3,-2,-1)\,\text{Rot}(z,90°) \tag{2-80}$$

例 2-4 的(2) 中，坐标系 $O'x'y'z'$ 先平移，再绕平移后的自身坐标系 $O'x'y'z'$ 的 z' 轴旋转，则算子右乘，因此可直接写出坐标系 $O'x'y'z'$ 的最终位姿表达式为

$$\boldsymbol{H}' = \mathrm{Trans}(3, -2, -1)\,\mathrm{Rot}(z', 90°) \tag{2-81}$$

需强调一点,算子左、右乘规则仅适用于坐标系的变换。对于点及物体的变换,左乘规则适用,右乘规则不适用。

例 2-5 图 2-14 所示为单臂操作手的手腕,也具有一个自由度。已知手部起始位姿矩阵为

$$\boldsymbol{G}_1 = \begin{bmatrix} 1 & 0 & 0 & 5 \\ 0 & -1 & 0 & 0 \\ 0 & 0 & -1 & 2 \\ 0 & 0 & 0 & 1 \end{bmatrix} \tag{2-82}$$

(1) 手部不动,仅手臂绕 z_0 轴旋转 $+90°$,则手部到达 G_2;

(2) 在 G_2 位置,若手臂不动,仅手部绕手腕 z_1 轴旋转 $-90°$,则手部变为 G_3,

写出手部坐标系 $\{G_2\}$ 及 $\{G_3\}$ 的位姿矩阵表达式。

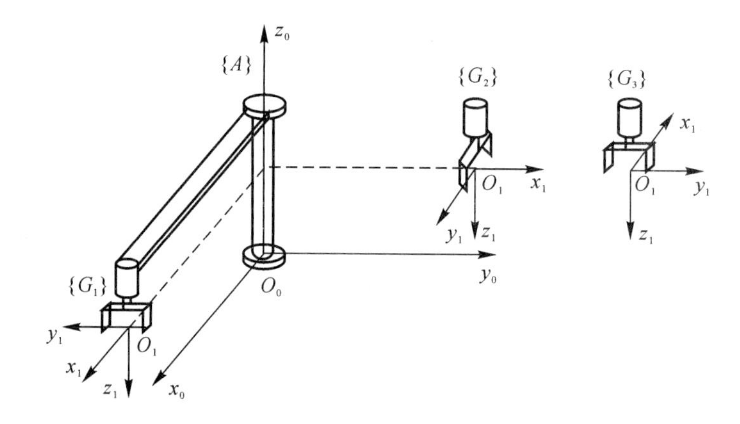

图 2-14 单臂操作手手腕与手臂的转动

解 手臂绕 z_0 轴转动是相对固定坐标系作旋转变换,则算子左乘,即

$$\boldsymbol{G}_2 = \mathrm{Rot}(z_0, 90°)\,\boldsymbol{G}_1 =$$

$$\begin{bmatrix} 0 & -1 & 0 & 0 \\ 1 & 0 & 0 & 0 \\ 0 & 0 & 1 & 0 \\ 0 & 0 & 0 & 1 \end{bmatrix} \begin{bmatrix} 1 & 0 & 0 & 5 \\ 0 & -1 & 0 & 0 \\ 0 & 0 & -1 & 2 \\ 0 & 0 & 0 & 1 \end{bmatrix} = \begin{bmatrix} 0 & 1 & 0 & 0 \\ 1 & 0 & 0 & 5 \\ 0 & 0 & -1 & 2 \\ 0 & 0 & 0 & 1 \end{bmatrix} \tag{2-83}$$

手部在 G_2 位置绕手腕轴旋转是相对动坐标系作旋转变换,故算子右乘,即

$$\boldsymbol{G}_3 = \boldsymbol{G}_2\,\mathrm{Rot}(z_1, -90°) =$$

$$\begin{bmatrix} 0 & 1 & 0 & 0 \\ 1 & 0 & 0 & 5 \\ 0 & 0 & -1 & 2 \\ 0 & 0 & 0 & 1 \end{bmatrix} \begin{bmatrix} 0 & 1 & 0 & 0 \\ -1 & 0 & 0 & 0 \\ 0 & 0 & 1 & 0 \\ 0 & 0 & 0 & 1 \end{bmatrix} = \begin{bmatrix} -1 & 0 & 0 & 0 \\ 0 & 1 & 0 & 5 \\ 0 & 0 & -1 & 2 \\ 0 & 0 & 0 & 1 \end{bmatrix} \tag{2-84}$$

注意:所求得的 $\boldsymbol{G}_2$ 及 $\boldsymbol{G}_3$ 位姿矩阵均为相对于基础坐标系 $O_0x_0y_0z_0$ 的位姿矩阵。

习　题　2

2.1　点矢量 $\boldsymbol{v}$ 为 $[5.00\quad 10.00\quad -5.00\quad 1]^{\mathrm{T}}$，相对参考系作以下齐次坐标变换：

$$\boldsymbol{A}=\begin{bmatrix}0.866 & -0.500 & 0.000 & 10\\ 0.500 & 0.866 & 0.000 & -2\\ 0.000 & 0.000 & 1.000 & 5\\ 0 & 0 & 0 & 1\end{bmatrix}$$

写出变换后点矢量 $\boldsymbol{v}$ 的表达式，并说明该变换的性质，写出旋转算子 Rot 及平移算子 Trans。

2.2　有一旋转变换，先绕固定坐标系 X_0 轴转 90°，再绕其 Z_0 轴转 45°，最后绕其 Y_0 轴转 30°，试求该齐次坐标变换矩阵。

2.3　坐标系 $\{B\}$ 起初与固定坐标系 $\{O\}$ 相重合，现坐标系 $\{B\}$ 绕 X_B 旋转 30°，然后绕旋转后的动坐标系的 Z_B 轴旋转 60°，试写出该坐标系 $\{B\}$ 的起始和最终位姿矩阵表达式。

2.4　坐标系 $\{B\}$ 连续相对固定坐标系 $\{A\}$ 作以下变换：

(1) 绕 X_A 轴旋转 90°；

(2) 绕 Z_A 轴转 −90°；

(3) 移动 $[2\quad 5\quad 8]^{\mathrm{T}}$。

试写出齐次变换矩阵 $\boldsymbol{H}$。

2.5　坐标系 $\{B\}$ 连续相对自身运动坐标系 $\{B\}$ 作以下变换：

(1) 移动 $[2\quad 5\quad 8]^{\mathrm{T}}$；

(2) 绕 Z_B 轴转 −90°；

(3) 绕 X_B 轴旋转 90°。

试写出齐次变换矩阵 $\boldsymbol{H}$。

2.6　图 2-15(a)所示的两个楔形物体，试用两个变换序列分别表示两个楔形物体的变换过程，使最后的状态如图 2-15(b)所示。

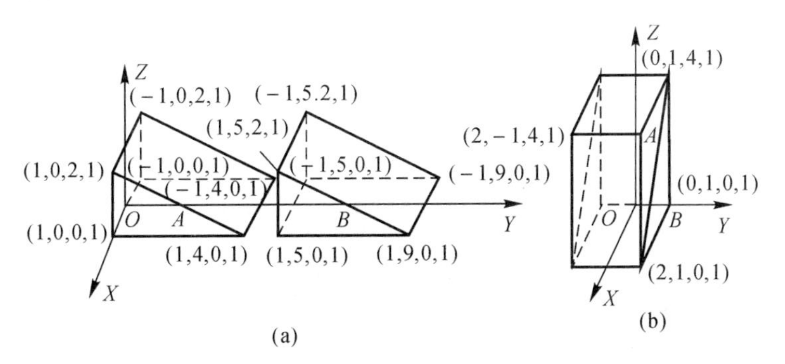

图 2-15　题 2.6 图

第3章　机器人运动学分析

机器人运动学研究机器人各运动部件的运动规律，其包含两方面内容：一是机器人的正向运动学，亦简称为正解问题；二是机器人的逆向运动学，亦简称为逆解问题。

机器人正解问题是给定机器人各关节变量值（角位移或线位移），计算机器人手部的位置与姿态；而机器人逆解问题是已知机器人手部的位置与姿态，计算与该位姿对应的各关节变量值。

机器人正解问题相对简单，解是唯一的，其逆解问题相对复杂，具有多解性。

3.1　机器人坐标系的建立

3.1.1　坐标系的序号分配

机器人各连杆通过关节连接在一起，关节有移动副与转动副之分。依照从机座到末端执行器的顺序，各连杆、各关节及各坐标系的编号如图 3-1 所示。

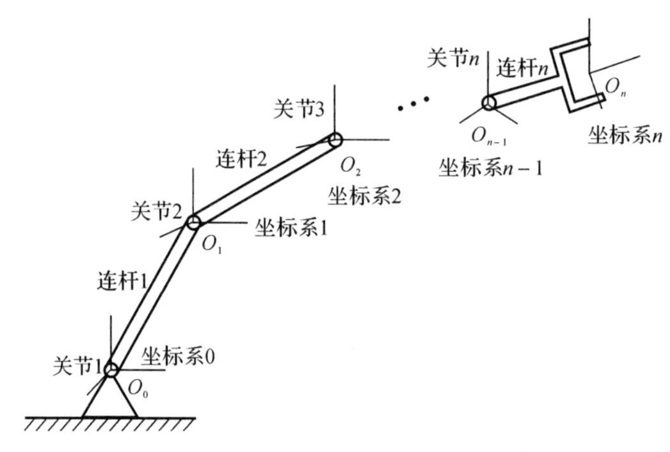

图 3-1　机器人坐标系的分配

杆件编号：机座为杆件 0，与机座相连的为杆件 1，依此类推。

关节编号：机座与连杆 1 之间为关节 1，连杆 1 与连杆 2 之间为关节 2，依此类推。

坐标系编号：i 坐标系随同 i 杆件一起运动，因此，可将连杆 i 坐标系建立在杆件末端的 $i+1$ 关节上。

例如：机器人第一个关节上建立的是基础坐标系，即 0 坐标系。第二个关节上建立的是 1

坐标系。依此类推。

对于转动关节，各连杆坐标系的 z 轴方向与关节轴线重合；对于移动关节，z 轴方向沿该关节的移动方向。与末端执行器固连的坐标系（即手部坐标系）依据 2.1.4 节所述方法建立，即取手部的中心点为原点 O_B；关节轴线定义为 z_B 轴，其单位方向矢量 $\boldsymbol{a}$ 称为接近矢量，指向朝外；两手指的连线为 y_B 轴，其单位方向矢量 $\boldsymbol{o}$ 称为姿态矢量，指向可任意选定；x_B 轴与 y_B，z_B 轴垂直，其单位方向矢量 $\boldsymbol{n}$ 称为法向矢量，且 $\boldsymbol{n}=\boldsymbol{o}\times\boldsymbol{a}$ 指向符合右手法则。

3.1.2　坐标系 D－H 建立方法

从图 3－1 我们已经掌握了机器人各连杆坐标系的基本确定方法，现讨论各连杆坐标系方位的确定。

一般来讲，只要满足 3.1.1 节所述条件，则对坐标系的具体建立并无任何特殊规定，在此情况下，相邻两个坐标系的坐标变换完全按照坐标变换方程进行推导即可，但由于各连杆坐标系之间的位姿关系没有规律，这使得坐标变换阵变得较为复杂。

Denavit 和 Hartenbery 于 1956 年提出了 D－H 方法。这种方法严格定义了每个坐标系的坐标轴，因而相对简化了各连杆坐标系之间的位姿关系，使连杆间的坐标变换阵变得简单，便于分析和计算。D－H 方法对连杆和关节定义了 4 个参数。下面详细进行讨论。

1. 转动关节的 D－H 坐标系

对于转动关节，其 D－H 坐标系的建立如图 3－2 所示，分以下几点进行说明：

(1)由前述可知，连杆 i 坐标系建立在 $i+1$ 关节上，其 z_i 轴位于 $i+1$ 关节的轴线上；

(2)连杆 i 坐标系的 x_i 轴位于连杆 i 的两端关节轴线的公垂线上，方向指向下一个连杆；

(3)连杆 i 坐标系的原点为公垂线与 z_i 轴的交点；

(4)连杆 i 坐标系的 y_i 轴由 x_i 和 z_i 确定。

至此，连杆 i 的坐标系确立，其建立在关节 $i+1$ 的轴线上。

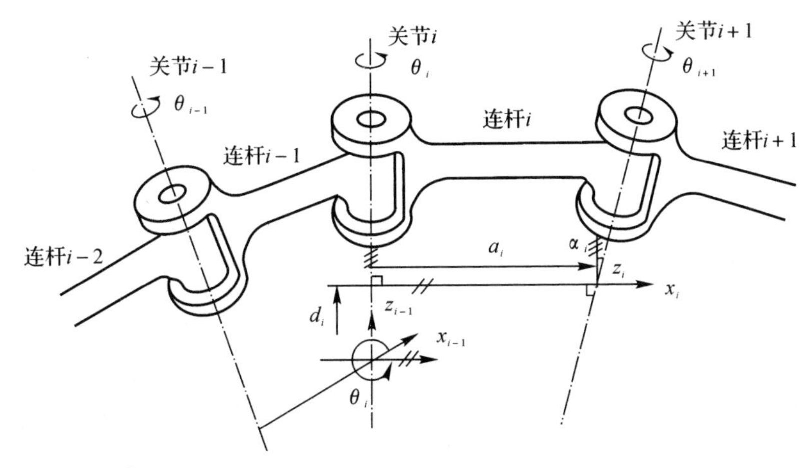

图 3－2　转动关节 D－H 坐标系建立示意图

上述建立的连杆坐标系，可用 4 个参数来描述，如图 3－2 所示。具体含义见表 3－1。

表 3-1　连杆 i 坐标系 D-H 参数含义(关节 i 为转动关节)

特　征	描述相邻两连杆关系的参数		描述连杆的参数	
参　数	两连杆夹角 θ_i	两连杆距离 d_i	连杆长度 a_i	连杆扭角 α_i
定　义	垂直于关节 i 轴线的平面内,两公垂线的夹角	沿关节 i 轴线上两公垂线的距离	两端关节轴线沿公垂线的距离	与公垂线垂直的平面内两关节轴线 z_{i-1} 与 z_i 的夹角
特　性	关节变量	常量	常量	常量

对于连杆 i 两端轴线平行的特殊情况,由于两平行轴线的公垂线存在多值,所以单利用公垂线无法确定连杆 i 的坐标系原点。这时,连杆 i 的坐标系原点由 d_{i+1} 确定。

2. 移动关节的 D-H 坐标系

如果关节 i 是移动关节,连杆 $i-1$ 及连杆 i 的 D-H 坐标系同样可以按照上述方法来建立,只是连杆 $i-1$ 坐标系的 z_{i-1} 轴变为位于关节 i 的移动方向上,除此之外应注意,两连杆夹角 θ_i 变为常量,而两连杆距离 d_i 成为变量。但为了简化,通常连杆 $i-1$ 及连杆 i 的 D-H 坐标系采用图 3-3 中所示方法来建立。图 3-3 中,关节 i 是棱柱联轴器(移动关节),具体建立方法如下。

(1)连杆 $i-1$ 坐标系的建立。

1)连杆 $i-1$ 坐标系的 z_{i-1} 轴方向与联轴器 i 的移动方向相一致,但位置不要求与联轴器 i 的位置相重合,而是过点 D。CD 为关节 i 移动方向与关节 $i+1$ 轴线的公垂线。

2)取连杆 $i-1$ 坐标系的原点位于如图 3-3 所示点 E。图中,AB 和 CD 为两条公垂线,过点 B 作 $BE//CD$,交 z_{i-1} 轴线于点 E。

3)连杆 $i-1$ 坐标系 x_{i-1} 轴位于关节 $i-1$ 轴线与 z_{i-1} 轴线的公垂线 FE 上,指向下一个连杆。

4)连杆 $i-1$ 坐标系的 y_{i-1} 轴由 x_{i-1} 和 z_{i-1} 确定。

(2)连杆 i 坐标系的建立。

1)连杆 i 坐标系的 z_i 轴在关节 $i+1$ 的轴线上,原点位于点 D 上。

2)连杆 i 坐标系 x_i 轴平行或反向平行于 z_{i-1} 轴与 z_i 轴矢量的交积(或沿公垂线 CD 上)。

3)连杆 i 坐标系的 y_i 轴由 x_i 和 z_i 确定。

至此,连杆 $i-1$ 及连杆 i 的坐标系确立。

与图 3-2 对比可以看出,这种建立方法是将连杆 $i-1$ 坐标系的 z_{i-1} 轴从关节 i 上平移到图 3-3 所示过点 D。移动前,连杆 $i-1$ 坐标系的原点在点 B,连杆 $i-1$ 的杆长度为 $a_{i-1}=AB$,连杆 i 的杆长度为 $a_i=CD=BE$;移动后,连杆 $i-1$ 坐标系的原点移至点 E,连杆 $i-1$ 的杆长度变为 $a_{i-1}=FE$,连杆 i 的杆长度变为 $a_i=0$。可见,移动后连杆 i 的参数得到简化。

上述建立的连杆坐标系,同样可用 4 个参数来描述,连杆 i 坐标系 D-H 参数见表 3-2。

表 3-2　连杆 i 坐标系 D-H 参数含义(关节 i 为移动关节)

特　征	描述相邻两连杆关系的参数		描述连杆的参数	
参　数	两连杆夹角 θ_i	两连杆距离 d_i	连杆长度 a_i	连杆扭角 α_i
定　义	垂直于关节 i 移动方向的平面内,x_i 轴与 x_{i-1} 轴的夹角	沿关节 i 移动方向 x_i 轴与 x_{i-1} 轴的距离	z_{i-1} 轴与 z_i 轴的公垂线的距离	与 x_i 轴垂直的平面内 z_{i-1} 与 z_i 轴线的夹角
特　性	常量	关节变量	等于零	常量

从表 3-2 中可以看出,对于移动关节 i,有以下结论。

(1)两连杆距离 d_i 成为联轴器(关节)变量,当 $d_i=0$ 时,定义该联轴器的位置为零;此时公垂线 CD 处在 BE 位置,连杆 i 坐标系与连杆 $i-1$ 坐标系原点重合。

(2)连杆 i 长度 a_i 无意义,可看出为零。

(3)两连杆的夹角 θ_i 变为常量。

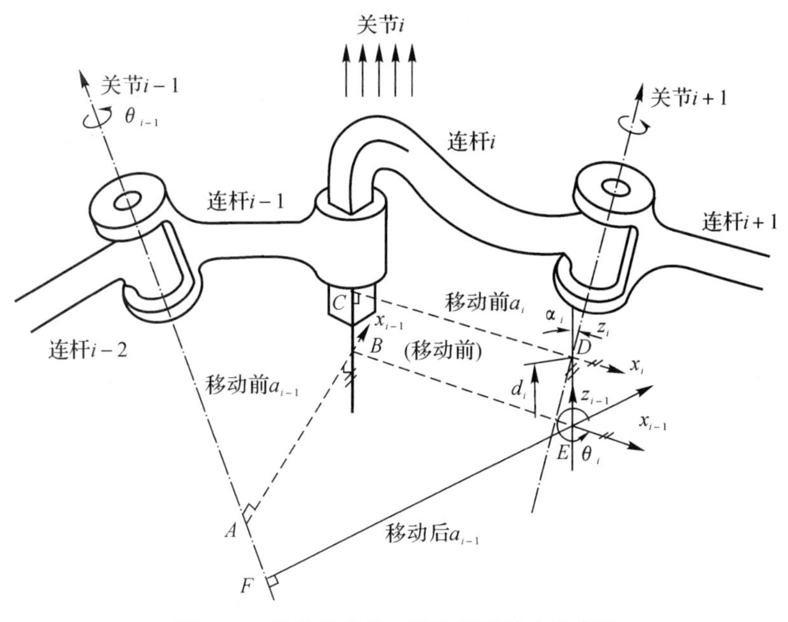

图 3-3　移动关节 D-H 坐标系建立示意图

3.2　相邻杆件坐标系间的位姿分析

3.2.1　相邻杆件坐标系间位姿矩阵的表达

机器人连杆 i 坐标系相对于连杆 $i-1$ 坐标系的位姿矩阵即为将连杆 i 坐标系坐标转换为连杆 $i-1$ 坐标系坐标的齐次坐标变换矩阵,用 $\boldsymbol{A}_i^{i-1}$ 表示。对于 n 个关节的机器人,依次为

$$\boldsymbol{A}_n^{n-1},\cdots,\boldsymbol{A}_i^{i-1},\cdots,\boldsymbol{A}_1^0 \quad (i=1,2,\cdots,n)$$

通常把上标省略，写成 $\boldsymbol{A}_i$，即

$$\boldsymbol{A}_n,\cdots,\boldsymbol{A}_i,\cdots,\boldsymbol{A}_1 \quad (i=1,2,\cdots,n)$$

其中，$\boldsymbol{A}_i^{i-1}$（$\boldsymbol{A}_i$）表示杆件 i 坐标系相对于 $i-1$ 坐标系的齐次坐标变换矩阵，也即连杆 i 坐标系相对于连杆 $i-1$ 坐标系的位姿矩阵。

3.2.2 相邻杆件坐标系间位姿矩阵的确定

如图 3-2 及图 3-3 所示，一旦全部连杆坐标系确定后，就能按照下列步骤建立相邻两连杆 $i-1$ 与 i 坐标系之间的变换关系：

(1) 绕 z_{i-1} 轴旋转 θ_i 角，使 x_{i-1} 轴与 x_i 轴共面（与 x_i 轴平行）；

(2) 沿 z_{i-1} 轴平移一距离 d_i，使 x_{i-1} 与 x_i 共线；

(3) 沿 x_i 轴平移一距离 a_i，使连杆 $i-1$ 的坐标系原点与连杆 i 坐标系原点重合；

(4) 绕 x_i 旋转 α_i 角，使 z_{i-1} 轴与 z_i 轴重合。

经过上述变换，连杆 $i-1$ 坐标系与连杆 i 坐标系重合。那么依据上述变换步骤，连杆 i 坐标系相对于连杆 $i-1$ 坐标系的坐标变换矩阵 $\boldsymbol{A}_i$（也即连杆 i 坐标系相对于连杆 $i-1$ 坐标系的位姿矩阵）为

$$\boldsymbol{A}_i=\mathrm{Rot}(z_{i-1},\theta_i)\ \mathrm{Trans}(0,0,d_i)\mathrm{Trans}(a_i,0,0)\mathrm{Rot}(x_i,\alpha_i)=$$

$$\begin{bmatrix} c\theta_i & -s\theta_i & 0 & 0 \\ s\theta_i & c\theta_i & 0 & 0 \\ 0 & 0 & 1 & 0 \\ 0 & 0 & 0 & 1 \end{bmatrix}\begin{bmatrix} 1 & 0 & 0 & 0 \\ 0 & 1 & 0 & 0 \\ 0 & 0 & 1 & d_i \\ 0 & 0 & 0 & 1 \end{bmatrix}\begin{bmatrix} 1 & 0 & 0 & a_i \\ 0 & 1 & 0 & 0 \\ 0 & 0 & 1 & 0 \\ 0 & 0 & 0 & 1 \end{bmatrix}\begin{bmatrix} 1 & 0 & 0 & 0 \\ 0 & c\alpha_i & -s\alpha_i & 0 \\ 0 & s\alpha_i & c\alpha_i & 0 \\ 0 & 0 & 0 & 1 \end{bmatrix}=$$

$$\begin{bmatrix} c\theta_i & -s\theta_i c\alpha_i & s\theta_i s\alpha_i & a_i c\theta_i \\ s\theta_i & c\theta_i c\alpha_i & -c\theta_i s\alpha_i & a_i s\theta_i \\ 0 & s\alpha_i & c\alpha_i & d_i \\ 0 & 0 & 0 & 1 \end{bmatrix} \tag{3-1}$$

依照图 3-2，当关节 i 为转动关节时，式(3-1)中，θ_i 为关节变量，α_i，d_i，a_i 为常量；

依照图 3-3，当关节 i 为移动关节时，式(3-1)中，令杆长 $a_i=0$，因此坐标变换矩阵 $\boldsymbol{A}_i$ 变为

$$\boldsymbol{A}_i=\mathrm{Rot}(z_{i-1},\theta_i)\ \mathrm{Trans}(0,0,d_i)\mathrm{Trans}(a_i,0,0)\mathrm{Rot}(x_i,\alpha_i)=$$

$$\begin{bmatrix} c\theta_i & -s\theta_i c\alpha_i & s\theta_i s\alpha_i & 0 \\ s\theta_i & c\theta_i c\alpha_i & -c\theta_i s\alpha_i & 0 \\ 0 & s\alpha_i & c\alpha_i & d_i \\ 0 & 0 & 0 & 1 \end{bmatrix} \tag{3-2}$$

式(3-2)中，d_i 为关节变量；α_i，θ_i，a_i 为常量。式(3-1)及式(3-2)即为关节 i 分别为转动关节和移动关节时，关节后端杆件 i 坐标系相对于关节前端杆件 $i-1$ 坐标系的位姿矩阵。

3.3　机器人正向运动学

3.3.1　机器人运动方程

由上述可知，研究机器人的运动规律首先应建立机器人各连杆坐标系，从而得出相邻两杆件坐标系之间的齐次坐标变换矩阵 $\boldsymbol{A}_i$，其描述了两坐标系之间相对平移和旋转的齐次变换。$\boldsymbol{A}_1$ 描述连杆 1 坐标系相对于机身的位姿，$\boldsymbol{A}_2$ 描述连杆 2 坐标系相对于连杆 1 坐标系的位姿，等等。如果已知某点在最末一个坐标系（如 n 坐标系）的坐标，要将其表示成前一个坐标系（如 $n-1$）里的坐标，那么齐次坐标变换矩阵即为 $\boldsymbol{A}_n$。依次前推，可知此点到基础坐标系的齐次坐标变换矩阵为

$$
{}^0\boldsymbol{T}_n=\boldsymbol{A}_1\boldsymbol{A}_2\boldsymbol{A}_3\cdots\boldsymbol{A}_{n-1}\boldsymbol{A}_n=\begin{bmatrix} n_x & o_x & a_x & p_x \\ n_y & o_y & a_y & p_y \\ n_z & o_z & a_z & p_z \\ 0 & 0 & 0 & 1 \end{bmatrix} \tag{3-3}
$$

式(3－3)即为机器人的运动方程，式中，${}^0\boldsymbol{T}_n$ 为 n 坐标系相对于基础坐标系的位姿矩阵，也常表示为${}^0_n\boldsymbol{T}$ 或 $\boldsymbol{T}_n^0$，或简写为 $\boldsymbol{T}_n$。

例如，对于一个六连杆机器人，其机器人末端执行器坐标系（即连杆坐标系 6）相对于连杆 $i-1$ 坐标系的位姿矩阵用${}^{i-1}\boldsymbol{T}_6$（或${}^{i-1}_6\boldsymbol{T}$，$\boldsymbol{T}_6^{i-1}$）表示为

$$
{}^{i-1}\boldsymbol{T}_6=\boldsymbol{A}_i\boldsymbol{A}_{i+1}\cdots\boldsymbol{A}_6 \tag{3-4}
$$

其末端执行器相对于机身坐标系的位姿矩阵用${}^0\boldsymbol{T}_6$（或${}^0_6\boldsymbol{T}$，$\boldsymbol{T}_6^0$）表示为

$$
{}^0\boldsymbol{T}_6=\boldsymbol{A}_1\boldsymbol{A}_2\cdots\boldsymbol{A}_6 \tag{3-5}
$$

式中，${}^0\boldsymbol{T}_6$ 常写成 $\boldsymbol{T}_6$。

在已知连杆参数，并给定机器人各关节变量值（角位移或线位移）的情况下，可以利用式(3－3)计算出机器人手部的位置与姿态，此即为机器人的正向运动学，即机器人的正解问题。

3.3.2　斯坦福机器人运动方程

首先以斯坦福机器人为例说明如何依据 D－H 方法来建立机器人的运动学方程。

例 3－1　图 3－4 为斯坦福机器人的结构示意图。求齐次坐标变换矩阵 $\boldsymbol{A}_i$ $(i=1,2,3,4,5,6)$及机器人末端执行器相对于机身坐标系的齐次变换矩阵${}^0\boldsymbol{T}_6$的表达式。

解　(1)　D－H 坐标系的建立。按 D－H 方法建立各连杆坐标系，如图 3－4 所示。图中 z_0 轴沿关节 1 的轴，z_i 轴沿关节 $i+1$ 的轴，所有 x_i 轴与机座坐标系 x_0 轴平行，y_i 轴按右手法则确定。

(2)各连杆 D－H 参数及关节变量的确定。表 3－3 给出了各连杆的 D－H 参数和关节变量。

表 3-3　斯坦福机器人的 D-H 参数

连　杆	变　量	$\alpha/(°)$	a	d	$\cos\alpha$	$\sin\alpha$
1	θ_1	-90	0	0	0	-1
2	θ_2	90	0	d_2	0	1
3	$\theta_3=0$	0	0	d_3（变量）	1	0
4	θ_4	-90	0	0	0	-1
5	θ_5	90	0	0	0	1
6	θ_6	0	0	H	1	0

(3) 求相邻两杆之间的位姿矩阵 $\boldsymbol{A}_i$。根据表 3-3 所示的 D-H 参数和齐次变换矩阵公式，可求得相邻两杆之间的位姿矩阵 $\boldsymbol{A}_i$，有

$$\boldsymbol{A}_1=\mathrm{Rot}\ (z_0,\theta_1)\mathrm{Rot}\ (x_1,\alpha_1)=$$

$$\begin{bmatrix}\cos\theta_1 & -\sin\theta_1 & 0 & 0\\ \sin\theta_1 & \cos\theta_1 & 0 & 0\\ 0 & 0 & 1 & 0\\ 0 & 0 & 0 & 1\end{bmatrix}\begin{bmatrix}1 & 0 & 0 & 0\\ 0 & \cos\alpha_1 & -\sin\alpha_1 & 0\\ 0 & \sin\alpha_1 & \cos\alpha_1 & 0\\ 0 & 0 & 0 & 1\end{bmatrix}=\begin{bmatrix}\cos\theta_1 & 0 & -\sin\theta_1 & 0\\ \sin\theta_1 & 0 & \cos\theta_1 & 0\\ 0 & -1 & 0 & 0\\ 0 & 0 & 0 & 1\end{bmatrix} \tag{3-6}$$

$$\boldsymbol{A}_2=\mathrm{Rot}\ (z_1,\theta_2)\mathrm{Trans}\ (0,0,\ d_2)\mathrm{Rot}\ (x_2,\alpha_2)=$$

$$\begin{bmatrix}\cos\theta_2 & -\sin\theta_2 & 0 & 0\\ \sin\theta_2 & \cos\theta_2 & 0 & 0\\ 0 & 0 & 1 & 0\\ 0 & 0 & 0 & 1\end{bmatrix}\begin{bmatrix}1 & 0 & 0 & 0\\ 0 & 1 & 0 & 0\\ 0 & 0 & 1 & d_2\\ 0 & 0 & 0 & 1\end{bmatrix}\begin{bmatrix}1 & 0 & 0 & 0\\ 0 & 0 & -1 & 0\\ 0 & 1 & 0 & 0\\ 0 & 0 & 0 & 1\end{bmatrix}=$$

$$\begin{bmatrix}\cos\theta_2 & 0 & \sin\theta_2 & 0\\ \sin\theta_2 & 0 & -\cos\theta_2 & 0\\ 0 & 1 & 0 & d_2\\ 0 & 0 & 0 & 1\end{bmatrix} \tag{3-7}$$

$$\boldsymbol{A}_3=\mathrm{Trans}(0,\quad 0,\quad d_3)=\begin{bmatrix}1 & 0 & 0 & 0\\ 0 & 1 & 0 & 0\\ 0 & 0 & 1 & d_3\\ 0 & 0 & 0 & 1\end{bmatrix} \tag{3-8}$$

$$\boldsymbol{A}_4=\mathrm{Rot}(z_3,\theta_4)\mathrm{Rot}(x_4,\alpha_4)=\begin{bmatrix}\cos\theta_4 & 0 & -\sin\theta_4 & 0\\ \sin\theta_4 & 0 & \cos\theta_4 & 0\\ 0 & -1 & 0 & 0\\ 0 & 0 & 0 & 1\end{bmatrix} \tag{3-9}$$

$$\boldsymbol{A}_5=\mathrm{Rot}(z_4,\theta_5)\mathrm{Rot}(x_5,\alpha_5)=\begin{bmatrix}\cos\theta_5 & 0 & \sin\theta_5 & 0\\ \sin\theta_5 & 0 & -\cos\theta_5 & 0\\ 0 & 1 & 0 & 0\\ 0 & 0 & 0 & 1\end{bmatrix} \tag{3-10}$$

$$A_6 = \mathrm{Rot}(z_5, \theta_6)\mathrm{Trans}(0,\ 0,\ H) = \begin{bmatrix} \cos\theta_6 & -\sin\theta_6 & 0 & 0 \\ \sin\theta_6 & \cos\theta_6 & 0 & 0 \\ 0 & 0 & 1 & H \\ 0 & 0 & 0 & 1 \end{bmatrix} \tag{3-11}$$

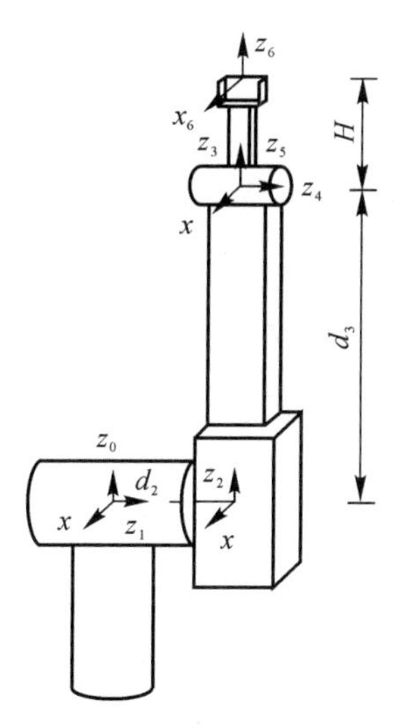

图 3-4　斯坦福机器人结构示意图

(4) 求机器人的运动方程。依据相邻两杆之间的位姿矩阵 $\boldsymbol{A}_i$ ($i=1,2,3,4,5,6$)，可依次得出机器人手端坐标系相对于各连杆坐标系的位置和姿态 ${}^{i-1}\boldsymbol{T}_6$，最终得出手端坐标系相对于基础坐标系的位姿矩阵 ${}^{0}\boldsymbol{T}_6$，即斯坦福机器人的运动学方程：

$${}^{0}\boldsymbol{T}_6 = \boldsymbol{A}_1\boldsymbol{A}_2\boldsymbol{A}_3\boldsymbol{A}_4\boldsymbol{A}_5\boldsymbol{A}_6 = \begin{bmatrix} n_x & o_x & a_x & p_x \\ n_y & o_y & a_y & p_y \\ n_z & o_z & a_z & p_z \\ 0 & 0 & 0 & 1 \end{bmatrix} \tag{3-12}$$

式中

$$\left.\begin{aligned}
n_x &= c_1[c_2(c_4c_5c_6 - s_4s_6) - s_2s_5c_6] - s_1(s_4c_5c_6 + c_4s_6) \\
n_y &= s_1[c_2(c_4c_5c_6 - s_4s_6) - s_2s_5c_6] + c_1(s_4c_5c_6 + c_4s_6) \\
n_z &= -s_2(c_4c_5c_6 - s_4s_6) - c_2s_5c_6 \\
o_x &= c_1[-c_2(c_4c_5s_6 + s_4c_6) + s_2s_5s_6] - s_1(-s_4c_5s_6 + c_4c_6) \\
o_y &= s_1[-c_2(c_4c_5s_6 + s_4c_6) + s_2s_5s_6] + c_1(-s_4c_5s_6 + c_4c_6) \\
o_z &= s_2(c_4c_5s_6 + s_4c_6) + c_2s_5s_6 \\
a_x &= c_1(c_2c_4s_5 + s_2c_5) - s_1s_4s_5 \\
a_y &= s_1(c_2c_4s_5 + s_2c_5) + c_1s_4s_5 \\
a_z &= -s_2c_4s_5 + c_2c_5 \\
p_x &= c_1(Hc_2c_4s_5 + Hs_2c_5 + s_2d_3) - s_1(Hs_4s_5 + d_2) \\
p_y &= s_1(Hc_2c_4s_5 + Hs_2c_5 + s_2d_3) + c_1(Hs_4s_5 + d_2) \\
p_z &= -(Hs_2c_4s_5 - Hc_2c_5 - c_2d_3)
\end{aligned}\right\} \tag{3-13}$$

在表达式(3－13)中，$s_i=\sin\theta_i$，$c_i=\cos\theta_i(i=1,2,3,4,5,6)$，下同。并可求得

$$^5\boldsymbol{T}_6=\boldsymbol{A}_6=\begin{bmatrix} c_6 & -s_6 & 0 & 0 \\ s_6 & c_6 & 0 & 0 \\ 0 & 0 & 1 & H \\ 0 & 0 & 0 & 1 \end{bmatrix} \tag{3-14}$$

$$^4\boldsymbol{T}_6=\boldsymbol{A}_5\boldsymbol{A}_6=\begin{bmatrix} c_5c_6 & -c_5c_6 & s_5 & Hs_5 \\ s_5c_6 & -s_5s_6 & -c_5 & -Hc_5 \\ s_6 & c_6 & 0 & 0 \\ 0 & 0 & 0 & 1 \end{bmatrix} \tag{3-15}$$

$$^3\boldsymbol{T}_6=\boldsymbol{A}_4\boldsymbol{A}_5\boldsymbol{A}_6=\begin{bmatrix} c_4c_5c_6-s_4s_6 & -c_4c_5s_6-s_4c_6 & c_4s_5 & Hc_4s_5 \\ s_4c_5c_6+c_4s_6 & -s_4c_5c_6+c_4c_6 & s_4s_5 & Hs_4s_5 \\ -s_5c_6 & s_5s_6 & c_5 & Hc_5 \\ 0 & 0 & 0 & 1 \end{bmatrix} \tag{3-16}$$

$$^2\boldsymbol{T}_6=\boldsymbol{A}_3\boldsymbol{A}_4\boldsymbol{A}_5\boldsymbol{A}_6=\begin{bmatrix} c_4c_5c_6-s_4s_6 & -c_4c_5s_6-s_4c_6 & c_4s_5 & Hc_4s_5 \\ s_4c_5c_6+c_4s_6 & -s_4c_5s_6+c_4c_6 & s_4s_5 & Hs_4s_5 \\ -s_5c_6 & s_5s_6 & c_5 & Hc_5+d_3 \\ 0 & 0 & 0 & 1 \end{bmatrix} \tag{3-17}$$

$$^1\boldsymbol{T}_6=\boldsymbol{A}_2\boldsymbol{A}_3\boldsymbol{A}_4\boldsymbol{A}_5\boldsymbol{A}_6=$$

$$\begin{bmatrix} c_2(c_4c_5c_6-s_4s_6)-s_2s_5s_6 & -c_2(c_4c_5c_6+s_4c_6)+s_2s_5s_6 & c_2c_4s_5+s_2c_5 & c_2(Hc_4s_5)+s_2(Hc_5+d_3) \\ s_2(c_4c_5c_6-s_4s_6)+c_2s_5c_6 & -s_2(c_4c_5s_6+s_4c_6)-c_2s_5s_6 & s_2c_4s_5-c_2c_5 & s_2(Hc_4s_5)-c_2(Hc_5+d_3) \\ s_4c_5c_6+c_4s_6 & -s_4c_5c_6+c_4c_6 & s_4s_5 & Hs_4s_5+d_2 \\ 0 & 0 & 0 & 1 \end{bmatrix} \tag{3-18}$$

3.4 机器人逆向运动学

3.3 节举例阐述了机器人的正向运动学，即机器人正解问题；这一节将探讨分析机器人的逆向运动学，即机器人的逆解问题。

对于具有 n 个自由度的操作臂，式(3－3)运动学方程可以写为

$$\begin{bmatrix} n_x & o_x & a_x & p_x \\ n_y & o_y & a_y & p_y \\ n_z & o_z & a_z & p_z \\ 0 & 0 & 0 & 1 \end{bmatrix}=\boldsymbol{A}_1\boldsymbol{A}_2\boldsymbol{A}_3\cdots\boldsymbol{A}_{n-1}\boldsymbol{A}_n \tag{3-19}$$

式(3－19)左边表示末端连杆相对于基础坐标系的位姿。给定末端连杆的位姿来计算相应关节变量的过程称之为运动学逆解。

3.4.1　机器人逆向运动学的解

1. 多解性

机器人运动学逆解具有多解性，如图 3－5 所示，对于给定的手部位置与姿态，其关节角变量值具有两组解，这两种关节角组合方式均可实现目标位姿。

机器人运动学逆解产生多解的原因如下：

(1)解反三角函数方程时产生的结构上无法实现的多余解；

(2)结构上存在关节角的多种组合方式(多解)来实现目标位姿，如图 3－5 所示状况。

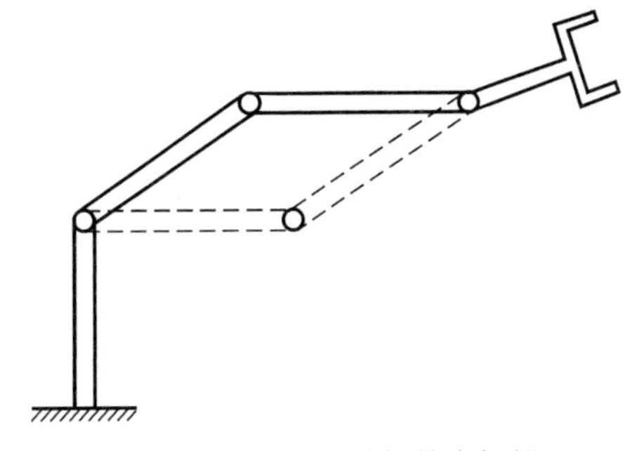

图 3－5　机器人逆解的多解性

虽然机器人逆解往往产生多解，但对于一个真实的机器人，通常只有一组解最优，为此必须做出判断，以选择合适的解。

剔除多余解的一般方法如下：

(1)根据一些参数要求(如杆长不为负)，剔除在反三角函数求解时的关节角多余解；

(2)根据关节的运动空间剔除物理上无法实现的关节角多余解；

(3)根据关节运动过程，选择一个距离最近、最易实现的解；

(4)根据避障要求，剔除受障碍物限制的关节角多余解；

(5)逐级剔除多余解。

2. 可解性

机器人的可解性是指能否求得机器人运动学逆解的解析式。若具有转动和移动关节的机器人系统，其单一串联链中共有 6(或<6)个自由度时，该机器人是可解的，通常为数值解。要使机器人有解析解，设计时就要使机器人尽量满足若干个关节轴相交或连杆扭角 α_i 等于 0°或±90°等的特殊条件，即要使机器人的结构尽可能简单。

对于逆运动学的求解，虽然通过式(3－19)可得到 12 个方程式[形见式(3－13)]，但如果对 12 个方程式联立求解，由于方程表达式的复杂性，其解析解往往很难求出，所以一般不采用联立方程求解的方法。

逆运动学的求解通常采用一系列变换矩阵的逆 $\mathbf{A}_i^{-1}$ 左乘，然后找出右端为常数或简单表达式的元素，并令这些元素与左端对应元素相等，这样就可以得出一个可以求解的简单三角函数方程式，进而求得对应的关节角。依此类推，最终求解出每一个关节变量值。

3.4.2　斯坦福机器人逆向运动学求解

例 3－2　已知例 3－1 中斯坦福机器人末端执行器的位姿，求对应的各关节变量值。

解　已知例 3－1 中斯坦福机器人的末端执行器的位姿为

$$\boldsymbol{T}_6=\begin{bmatrix} n_x & o_x & a_x & p_x \\ n_y & o_y & a_y & p_y \\ n_z & o_z & a_z & p_z \\ 0 & 0 & 0 & 1 \end{bmatrix} \tag{3-20}$$

由机器人运动学可得

$$\boldsymbol{T}_6=\mathbf{A}_1\mathbf{A}_2\cdots\mathbf{A}_6 \tag{3-21}$$

(1) 求 θ_1。将式(3-21)两端左乘 $\mathbf{A}_1^{-1}$,得

$$\mathbf{A}_1^{-1}\boldsymbol{T}_6=\mathbf{A}_2\mathbf{A}_3\mathbf{A}_4\mathbf{A}_5\mathbf{A}_6={}^1\boldsymbol{T}_6 \tag{3-22}$$

式(3-22)左端表达式为

$$\mathbf{A}_1^{-1}\boldsymbol{T}_6=\begin{bmatrix} c_1 & s_1 & 0 & 0 \\ 0 & 0 & -1 & 0 \\ -s_1 & c_1 & 0 & 0 \\ 0 & 0 & 0 & 1 \end{bmatrix}\begin{bmatrix} n_x & o_x & a_x & p_x \\ n_y & o_y & a_y & p_y \\ n_z & o_z & a_z & p_z \\ 0 & 0 & 0 & 1 \end{bmatrix}=\begin{bmatrix} f_{11}(n) & f_{11}(o) & f_{11}(a) & f_{11}(p) \\ f_{12}(n) & f_{12}(o) & f_{12}(a) & f_{12}(p) \\ f_{13}(n) & f_{13}(o) & f_{13}(a) & f_{13}(p) \\ 0 & 0 & 0 & 1 \end{bmatrix} \tag{3-23}$$

式中,f_{ij} 为缩写,有

$$\left.\begin{aligned} f_{11}(i)&=c_1 i_x+s_1 i_y \\ f_{12}(i)&=-i_z \qquad (i=n,o,a,p) \\ f_{13}(i)&=-s_1 i_x+c_1 i_y \end{aligned}\right\} \tag{3-24}$$

由例3-1可知,式(3-22)右端表达式为

$${}^1\boldsymbol{T}_6=\mathbf{A}_2\mathbf{A}_3\mathbf{A}_4\mathbf{A}_5\mathbf{A}_6=$$

$$\begin{bmatrix} c_2(c_4c_5c_6-s_4s_6)-s_2s_5s_6 & -c_2(c_4c_5s_6+s_4c_6)+s_2s_5s_6 & c_2c_4c_5+s_2c_5 & c_2Hc_4s_5+s_2(Hc_5+d_3) \\ s_2(c_4c_5c_6-s_4s_6)+s_2s_5c_6 & -s_2(c_4c_5s_6+s_4c_6)-c_2s_5s_6 & s_2c_4s_5-c_2c_5 & s_2Hc_4s_5-c_2(Hc_5+d_3) \\ s_4c_5c_6+c_4s_6 & -s_4c_5s_6+c_4c_6 & s_4s_5 & Hs_4s_5+d_2 \\ 0 & 0 & 0 & 1 \end{bmatrix} \tag{3-25}$$

令式(3-23)及式(3-25)中第3行第3列及第3行第4列的对应元素相等,可得

$$\left.\begin{aligned} f_{13}(a)&=-s_1a_x+c_1a_y=s_4s_5 \\ f_{13}(p)&=-s_1p_x+c_1p_y=Hs_4s_5+d_2 \end{aligned}\right\} \quad (d_2 \text{为已知常量}) \tag{3-26}$$

由式(3-26)可得

$$f_{13}(p)-Hf_{13}(a)=d_2 \tag{3-27}$$

即

$$-s_1p_x+c_1p_y-H(-s_1a_x+c_1a_y)=d_2$$

整理得

$$-s_1(p_x-Ha_x)+c_1(p_y-Ha_y)=d_2$$

采用三角代换

$$\left.\begin{aligned} p_x-Ha_x&=\rho\cos\varphi \\ p_y-Ha_y&=\rho\sin\varphi \end{aligned}\right\} \tag{3-28}$$

式中,$\rho=\sqrt{(p_x-Ha_x)^2+(p_y-Ha_y)^2}$;$\varphi=\arctan\left(\dfrac{p_y-Ha_y}{p_x-Ha_x}\right)$。

进行三角代换后解得

$$\left.\begin{aligned}\sin(\varphi-\theta_1)&=\frac{d_2}{\rho}\\ \cos(\varphi-\theta_1)&=\pm\sqrt{1-\left(\frac{d_2}{\rho}\right)^2}\end{aligned}\right\}\tag{3-29}$$

式中，$0<\frac{d_2}{\rho}\leqslant 1$，则 $0<\varphi-\theta_1<\pi$ 。

由式(3-29)可得

$$\tan(\varphi-\theta_1)=\frac{d_2/\rho}{\pm\sqrt{1-\left(\frac{d_2}{\rho}\right)^2}}=\frac{d_2}{\pm\sqrt{(p_x-Ha_x)^2+(p_y-Ha_y)^2-d_2^2}}\tag{3-30}$$

因此

$$\begin{aligned}\theta_1=\varphi-\arctan\left[\frac{d_2}{\pm\sqrt{(p_x-Ha_x)^2+(p_y-Ha_y)^2-d_2^2}}\right]=\\ \arctan\left(\frac{p_y-Ha_y}{p_x-Ha_x}\right)\mp\arctan\left[\frac{d_2}{\sqrt{(p_x-Ha_x)^2+(p_y-Ha_y)^2-d_2^2}}\right]\end{aligned}\tag{3-31}$$

式中，正、负号代表了 θ_1 的两个可能解。

(2)求 θ_2。将式(3-22)两边左乘 $\mathbf{A}_2^{-1}$ 得到

$$\mathbf{A}_2^{-1}\mathbf{A}_1^{-1}\mathbf{T}_6=\mathbf{A}_3\mathbf{A}_4\mathbf{A}_5\mathbf{A}_6={}^2\mathbf{T}_6\tag{3-32}$$

式(3-32)左端表达式为

$$\begin{aligned}\mathbf{A}_2^{-1}\mathbf{A}_1^{-1}\mathbf{T}_6=&\begin{bmatrix}c_2 & s_2 & 0 & 0\\ 0 & 0 & 1 & -d_2\\ s_2 & -c_2 & 0 & 0\\ 0 & 0 & 0 & 1\end{bmatrix}\begin{bmatrix}c_1 & s_1 & 0 & 0\\ 0 & 0 & -1 & 0\\ -s_1 & c_1 & 0 & 0\\ 0 & 0 & 0 & 1\end{bmatrix}\begin{bmatrix}n_x & o_x & a_x & p_x\\ n_y & o_y & a_y & p_y\\ n_z & o_z & a_z & p_z\\ 0 & 0 & 0 & 1\end{bmatrix}=\\ &\begin{bmatrix}c_1c_2 & s_1c_2 & -s_2 & 0\\ -s_1 & c_1 & 0 & -d_2\\ c_1s_2 & s_1s_2 & c_2 & 0\\ 0 & 0 & 0 & 1\end{bmatrix}\begin{bmatrix}n_x & o_x & a_x & p_x\\ n_y & o_y & a_y & p_y\\ n_z & o_z & a_z & p_z\\ 0 & 0 & 0 & 1\end{bmatrix}=\\ &\begin{bmatrix}f_{21}(n) & f_{21}(o) & f_{21}(a) & f_{21}(p)\\ f_{22}(n) & f_{22}(o) & f_{22}(a) & f_{22}(p)\\ f_{23}(n) & f_{23}(o) & f_{23}(a) & f_{23}(p)\\ 0 & 0 & 0 & 1\end{bmatrix}\end{aligned}\tag{3-33}$$

式中，f_{ij} 为缩写，有

$$\left.\begin{aligned}f_{21}(i)&=c_2(c_1i_x+s_1i_y)-s_2i_z\\ f_{22}(i)&=-s_1i_x+c_1i_y\qquad (i=n,o,a)\\ f_{23}(i)&=s_2(c_1i_x+s_1i_y)+c_2i_z\end{aligned}\right\}\tag{3-34}$$

而

$$\left.\begin{aligned}f_{21}(p)&=c_2(c_1p_x+s_1p_y)-s_2p_z\\ f_{22}(p)&=-s_1p_x+c_1p_y-d_2\\ f_{23}(p)&=s_2(c_1p_x+s_1p_y)+c_2p_z\end{aligned}\right\}\tag{3-35}$$

式(3-32)右端表达式为

$$^{2}\boldsymbol{T}_6=\begin{bmatrix} c_4c_5c_6-s_4s_6 & -c_4c_5s_6-s_4c_6 & c_4s_5 & Hc_4s_5 \\ s_4c_5c_6+c_4s_6 & -s_4c_5s_6+c_4c_6 & s_4s_5 & Hs_4s_5 \\ -s_5c_6 & s_5s_6 & c_5 & Hc_5+d_3 \\ 0 & 0 & 0 & 1 \end{bmatrix} \tag{3-36}$$

由式(3-32)的左、右两端表达式(3-33)和式(3-36)可得

$$\frac{f_{21}(p)}{f_{21}(a)}=\frac{Hc_4s_5}{c_4s_5}=H \quad (H\text{ 为已知常量}) \tag{3-37}$$

再由式(3-34)和式(3-35),式(3-37)变为

$$\frac{c_2(c_1p_x+s_1p_y)-s_2p_z}{c_2(c_1a_x+s_1a_y)-s_2a_z}=H \tag{3-38}$$

则由式(3-38)可解得

$$\tan\theta_2=\frac{\sin\theta_2}{\cos\theta_2}=\frac{c_1p_x+s_1p_y-Hc_1a_x-Hs_1a_y}{p_z-Ha_z} \tag{3-39}$$

故得

$$\theta_2=\arctan\left[\frac{c_1(p_x-Ha_x)+s_1(p_y-Ha_y)}{p_z-Ha_z}\right] \tag{3-40}$$

因为 θ_1 对应两个解,所以 θ_2 也对应两个解。

(3)求 d_3。由式(3-33)和式(3-36)的第 3 行第 3 列及第 3 行第 4 列的对应元素相等,可得

$$\left.\begin{aligned} f_{23}(a)&=s_2(c_1a_x+s_1a_y)+c_2a_z=c_5 \\ f_{23}(p)&=s_2(c_1p_x+s_1p_y)+c_2p_z=Hc_5+d_3 \end{aligned}\right\} \tag{3-41}$$

由式(3-41)可得

$$f_{23}(p)-Hf_{23}(a)=d_3 \tag{3-42}$$

解得

$$d_3=s_2[c_1(p_x-Ha_x)+s_1(p_y-Ha_y)]+c_2(p_z-Ha_z) \tag{3-43}$$

要求 $d_3>0$,这样有可能会限制 θ_1,θ_2 的取值。

(4)求 θ_4。由式(3-33)和式(3-36)的第 2 行第 4 列及第 1 行第 4 列可得

$$\frac{f_{22}(p)}{f_{21}(p)}=\frac{Hs_4s_5}{Hc_4s_5}=\tan\theta_4 \tag{3-44}$$

再由式(3-35),式(3-44)变为

$$\tan\theta_4=\frac{-s_1p_x+c_1p_y-d_2}{c_2(c_1p_x+s_1p_y)-s_2p_z} \tag{3-45}$$

因此

$$\theta_4=\arctan\left[\frac{-s_1p_x+c_1p_y-d_2}{c_2(c_1p_x+s_1p_y)-s_2p_z}\right] \tag{3-46}$$

或者由式(3-33)和式(3-36)的第 2 行第 3 列及第 1 行第 3 列可得

$$\frac{f_{22}(a)}{f_{21}(a)}=\tan\theta_4 \tag{3-47}$$

可解得

$$\theta_4=\arctan\left[\frac{-s_1a_x+c_1a_y}{c_2(c_1a_x+s_1a_y)-s_2a_z}\right] \tag{3-48}$$

虽然式(3-46)与式(3-48)的表达式不同，但是可以推得二者是等同的。

(5) 求 θ_5。由式(3-33)和式(3-36)的第 2 行第 3 列及第 3 行第 3 列可得

$$\frac{f_{22}(a)}{f_{23}(a)}=s_4\tan\theta_5 \tag{3-49}$$

即

$$\tan\theta_5=\frac{-s_1a_x+c_1a_y}{s_4[s_2(c_1a_x+s_1a_y)+c_2a_z]} \tag{3-50}$$

可解得

$$\theta_5=\arctan\left\{\frac{-s_1a_x+c_1a_y}{s_4[s_2(c_1a_x+s_1a_y)+c_2a_z]}\right\} \tag{3-51}$$

或者由式(3-33)和式(3-36)的第 1 行第 3 列及第 3 行第 3 列可得

$$\frac{f_{21}(a)}{f_{23}(a)}=c_4\tan\theta_5 \tag{3-52}$$

即

$$\tan\theta_5=\frac{c_2(c_1a_x+s_1a_y)-s_2a_z}{c_4[s_2(c_1a_x+s_1a_y)+c_2a_z]} \tag{3-53}$$

可解得

$$\theta_5=\arctan\left\{\frac{c_2(c_1a_x+s_1a_y)-s_2a_z}{c_4[s_2(c_1a_x+s_1a_y)+c_2a_z]}\right\} \tag{3-54}$$

同样可推得式(3-51)与式(3-54)二者是等同的。

(6) 求 θ_6。由式(3-33)和式(3-36)的第 3 行第 2 列及第 3 行第 1 列可得

$$-\frac{f_{23}(o)}{f_{23}(n)}=-\frac{s_5s_6}{-s_5c_6}=\tan\theta_6 \tag{3-55}$$

即

$$\tan\theta_6=-\frac{s_2(c_1o_x+s_1o_y)+c_2o_z}{s_2(c_1n_x+s_1n_y)+c_2n_z} \tag{3-56}$$

可解得

$$\theta_6=\arctan\left[-\frac{s_2(c_1o_x+s_1o_y)+c_2o_z}{s_2(c_1n_x+s_1n_y)+c_2n_z}\right] \tag{3-57}$$

至此求得了所有关节变量值。

3.4.3　机器人的逆运动学编程

在求解机器人逆运动学问题时，没有真正用正运动学方程来解决这个问题，这是因为计算机计算正运动学方程的逆或将值代入正运动学方程，并用高斯消去这样的方法来求解未知量(关节变量)，将花费大量的时间。

事实上，通常在求机器人逆解时所采用的方法是直接利用所推导的 n 个关节值计算方程进行编程运算，以驱动机器人到达期望的位置。因此这就要求机器人的设计者必须先计算逆解去推导这些方程。

为使机器人按预定的轨迹运动，譬如说直线，那么在 1 s 内必须多次反复计算关节变量，而为了保证直线运动，必须把这一路径分成许多小段，让机器人在两点间按照分好的小段路径依次运动，如图 3－6 所示，这就意味着对每一小段路径都必须计算新的逆运动学解。典型情况下，每秒要对位置反复计算 50～200 次。也就是说，如果计算逆解耗时 5～20 ms 以上，那么机器人将丢失精度或不能按照指定的路径运动。这表明，用来计算新解的时间越短，机器人的运动就越精确。因此，必须尽量减少不必要的计算，从而使计算机控制器能做更多的逆解运算。这也就是设计者必须事先计算逆解来推导这些方程，而计算机只需利用这些方程直接编程去计算终解的原因。

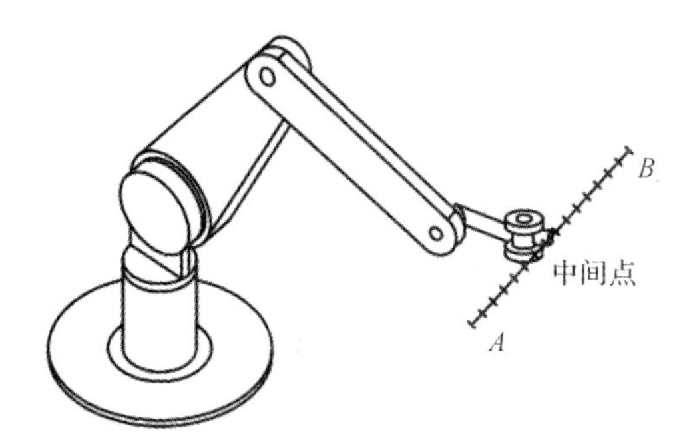

图 3－6　分段路径运动

例如，对于 3.3.2 节所讨论的斯坦福机器人，已知期望的位姿为

$$\boldsymbol{T}_6=\begin{bmatrix} n_x & o_x & a_x & p_x \\ n_y & o_y & a_y & p_y \\ n_z & o_z & a_z & p_z \\ 0 & 0 & 0 & 1 \end{bmatrix}$$

为了计算未知角度，控制器需要用到的逆解计算方程为

$$\left.\begin{aligned}
&\theta_1=\arctan\left(\frac{p_y-Ha_y}{p_x-Ha_x}\right)\mp\arctan\left[\frac{d_2}{\sqrt{(p_x-Ha_x)^2+(p_y-Ha_y)^2-d_2^2}}\right]\\
&\theta_2=\arctan\left[\frac{c_1(p_x-Ha_x)+s_1(p_y-Ha_y)}{p_z-Ha_z}\right]\\
&d_3=s_2\left[c_1(p_x-Ha_x)+s_1(p_y-Ha_y)\right]+c_2(p_z-Ha_z)\\
&\theta_4=\arctan\left[\frac{-s_1p_x+c_1p_y-d_2}{c_2(c_1p_x+s_1p_y)-s_2p_z}\right]\quad \text{或}\quad \theta_4=\arctan\left[\frac{-s_1a_x+c_1a_y}{c_2(c_1a_x+s_1a_y)-s_2a_z}\right]\\
&\theta_5=\arctan\left\{\frac{-s_1a_x+c_1a_y}{s_4\left[s_2(c_1a_x+s_1a_y)+c_2a_z\right]}\right\}\quad \text{或}\quad \theta_5=\arctan\left\{\frac{c_2(c_1a_x+s_1a_y)-s_2a_z}{c_4\left[s_2(c_1a_x+s_1a_y)+c_2a_z\right]}\right\}\\
&\theta_6=\arctan\left[-\frac{s_2(c_1o_x+s_1o_y)+c_2o_z}{s_2(c_1n_x+s_1n_y)+c_2n_z}\right]
\end{aligned}\right\}\tag{3-58}$$

虽然上述这些计算也并不简单，但因为所有的运算都是简单的算术运算和三角运算，所以用这些方程来计算角度要比对矩阵求逆或使用高斯消去法计算快得多。

3.4.4　机器人的退化

当机器人失去 1 个或更多自由度时，意味着在工作空间的某个方向上，无论怎样驱动机器人关节，手部也不可能实现该方向上的移动；或者当驱动轴共线的两个关节中任意一个时，手部都产生同样的运动，即称机器人发生了退化。在以下两种状况下机器人会发生退化：

(1)机器人关节达到其物理极限，即机器人臂全部伸展开或全部折回时，其手部处于机器人工作空间的边界上或边界附近，这时，机器人只能沿着与臂垂直的方向运动，不能沿其他方向运动，产生了自由度的退化。此种状况也称机器人处于边界奇异形位。

(2)如果两个相似关节的 z 轴变成共线时，机器人可能会在其工作空间内部变为退化状态。此刻，无论这两个轴共线的关节哪一个运动，其机器人手部都将产生同样的运动，在这种状况下，指令控制器需采取紧急处理，否则机器人将停止运行。此种状况也称机器人处于内部奇异形位。

无论上述哪种退化状况，机器人可用的自由度总数都少于关节数，因此机器人的方程无解。当关节共线时，位置矩阵的行列式也为零。图 3－7 所示为一个处于垂直状态的简单机器人，此时关节 1 和关节 6 共线。可以看到，无论关节 1 或关节 6 哪个旋转，机器人手部都做同样的旋转，此时机器人失去 1 个自由度，处于退化状态。

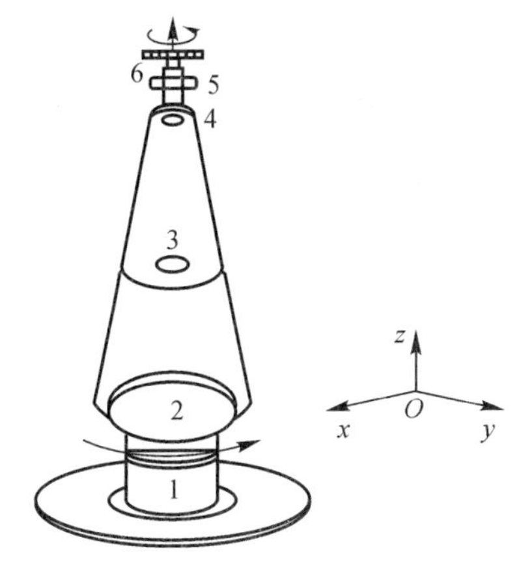

图 3－7　垂直结构机器人

3.4.5　D－H 表示法的基本问题

D－H 表示法作为机器人坐标系建立的标准方法被广泛应用于机器人的运动学建模及分析中，但 D－H 表示法存在技术缺陷，原因如下：相邻杆件坐标系的位姿变换均是关于 x 和 z 轴的变换，例如绕 z_{i-1} 旋转 θ_i，或沿 x_i 移动 a_i，没有关于 y 轴的运动变换。因此若关节轴在制造过程中存在偏差，两个坐标系之间的精确位姿就有可能需要有关于 y 轴的运动才能确定，在此种状况下 D－H 表示法就不适用了。很多时候会发生这种情况，例如原本应该平行的两个关节轴在安装时有了小的偏差，致使两轴之间存在小的夹角，在其他杆件参数不变的情况下，相邻杆件坐标系的精确位姿关系就可能需要有沿 y 轴的运动变换才能得到，这种加工、安装误差在所有机器人制造过程中都会存在，该误差很难用 D－H 表示法建模来消除。很多研究者试图通过改进 D－H 表示法来解决这个问题。

习 题 3

3.1 如图 3－8 所示，二自由度平面机械手的关节 1 为转动关节，关节 2 为移动关节，关节变量分别为 θ_1，d_2。试：

(1)建立 D－H 坐标系，并写出该机械手的运动方程式。

(2)按下列关节变量参数(见表 3－4)求出手部中心的位置值。

表 3－4 题 3.1 表

θ_1/(°)	0	30	45	90
d_2/m	0.30	0.50	0.80	1.00

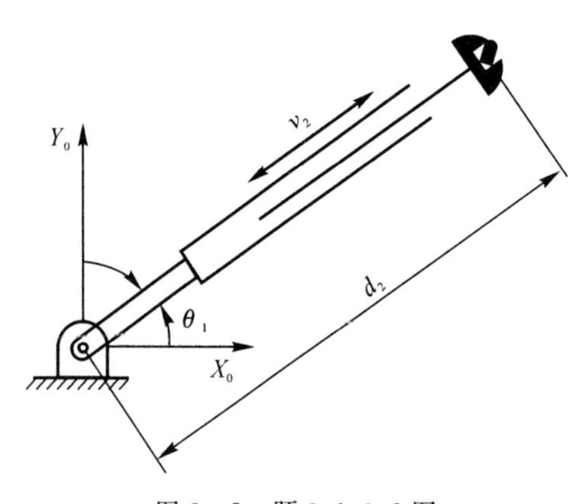

图 3－8 题 3.1，3.2 图

3.2 一二自由度平面机械手如图 3－8 所示，已知手部中心坐标值为 X_0，Y_0。求该机械手运动方程的逆解 θ_1，d_2。

3.3 一三自由度机械手如图 3－9 所示，转角为 θ_1，θ_2，θ_3，杆长为 l_1 和 l_2，手部中心离手腕中心的距离为 H，试建立杆件 D－H 坐标系，并推导出该机械手的运动学方程。

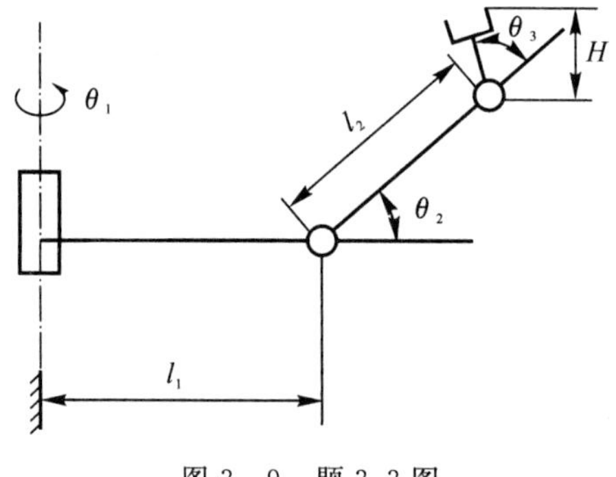

图 3－9 题 3.3 图

3.4　如图 3－10 所示，一喷涂三自由度机器人，试：

(1)建立 D－H 坐标系，并写出参数表。

(2)求出该机器人的运动方程式。

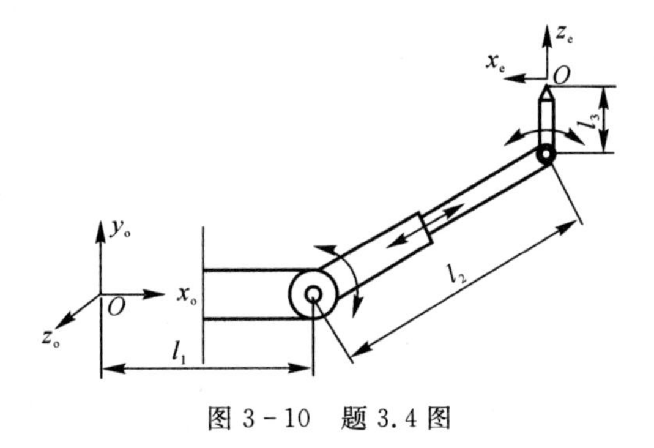

图 3－10　题 3.4 图

3.5　如图 3－11 所示四自由度的机器人，试：

(1)建立 D－H 坐标系，并写出参数表。

(2)求出该机器人的运动方程式。

(3)求该机器人运动方程的逆解。

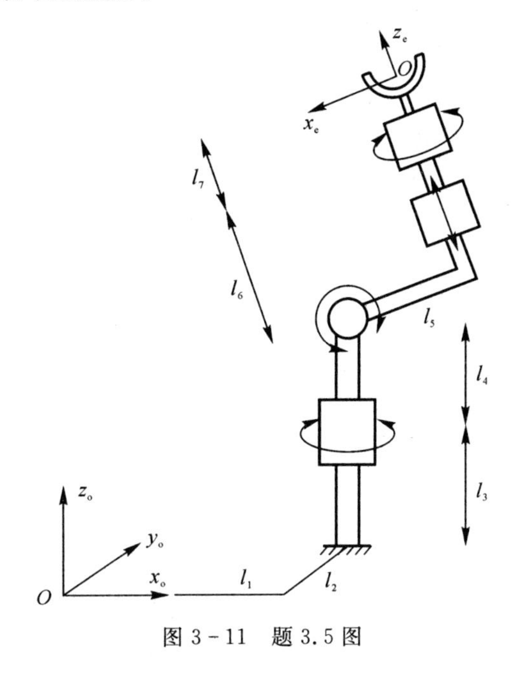

图 3－11　题 3.5 图

第4章　机器人静力学分析

第3章的机器人运动学分析只限于静态位置问题的讨论，未涉及机器人运动的力、速度和加速度等动态过程。本章首先介绍与机器人速度和静力有关的雅可比矩阵，在机器人雅可比矩阵分析的基础上进行机器人的速度及静力分析。

4.1　机器人的雅可比矩阵

在对机器人进行操作与控制时，常常涉及机械手位置和姿态的微小变化。这些变化可由描述机械手位姿的齐次变换矩阵的微小变化来表示。在数学上，这种微小变化可用微分变化来表达。微分关系对于研究机械手的动力学问题，也是十分重要的。

4.1.1　机器人的微分运动

已知一个矩阵变换，其元素为某个变量的函数，那么该矩阵对这个变量的微分变换就是将矩阵中的各元素对这个变量进行求导。研究出一种方法，使得对坐标系$\{T\}$的微分变换等价转换为对基系的变换。这种方法可推广至任何两个坐标系，使它们的微分运动相等。

机械手的变换包括平移变换、旋转变换、比例变换和投影变换等。在此，仅限于讨论平移变换和旋转变换。这样，就可以把矩阵中的导数项表示为微分平移和微分旋转。

1. 微分平移和微分旋转

已知某坐标系$\{T\}$的位姿矩阵为$\boldsymbol{T}$，当坐标系$\{T\}$做微小平移及旋转变化时，位姿矩阵$\boldsymbol{T}$相应产生微小变化，用$\boldsymbol{T}+\mathrm{d}\boldsymbol{T}$来表示，该微小变化既可以看作在基础坐标系中进行，也可以看作相对于自身坐标系$\{T\}$进行。

当坐标系$\{T\}$的微分平移及旋转看作在基础坐标系中进行时，新位姿矩阵可计算如下：

$$\boldsymbol{T}+\mathrm{d}\boldsymbol{T}=\mathrm{Trans}(d_x',d_y',d_z')\ \mathrm{Rot}(\boldsymbol{f}',\mathrm{d}\theta)\ \boldsymbol{T} \tag{4-1}$$

式中：$\mathrm{Trans}(d_x',d_y',d_z')$是坐标系$\{T\}$在基础坐标系中分别沿$x,y,z$轴做$d_x',d_y',d_z'$微分平移的变换矩阵；$\mathrm{Rot}(\boldsymbol{f}',\mathrm{d}\theta)$是在基础坐标系中，坐标系$\{T\}$绕基系中的矢量$\boldsymbol{f}'$做$\mathrm{d}\theta$微分旋转的变换矩阵。应注意，矢量$\boldsymbol{f}'$并非一定过基础坐标系的原点。例如坐标系$\{T\}$绕自身坐标系的$z_T$轴微分旋转时，矢量$\boldsymbol{f}'$即为$z_T$轴，而$z_T$轴在基础坐标系中的位置并非一定过基系的原点。

为了便于分析计算，依据式(2-64)，可推导式(4-1)等价为

$$\boldsymbol{T}+\mathrm{d}\boldsymbol{T}=\mathrm{Trans}(d_x,d_y,d_z)\ \mathrm{Rot}(\boldsymbol{f},\mathrm{d}\theta)\boldsymbol{T} \tag{4-2}$$

式中：$\mathrm{Trans}(d_x,d_y,d_z)$表示坐标系$\{T\}$在基础坐标系中的等价微分平移变换，$\mathrm{Trans}(d_x,d_y,d_z)=\mathrm{Trans}(d_x'+\Delta x,d_y'+\Delta y,d_z'+\Delta z)$；$\mathrm{Rot}(\boldsymbol{f},\mathrm{d}\theta)$表示坐标系$\{T\}$在基础坐标系中的等价微分旋转变换，$\boldsymbol{f}$与矢量$\boldsymbol{f}'$平行且同向，过基础坐标系原点。

由式(4－2)可得 d$\boldsymbol{T}$ 的表达式为

$$\mathrm{d}\boldsymbol{T}=[\mathrm{Trans}(d_x,d_y,d_z)\mathrm{Rot}(\boldsymbol{f},\mathrm{d}\theta)-\boldsymbol{I}]\boldsymbol{T} \tag{4-3}$$

当坐标系$\{T\}$的微分平移及旋转看作相对于自身坐标系$\{T\}$进行时，则坐标系$\{T\}$相对于基础坐标系的新位姿可表达为

$$\boldsymbol{T}+\mathrm{d}\boldsymbol{T}=\boldsymbol{T}\ \mathrm{Trans}({}^Td_x',{}^Td_y',{}^Td_z')\mathrm{Rot}(\boldsymbol{f}_T',\mathrm{d}\theta) \tag{4-4}$$

式中：$\mathrm{Trans}({}^Td_x',{}^Td_y',{}^Td_z')$表示相对于自身坐标系$\{T\}$微分平移${}^Td_x',{}^Td_y',{}^Td_z'$的变换；$\mathrm{Rot}(\boldsymbol{f}_T',\mathrm{d}\theta_T)$表示相对于自身坐标系$\{T\}$绕矢量$\boldsymbol{f}_T'$微分旋转 d$\theta$ 的变换；$\boldsymbol{f}_T'$是$\boldsymbol{f}'$在$\{T\}$中的度量(表达)，同样，$\boldsymbol{f}_T'$不一定过坐标系$\{T\}$的原点。

与式(4－2)类似，式(4－4)可等价为

$$\boldsymbol{T}+\mathrm{d}\boldsymbol{T}=\boldsymbol{T}\ \mathrm{Trans}({}^Td_x,{}^Td_y,{}^Td_z)\mathrm{Rot}(\boldsymbol{f}_T,\mathrm{d}\theta) \tag{4-5}$$

式中：$\mathrm{Trans}({}^Td_x,{}^Td_y,{}^Td_z)$表示坐标系$\{T\}$在自身坐标系中的等价微分平移变换，$\mathrm{Trans}({}^Td_x,{}^Td_y,{}^Td_z)=\mathrm{Trans}({}^Td_x'+\Delta x_T,\ {}^Td_y'+\Delta y_T,\ {}^Td_z'+\Delta z_T)$；$\mathrm{Rot}(\boldsymbol{f}_T,\mathrm{d}\theta)$表示坐标系$\{T\}$在自身坐标系中的等价微分旋转变换，$\boldsymbol{f}_T$ 与矢量$\boldsymbol{f}_T'$平行且同向，过坐标系$\{T\}$原点。

由式(4－5)可得 d$\boldsymbol{T}$ 的表达式为

$$\mathrm{d}\boldsymbol{T}=\boldsymbol{T}[\mathrm{Trans}({}^Td_x,{}^Td_y,{}^Td_z)\mathrm{Rot}(\boldsymbol{f}_T,\mathrm{d}\theta)-\boldsymbol{I}] \tag{4-6}$$

式(4－3)中的 $\mathrm{Trans}(d_x,d_y,d_z)\mathrm{Rot}(\boldsymbol{f},\mathrm{d}\theta)-\boldsymbol{I}$ 与式(4－6)中的 $\mathrm{Trans}({}^Td_x,{}^Td_y,{}^Td_z)\mathrm{Rot}(\boldsymbol{f}_T,\mathrm{d}\theta)-\boldsymbol{I}$ 表达相似，均称为微分变换算子，当微分运动看作是对基系进行时，规定它为$\boldsymbol{\Delta}$，即

$$\boldsymbol{\Delta}=\mathrm{Trans}(d_x,d_y,d_z)\mathrm{Rot}(\boldsymbol{f},\mathrm{d}\theta)-\boldsymbol{I} \tag{4-7}$$

则由式(4－3)可得

$$\mathrm{d}\boldsymbol{T}=\boldsymbol{\Delta}\boldsymbol{T} \tag{4-8}$$

当微分运动看作是对坐标系$\{T\}$进行时，记为${}^T\boldsymbol{\Delta}$，即

$${}^T\boldsymbol{\Delta}=\mathrm{Trans}({}^Td_x,{}^Td_y,{}^Td_z)\mathrm{Rot}(\boldsymbol{f}_T,\mathrm{d}\theta)-\boldsymbol{I} \tag{4-9}$$

则由式(4－6)可得

$$\mathrm{d}\boldsymbol{T}=\boldsymbol{T}\ {}^T\boldsymbol{\Delta} \tag{4-10}$$

在这里需强调一点，式(4－8)及式(4－10)中的 d$\boldsymbol{T}$ 是等同的，均为坐标系$\{T\}$相对于基础坐标系的位姿微分变化。

接下来推导$\boldsymbol{\Delta}$及${}^T\boldsymbol{\Delta}$的具体表达式。微分运动看作是对基系进行时，表示等价微分平移的齐次变换为

$$\mathrm{Trans}(d_x,d_y,d_z)=\begin{bmatrix}1&0&0&d_x\\0&1&0&d_y\\0&0&1&d_z\\0&0&0&1\end{bmatrix} \tag{4-11}$$

这时，Trans 的变量即为微分矢量 $d=d_x\boldsymbol{i}+d_y\boldsymbol{j}+d_z\boldsymbol{k}$ 所表示的微分变化。

对于等价微分旋转变换 $\mathrm{Rot}(\boldsymbol{f},\mathrm{d}\theta)$，依据第2章所讨论的通用旋转变换式(2－54)，有

$$\mathrm{Rot}(\boldsymbol{f},\theta)=\begin{bmatrix}f_xf_x\mathrm{vers}\theta+\mathrm{c}\theta & f_yf_x\mathrm{vers}\theta-f_z\mathrm{s}\theta & f_zf_x\mathrm{vers}\theta+f_y\mathrm{s}\theta & 0\\ f_xf_y\mathrm{vers}\theta+f_z\mathrm{s}\theta & f_yf_y\mathrm{vers}\theta+\mathrm{c}\theta & f_zf_y\mathrm{vers}\theta-f_x\mathrm{s}\theta & 0\\ f_xf_z\mathrm{vers}\theta-f_y\mathrm{s}\theta & f_yf_z\mathrm{vers}\theta+f_x\mathrm{s}\theta & f_zf_z\mathrm{vers}\theta+\mathrm{c}\theta & 0\\ 0&0&0&1\end{bmatrix}$$

对于微分变化 $d\theta$,相应地有

$$\lim_{\theta\to 0}\sin\theta=d\theta,\quad \lim_{\theta\to 0}\cos\theta=1,\quad \lim_{\theta\to 0}\text{vers}\theta=0$$

把它们代入式(2-54),则等价微分旋转齐次变换表达式为

$$\text{Rot}(\boldsymbol{f},d\theta)=\begin{bmatrix}1 & -f_z d\theta & f_y d\theta & 0\\ f_z d\theta & 1 & -f_x d\theta & 0\\ -f_y d\theta & f_x d\theta & 1 & 0\\ 0 & 0 & 0 & 1\end{bmatrix}\tag{4-12}$$

将式(4-11)及式(4-12)代入式(4-7),可得

$$\boldsymbol{\Delta}=\begin{bmatrix}1 & 0 & 0 & d_x\\ 0 & 1 & 0 & d_y\\ 0 & 0 & 1 & d_z\\ 0 & 0 & 0 & 1\end{bmatrix}\begin{bmatrix}1 & -f_z d\theta & f_y d\theta & 0\\ f_z d\theta & 1 & -f_x d\theta & 0\\ -f_y d\theta & f_x d\theta & 1 & 0\\ 0 & 0 & 0 & 1\end{bmatrix}-\begin{bmatrix}1 & 0 & 0 & 0\\ 0 & 1 & 0 & 0\\ 0 & 0 & 1 & 0\\ 0 & 0 & 0 & 1\end{bmatrix}$$

化简得

$$\boldsymbol{\Delta}=\begin{bmatrix}0 & -f_z d\theta & f_y d\theta & d_x\\ f_z d\theta & 0 & -f_x d\theta & d_y\\ -f_y d\theta & f_x d\theta & 0 & d_z\\ 0 & 0 & 0 & 0\end{bmatrix}\tag{4-13}$$

绕矢量 $\boldsymbol{f}$ 微分旋转 $d\theta$ 等价于分别绕 3 个轴 x,y 和 z 微分旋转 δ_x,δ_y 和 δ_z,即 $f_x d\theta=\delta_x$,$f_y d\theta=\delta_y$,$f_z d\theta=\delta_z$。代入式(4-13),得

$$\boldsymbol{\Delta}=\begin{bmatrix}0 & -\delta_z & \delta_y & d_x\\ \delta_z & 0 & -\delta_x & d_y\\ -\delta_y & \delta_x & 0 & d_z\\ 0 & 0 & 0 & 0\end{bmatrix}\tag{4-14}$$

因此,微分平移和旋转变换算子 $\boldsymbol{\Delta}$ 可看成是由微分平移矢量 $\boldsymbol{d}$ 和微分旋转矢量 $\boldsymbol{\delta}$ 所构成的,其分别为

$$\left.\begin{aligned}\boldsymbol{d}&=d_x\boldsymbol{i}+d_y\boldsymbol{j}+d_z\boldsymbol{k}\\ \boldsymbol{\delta}&=\delta_x\boldsymbol{i}+\delta_y\boldsymbol{j}+\delta_z\boldsymbol{k}\end{aligned}\right\}\tag{4-15a}$$

现用列矢量 $\boldsymbol{D}$ 来表达上述两矢量,即

$$\boldsymbol{D}=\begin{bmatrix}d_x\\ d_y\\ d_z\\ \delta_x\\ \delta_y\\ \delta_z\end{bmatrix}\quad 或\quad \boldsymbol{D}=\begin{bmatrix}\boldsymbol{d}\\ \boldsymbol{\delta}\end{bmatrix}\tag{4-15b}$$

$\boldsymbol{D}$ 称为刚体或坐标系相对于基系的等价微分运动矢量。

同理可推得 ${}^T\boldsymbol{\Delta}$ 的表达式为

$$
{}^{T}\boldsymbol{\Delta}=\begin{bmatrix} 0 & -{}^{T}\delta_z & {}^{T}\delta_y & {}^{T}d_x \\ {}^{T}\delta_z & 0 & -{}^{T}\delta_x & {}^{T}d_y \\ -{}^{T}\delta_y & {}^{T}\delta_x & 0 & {}^{T}d_z \\ 0 & 0 & 0 & 0 \end{bmatrix} \tag{4-16}
$$

同样，对于${}^{T}\boldsymbol{\Delta}$，有

$$
\left.\begin{aligned} {}^{T}\boldsymbol{d}={}^{T}d_x\boldsymbol{i}+{}^{T}d_y\boldsymbol{j}+{}^{T}d_z\boldsymbol{k} \\ {}^{T}\boldsymbol{\delta}={}^{T}\delta_x\boldsymbol{i}+{}^{T}\delta_y\boldsymbol{j}+{}^{T}\delta_z\boldsymbol{k} \end{aligned}\right\} \tag{4-17a}
$$

$$
{}^{T}\boldsymbol{D}=\begin{bmatrix} {}^{T}d_x \\ {}^{T}d_y \\ {}^{T}d_z \\ {}^{T}\delta_x \\ {}^{T}\delta_y \\ {}^{T}\delta_z \end{bmatrix} \quad 或 \quad {}^{T}\boldsymbol{D}=\begin{bmatrix} {}^{T}\boldsymbol{d} \\ {}^{T}\boldsymbol{\delta} \end{bmatrix} \tag{4-17b}
$$

${}^{T}\boldsymbol{D}$ 称为刚体或坐标系相对于$\{T\}$系的等价微分运动矢量。

由上述分析可以看出，当坐标系$\{T\}$做一般微分运动时，可将其运动等价看作：

(1)绕过基系原点矢量 $\boldsymbol{f}$ 微分旋转 $\mathrm{d}\theta$ 及相对于基系微分平移 d_x,d_y,d_z 所组成的复合运动，复合变换为 $\mathrm{Trans}(d_x,d_y,d_z)\mathrm{Rot}(\boldsymbol{f},\mathrm{d}\theta)$，等价微分运动矢量为 $\boldsymbol{D}=[\boldsymbol{d}\quad\boldsymbol{\delta}]^{\mathrm{T}}$；

(2)绕过$\{T\}$系原点矢量 $\boldsymbol{f}_T$ 微分旋转 $\mathrm{d}\theta$ 及相对于$\{T\}$系微分平移${}^{T}d_x,{}^{T}d_y,{}^{T}d_z$ 所组成的复合运动，复合变换为 $\mathrm{Trans}({}^{T}d_x,{}^{T}d_y,{}^{T}d_z)\mathrm{Rot}(\boldsymbol{f}_T,\mathrm{d}\theta)$，等价微分运动矢量为 ${}^{T}\boldsymbol{D}=[{}^{T}\boldsymbol{d}\quad{}^{T}\boldsymbol{\delta}]^{\mathrm{T}}$。

在此应注意以下几点：

(1)在求解坐标系$\{T\}$微分运动后相对于基系的新位姿矩阵 $\boldsymbol{T}+\mathrm{d}\boldsymbol{T}$ 时，既可由式(4-2)进行计算，也可由式(4-5)进行计算，即

$$
\boldsymbol{T}+\mathrm{d}\boldsymbol{T}=\mathrm{Trans}(d_x,d_y,d_z)\mathrm{Rot}(\boldsymbol{f},\mathrm{d}\theta)\ \boldsymbol{T}
$$

或

$$
\boldsymbol{T}+\mathrm{d}\boldsymbol{T}=\boldsymbol{T}\ \mathrm{Trans}({}^{T}d_x,{}^{T}d_y,{}^{T}d_z)\mathrm{Rot}(\boldsymbol{f}_T,\mathrm{d}\theta)
$$

(2)等价微分旋转 $\boldsymbol{\delta}=[\delta_x\quad\delta_y\quad\delta_z]$或${}^{T}\boldsymbol{\delta}=[{}^{T}\delta_x\quad{}^{T}\delta_y\quad{}^{T}\delta_z]$是微小量，但等价微分平移 $\boldsymbol{d}=[d_x\quad d_y\quad d_z]$或${}^{T}\boldsymbol{d}=[{}^{T}d_x\quad{}^{T}d_y\quad{}^{T}d_z]$并不一定是微小量；

(3)$|\boldsymbol{\delta}|=|\mathrm{d}\theta|$，$|{}^{T}\boldsymbol{\delta}|=|\mathrm{d}\theta|$，$\boldsymbol{\delta}$，${}^{T}\boldsymbol{\delta}$ 是矢量，$\mathrm{d}\theta$ 是标量。

例 4-1　已知坐标系$\{A\}$和对基系的微分平移与微分旋转为

$$
\boldsymbol{A}=\begin{bmatrix} 0 & 0 & 1 & 9 \\ 1 & 0 & 0 & 6 \\ 0 & 1 & 0 & 3 \\ 0 & 0 & 0 & 1 \end{bmatrix}
$$

$$
\boldsymbol{d}=0.1\boldsymbol{i}+0\boldsymbol{j}+0.3\boldsymbol{k}
$$

$$
\boldsymbol{\delta}=0\boldsymbol{i}+0.1\boldsymbol{j}+0\boldsymbol{k}
$$

试求微分变化 $\mathrm{d}\boldsymbol{A}$。

解　依据式(4-14)可得

$$\boldsymbol{\Delta}=\begin{bmatrix}0 & 0 & 0.1 & 0.1\\ 0 & 0 & 0 & 0\\ -0.1 & 0 & 0 & 0.3\\ 0 & 0 & 0 & 0\end{bmatrix}$$

再按照式(4-8),有

$$\mathrm{d}\boldsymbol{A}=\boldsymbol{\Delta A}$$

则微分变化为

$$\mathrm{d}\boldsymbol{A}=\begin{bmatrix}0 & 0 & 0.1 & 0.1\\ 0 & 0 & 0 & 0\\ -0.1 & 0 & 0 & 0.3\\ 0 & 0 & 0 & 0\end{bmatrix}\begin{bmatrix}0 & 0 & 1 & 9\\ 1 & 0 & 0 & 6\\ 0 & 1 & 0 & 3\\ 0 & 0 & 0 & 1\end{bmatrix}=\begin{bmatrix}0 & 0.1 & 0 & 0.4\\ 0 & 0 & 0 & 0\\ 0 & 0 & -0.1 & -0.6\\ 0 & 0 & 0 & 0\end{bmatrix}$$

2. 微分运动的等价变换

求机械手的雅可比矩阵,需要把刚体或坐标系在一个坐标系内的位置和姿态的微小变化,变换为在另一坐标系内的等效表达式。依据式(4-8)及式(4-10)可知,坐标系$\{T\}$的位姿在基础坐标系中的微小变化 d$\boldsymbol{T}$ 可表示为

$$\mathrm{d}\boldsymbol{T}=\boldsymbol{\Delta T}\quad 及\quad \mathrm{d}\boldsymbol{T}=\boldsymbol{T}\cdot {}^{T}\boldsymbol{\Delta}$$

故可得到

$$\boldsymbol{\Delta T}=\boldsymbol{T}\cdot {}^{T}\boldsymbol{\Delta}$$

变换后得

$$ {}^{T}\boldsymbol{\Delta}=\boldsymbol{T}^{-1}\boldsymbol{\Delta T} \tag{4-18}$$

设坐标系$\{T\}$的位姿矩阵为

$$\boldsymbol{T}=\begin{bmatrix}n_x & o_x & a_x & p_x\\ n_y & o_y & a_y & p_y\\ n_z & o_z & a_z & p_z\\ 0 & 0 & 0 & 1\end{bmatrix} \tag{4-19}$$

依据式(4-14)和式(4-19)可得

$$\boldsymbol{\Delta T}=\begin{bmatrix}0 & -\delta_z & \delta_y & d_x\\ \delta_z & 0 & -\delta_x & d_y\\ -\delta_y & \delta_x & 0 & d_z\\ 0 & 0 & 0 & 0\end{bmatrix}\begin{bmatrix}n_x & o_x & a_x & p_x\\ n_y & o_y & a_y & p_y\\ n_z & o_z & a_z & p_z\\ 0 & 0 & 0 & 1\end{bmatrix}=$$

$$\begin{bmatrix}-\delta_z n_y+\delta_y n_z & -\delta_z o_y+\delta_y o_z & -\delta_z a_y+\delta_y a_z & -\delta_z p_y+\delta_y p_z+d_x\\ \delta_z n_x-\delta_x n_z & \delta_z o_x-\delta_x o_z & \delta_z a_x-\delta_x a_z & \delta_z p_x-\delta_x p_z+d_y\\ -\delta_y n_x+\delta_x n_y & -\delta_y o_x+\delta_x o_y & -\delta_y a_x+\delta_x a_y & -\delta_y p_x+\delta_x p_y+d_z\\ 0 & 0 & 0 & 0\end{bmatrix} \tag{4-20a}$$

式(4-20a)亦可表达为

$$\boldsymbol{\Delta T}=\begin{bmatrix}(\boldsymbol{\delta}\times\boldsymbol{n})_x & (\boldsymbol{\delta}\times\boldsymbol{o})_x & (\boldsymbol{\delta}\times\boldsymbol{a})_x & (\boldsymbol{\delta}\times\boldsymbol{p}+\boldsymbol{d})_x\\ (\boldsymbol{\delta}\times\boldsymbol{n})_y & (\boldsymbol{\delta}\times\boldsymbol{o})_y & (\boldsymbol{\delta}\times\boldsymbol{a})_y & (\boldsymbol{\delta}\times\boldsymbol{p}+\boldsymbol{d})_y\\ (\boldsymbol{\delta}\times\boldsymbol{n})_z & (\boldsymbol{\delta}\times\boldsymbol{o})_z & (\boldsymbol{\delta}\times\boldsymbol{a})_z & (\boldsymbol{\delta}\times\boldsymbol{p}+\boldsymbol{d})_z\\ 0 & 0 & 0 & 0\end{bmatrix} \tag{4-20b}$$

又

$$\boldsymbol{T}^{-1}=\begin{bmatrix} n_x & n_y & n_z & -\boldsymbol{p}\cdot\boldsymbol{n} \\ o_x & o_y & o_z & -\boldsymbol{p}\cdot\boldsymbol{o} \\ a_x & a_y & a_z & -\boldsymbol{p}\cdot\boldsymbol{a} \\ 0 & 0 & 0 & 1 \end{bmatrix} \tag{4-21}$$

用 $\boldsymbol{T}^{-1}$ 左乘式(4-21)得

$$\boldsymbol{T}^{-1}\boldsymbol{\Delta T}=\begin{bmatrix} n_x & n_y & n_z & -\boldsymbol{p}\cdot\boldsymbol{n} \\ o_x & o_y & o_z & -\boldsymbol{p}\cdot\boldsymbol{o} \\ a_x & a_y & a_z & -\boldsymbol{p}\cdot\boldsymbol{a} \\ 0 & 0 & 0 & 1 \end{bmatrix}\begin{bmatrix} (\boldsymbol{\delta}\times\boldsymbol{n})_x & (\boldsymbol{\delta}\times\boldsymbol{o})_x & (\boldsymbol{\delta}\times\boldsymbol{a})_x & (\boldsymbol{\delta}\times\boldsymbol{p}+\boldsymbol{d})_x \\ (\boldsymbol{\delta}\times\boldsymbol{n})_y & (\boldsymbol{\delta}\times\boldsymbol{o})_y & (\boldsymbol{\delta}\times\boldsymbol{a})_y & (\boldsymbol{\delta}\times\boldsymbol{p}+\boldsymbol{d})_y \\ (\boldsymbol{\delta}\times\boldsymbol{n})_z & (\boldsymbol{\delta}\times\boldsymbol{o})_z & (\boldsymbol{\delta}\times\boldsymbol{a})_z & (\boldsymbol{\delta}\times\boldsymbol{p}+\boldsymbol{d})_z \\ 0 & 0 & 0 & 0 \end{bmatrix}=$$

$$\begin{bmatrix} \boldsymbol{n}\cdot(\boldsymbol{\delta}\times\boldsymbol{n}) & \boldsymbol{n}\cdot(\boldsymbol{\delta}\times\boldsymbol{o}) & \boldsymbol{n}\cdot(\boldsymbol{\delta}\times\boldsymbol{a}) & \boldsymbol{n}\cdot(\boldsymbol{\delta}\times\boldsymbol{p}+\boldsymbol{d}) \\ \boldsymbol{o}\cdot(\boldsymbol{\delta}\times\boldsymbol{n}) & \boldsymbol{o}\cdot(\boldsymbol{\delta}\times\boldsymbol{o}) & \boldsymbol{o}\cdot(\boldsymbol{\delta}\times\boldsymbol{a}) & \boldsymbol{o}\cdot(\boldsymbol{\delta}\times\boldsymbol{p}+\boldsymbol{d}) \\ \boldsymbol{a}\cdot(\boldsymbol{\delta}\times\boldsymbol{n}) & \boldsymbol{a}\cdot(\boldsymbol{\delta}\times\boldsymbol{o}) & \boldsymbol{a}\cdot(\boldsymbol{\delta}\times\boldsymbol{a}) & \boldsymbol{a}\cdot(\boldsymbol{\delta}\times\boldsymbol{p}+\boldsymbol{d}) \\ 0 & 0 & 0 & 0 \end{bmatrix} \tag{4-22}$$

由三矢量相乘的性质 $\boldsymbol{a}\cdot(\boldsymbol{b}\times\boldsymbol{c})=\boldsymbol{b}\cdot(\boldsymbol{c}\times\boldsymbol{a})$ 及 $\boldsymbol{a}\cdot(\boldsymbol{a}\times\boldsymbol{c})=0$，并依据式(4-18)可得

$${}^T\boldsymbol{\Delta}=\boldsymbol{T}^{-1}\boldsymbol{\Delta T}=\begin{bmatrix} 0 & -\boldsymbol{\delta}\cdot(\boldsymbol{n}\times\boldsymbol{o}) & \boldsymbol{\delta}\cdot(\boldsymbol{a}\times\boldsymbol{n}) & \boldsymbol{\delta}\cdot(\boldsymbol{p}\times\boldsymbol{n})+\boldsymbol{d}\cdot\boldsymbol{n} \\ \boldsymbol{\delta}\cdot(\boldsymbol{n}\times\boldsymbol{o}) & 0 & -\boldsymbol{\delta}\cdot(\boldsymbol{o}\times\boldsymbol{a}) & \boldsymbol{\delta}\cdot(\boldsymbol{p}\times\boldsymbol{o})+\boldsymbol{d}\cdot\boldsymbol{o} \\ -\boldsymbol{\delta}\cdot(\boldsymbol{a}\times\boldsymbol{n}) & \boldsymbol{\delta}\cdot(\boldsymbol{o}\times\boldsymbol{a}) & 0 & \boldsymbol{\delta}\cdot(\boldsymbol{p}\times\boldsymbol{a})+\boldsymbol{d}\cdot\boldsymbol{a} \\ 0 & 0 & 0 & 0 \end{bmatrix} \tag{4-23}$$

化简得

$${}^T\boldsymbol{\Delta}=\begin{bmatrix} 0 & -\boldsymbol{\delta}\cdot\boldsymbol{a} & \boldsymbol{\delta}\cdot\boldsymbol{o} & \boldsymbol{\delta}\cdot(\boldsymbol{p}\times\boldsymbol{n})+\boldsymbol{d}\cdot\boldsymbol{n} \\ \boldsymbol{\delta}\cdot\boldsymbol{a} & 0 & -\boldsymbol{\delta}\cdot\boldsymbol{n} & \boldsymbol{\delta}\cdot(\boldsymbol{p}\times\boldsymbol{o})+\boldsymbol{d}\cdot\boldsymbol{o} \\ -\boldsymbol{\delta}\cdot\boldsymbol{o} & \boldsymbol{\delta}\cdot\boldsymbol{n} & 0 & \boldsymbol{\delta}\cdot(\boldsymbol{p}\times\boldsymbol{a})+\boldsymbol{d}\cdot\boldsymbol{a} \\ 0 & 0 & 0 & 0 \end{bmatrix} \tag{4-24}$$

令 ${}^T\boldsymbol{\Delta}$ 的表达式(4-16)与式(4-23)各元分别对应相等，可求得

$$\left.\begin{aligned} {}^Td_x&=\boldsymbol{\delta}\cdot(\boldsymbol{p}\times\boldsymbol{n})+\boldsymbol{d}\cdot\boldsymbol{n} \\ {}^Td_y&=\boldsymbol{\delta}\cdot(\boldsymbol{p}\times\boldsymbol{o})+\boldsymbol{d}\cdot\boldsymbol{o} \\ {}^Td_z&=\boldsymbol{\delta}\cdot(\boldsymbol{p}\times\boldsymbol{a})+\boldsymbol{d}\cdot\boldsymbol{a} \end{aligned}\right\} \tag{4-25a}$$

$${}^T\delta_x=\boldsymbol{\delta}\cdot\boldsymbol{n},\quad {}^T\delta_y=\boldsymbol{\delta}\cdot\boldsymbol{o},\quad {}^T\delta_z=\boldsymbol{\delta}\cdot\boldsymbol{a} \tag{4-25b}$$

式中，$\boldsymbol{n}$，$\boldsymbol{o}$，$\boldsymbol{a}$ 和 $\boldsymbol{p}$ 均为位姿矩阵 $\boldsymbol{T}$ 的列矢量。由三矢量相乘的性质 $\boldsymbol{a}\cdot(\boldsymbol{b}\times\boldsymbol{c})=\boldsymbol{c}\cdot(\boldsymbol{a}\times\boldsymbol{b})$，可将式(4-25a)和式(4-25b)进一步变换为

$$\left.\begin{aligned} {}^Td_x&=\boldsymbol{n}\cdot[(\boldsymbol{\delta}\times\boldsymbol{p})+\boldsymbol{d}] \\ {}^Td_y&=\boldsymbol{o}\cdot[(\boldsymbol{\delta}\times\boldsymbol{p})+\boldsymbol{d}] \\ {}^Td_z&=\boldsymbol{a}\cdot[(\boldsymbol{\delta}\times\boldsymbol{p})+\boldsymbol{d}] \end{aligned}\right\} \tag{4-26a}$$

$$\left.\begin{aligned} {}^T\delta_x&=\boldsymbol{n}\cdot\boldsymbol{\delta} \\ {}^T\delta_y&=\boldsymbol{o}\cdot\boldsymbol{\delta} \\ {}^T\delta_z&=\boldsymbol{a}\cdot\boldsymbol{\delta} \end{aligned}\right\} \tag{4-26b}$$

利用式(4－25a)及式(4－25b)或式(4－26a)及式(4－26b)即可将对基坐标系的微分变化变换为对坐标系{T}的微分变化。进一步,从式(4－25a)及式(4－25b)可得微分运动矢量${}^T\boldsymbol{D}$和$\boldsymbol{D}$的关系如下:

$$\begin{bmatrix} {}^Td_x \\ {}^Td_y \\ {}^Td_z \\ {}^T\delta_x \\ {}^T\delta_y \\ {}^T\delta_z \end{bmatrix} = \begin{bmatrix} n_x & n_y & n_z & (\boldsymbol{p}\times\boldsymbol{n})_x & (\boldsymbol{p}\times\boldsymbol{n})_y & (\boldsymbol{p}\times\boldsymbol{n})_z \\ o_x & o_y & o_z & (\boldsymbol{p}\times\boldsymbol{o})_x & (\boldsymbol{p}\times\boldsymbol{o})_y & (\boldsymbol{p}\times\boldsymbol{o})_z \\ a_x & a_y & a_z & (\boldsymbol{p}\times\boldsymbol{a})_x & (\boldsymbol{p}\times\boldsymbol{a})_y & (\boldsymbol{p}\times\boldsymbol{a})_z \\ 0 & 0 & 0 & n_x & n_y & n_z \\ 0 & 0 & 0 & o_x & o_y & o_z \\ 0 & 0 & 0 & a_x & a_y & a_z \end{bmatrix} \begin{bmatrix} d_x \\ d_y \\ d_z \\ \delta_x \\ \delta_y \\ \delta_z \end{bmatrix} \tag{4－27}$$

式(4－27)可简写为

$$\begin{bmatrix} {}^T\boldsymbol{d} \\ {}^T\boldsymbol{\delta} \end{bmatrix} = \begin{bmatrix} \boldsymbol{R}^{\mathrm{T}} & -\boldsymbol{R}^{\mathrm{T}}\boldsymbol{S}(\boldsymbol{p}) \\ 0 & \boldsymbol{R}^{\mathrm{T}} \end{bmatrix} \begin{bmatrix} \boldsymbol{d} \\ \boldsymbol{\delta} \end{bmatrix} \tag{4－28}$$

式中,$\boldsymbol{R}$是位姿矩阵$\boldsymbol{T}$中的旋转子阵,即

$$\boldsymbol{R} = \begin{bmatrix} n_x & o_x & a_x \\ n_y & o_y & a_y \\ n_z & o_z & a_z \end{bmatrix} \tag{4－29}$$

$\boldsymbol{S}(\boldsymbol{p})$是三维矢量$\boldsymbol{p}=[p_x \quad p_y \quad p_z]^{\mathrm{T}}$的反对称矩阵,定义为

$$\boldsymbol{S}(\boldsymbol{p}) = \begin{bmatrix} 0 & -p_z & p_y \\ p_z & 0 & -p_x \\ -p_y & p_x & 0 \end{bmatrix} \tag{4－30}$$

需要说明一点,式(4－25)～式(4－28)同样适用于坐标系{T}与其他非基础坐标系之间的等价微分运动矢量的计算,只是计算时坐标系{T}的位姿矩阵必须使用其相对于其他非基础坐标系的位姿矩阵${}^x\boldsymbol{T}$。

例 4－2 已知坐标系{A}及对基坐标系的微分平移$\boldsymbol{d}$和微分旋转$\boldsymbol{\delta}$,同例 4－1 。试求对坐标系{A}的等价微分平移和微分旋转。

解 由例 4－1 可知,坐标系{A}的位姿矩阵为

$$\boldsymbol{A} = \begin{bmatrix} 0 & 0 & 1 & 9 \\ 1 & 0 & 0 & 6 \\ 0 & 1 & 0 & 3 \\ 0 & 0 & 0 & 1 \end{bmatrix}$$

则有

$$\boldsymbol{n} = 0\boldsymbol{i} + 1\boldsymbol{j} + 0\boldsymbol{k}$$
$$\boldsymbol{o} = 0\boldsymbol{i} + 0\boldsymbol{j} + 1\boldsymbol{k}$$
$$\boldsymbol{a} = 1\boldsymbol{i} + 0\boldsymbol{j} + 0\boldsymbol{k}$$
$$\boldsymbol{p} = 9\boldsymbol{i} + 6\boldsymbol{j} + 3\boldsymbol{k}$$

其对基系的微分平移与微分旋转为

$$\boldsymbol{d} = 0.1\boldsymbol{i} + 0\boldsymbol{j} + 0.3\boldsymbol{k}$$
$$\boldsymbol{\delta} = 0\boldsymbol{i} + 0.1\boldsymbol{j} + 0\boldsymbol{k}$$

可计算出

$$\boldsymbol{\delta}\times\boldsymbol{p}=\begin{vmatrix}\boldsymbol{i} & \boldsymbol{j} & \boldsymbol{k}\\ 0 & 0.1 & 0\\ 9 & 6 & 3\end{vmatrix}=0.3\boldsymbol{i}+0\boldsymbol{j}-0.9\boldsymbol{k}$$

可得

$$\boldsymbol{\delta}\times\boldsymbol{p}+\boldsymbol{d}=0.4\boldsymbol{i}+0\boldsymbol{j}-0.6\boldsymbol{k}$$

依据式(4－26a)及式(4－26b)，可求得对坐标系$\{A\}$的等价微分平移和微分旋转为

$$^{A}\boldsymbol{d}=0\boldsymbol{i}-0.6\boldsymbol{j}+0.4\boldsymbol{k},\quad ^{A}\boldsymbol{\delta}=0.1\boldsymbol{i}+0\boldsymbol{j}+0\boldsymbol{k}$$

例 4－1 中的 d$\boldsymbol{A}$ 是依据式(4－8)计算的，现依据式(4－10)来计算一下 d$\boldsymbol{A}$，以检验所求得的等价微分平移和微分旋转是否正确，即

$$\mathrm{d}\boldsymbol{A}=\boldsymbol{A}\cdot{}^{A}\boldsymbol{\Delta}$$

据式(4－16)及上述所求得的$^{A}\boldsymbol{d}$ 和$^{A}\boldsymbol{\delta}$，可求得

$$^{A}\boldsymbol{\Delta}=\begin{bmatrix}0 & 0 & 0 & 0\\ 0 & 0 & -0.1 & -0.6\\ 0 & 0.1 & 0 & 0.4\\ 0 & 0 & 0 & 0\end{bmatrix}$$

则

$$\mathrm{d}\boldsymbol{A}=\boldsymbol{A}\cdot{}^{A}\boldsymbol{\Delta}=\begin{bmatrix}0 & 0 & 1 & 9\\ 1 & 0 & 0 & 6\\ 0 & 1 & 0 & 3\\ 0 & 0 & 0 & 1\end{bmatrix}\begin{bmatrix}0 & 0 & 0 & 0\\ 0 & 0 & -0.1 & -0.6\\ 0 & 0.1 & 0 & 0.4\\ 0 & 0 & 0 & 0\end{bmatrix}$$

计算得

$$\mathrm{d}\boldsymbol{A}=\begin{bmatrix}0 & 0.1 & 0 & 0.4\\ 0 & 0 & 0 & 0\\ 0 & 0 & -0.1 & -0.6\\ 0 & 0 & 0 & 0\end{bmatrix}$$

所得结果与例 4－1 相同。可见所求得的对坐标系$\{A\}$的等价微分平移和微分旋转是正确的。

4.1.2　雅可比矩阵的定义

以上分析了机器人坐标系的微分运动，接下来将在此基础上研究机器人末端执行器速度与关节速度之间的映射关系。反映二者之间关系的变换矩阵称为雅可比矩阵，简称雅可比。

机器人雅可比矩阵不仅揭示了末端执行器速度与关节速度的映射关系，同时也揭示了二者之间力的传递关系。雅可比矩阵为机器人的静态关节力矩的确定以及为不同坐标系间速度、加速度和静力的变换提供了计算的便捷。

令一个六维列矢量 $\boldsymbol{X}$ 来表示机器人末端执行器在基础坐标系下的线位移和角位移，即

$$\boldsymbol{X}=[x_{ex}\quad x_{ey}\quad x_{ez}\quad \varphi_{ex}\quad \varphi_{ey}\quad \varphi_{ez}]^{\mathrm{T}}\tag{4－31}$$

式中，矢量 $\boldsymbol{X}$ 称为广义位移向量，其分量 x_{ex}，x_{ey}，x_{ez}表示末端执行器分别沿基础坐标系 x，y，z

轴的线位移，φ_{ex}，φ_{ey}，φ_{ez}表示末端执行器分别绕基础坐标系 x，y，z 轴的角位移。

对于 n 自由度机器人，关节变量可用广义关节变量 $\boldsymbol{q}$ 表示，$\boldsymbol{q}=[q_1 \quad q_2 \quad \cdots \quad q_n]^{\mathrm{T}}$。当关节为转动关节时，$q_i=\theta_i$；当关节为移动关节时，$q_i=d_i$，则末端执行器的运动方程可表达为

$$\boldsymbol{X}=\boldsymbol{\Phi}(\boldsymbol{q}) \tag{4-32}$$

式(4－32)表达了末端执行器在基础坐标系下的位移 $\boldsymbol{X}$ 与关节变量 $\boldsymbol{q}$ 之间的函数关系。将式(4－32)两边对时间 t 求导，可得

$$\dot{\boldsymbol{X}}=\boldsymbol{J}(\boldsymbol{q})\dot{\boldsymbol{q}} \tag{4-33}$$

式中：$\dot{\boldsymbol{X}}$ 称为末端执行器的广义速度，简称操作速度；$\dot{\boldsymbol{q}}$ 为关节速度；$\boldsymbol{J}(\boldsymbol{q})$是 $6\times n$ 的偏导数矩阵，称为机器人的雅可比矩阵，表达式为

$$\boldsymbol{J}(\boldsymbol{q})=\begin{bmatrix} \frac{\partial x_{ex}}{\partial q_1} & \frac{\partial x_{ex}}{\partial q_2} & \cdots & \frac{\partial x_{ex}}{\partial q_n} \\ \frac{\partial x_{ey}}{\partial q_1} & \frac{\partial x_{ey}}{\partial q_2} & \cdots & \frac{\partial x_{ey}}{\partial q_n} \\ \frac{\partial x_{ez}}{\partial q_1} & \frac{\partial x_{ez}}{\partial q_2} & \cdots & \frac{\partial x_{ez}}{\partial q_n} \\ \frac{\partial \varphi_{ex}}{\partial q_1} & \frac{\partial \varphi_{ex}}{\partial q_2} & \cdots & \frac{\partial \varphi_{ex}}{\partial q_n} \\ \frac{\partial \varphi_{ey}}{\partial q_1} & \frac{\partial \varphi_{ey}}{\partial q_2} & \cdots & \frac{\partial \varphi_{ey}}{\partial q_n} \\ \frac{\partial \varphi_{ez}}{\partial q_1} & \frac{\partial \varphi_{ez}}{\partial q_2} & \cdots & \frac{\partial \varphi_{ez}}{\partial q_n} \end{bmatrix} \tag{4-34}$$

从式(4－34)可以看出，对于给定的 $\boldsymbol{q}\in \mathbf{R}^n$，雅可比矩阵 $\boldsymbol{J}(\boldsymbol{q})$是从关节速度 $\dot{\boldsymbol{q}}$ 向末端执行器速度 $\dot{\boldsymbol{X}}$ 映射的变换矩阵，其建立了关节速度 $\dot{\boldsymbol{q}}$ 和末端执行器速度 $\dot{\boldsymbol{X}}$ 之间的关系。

式(4－33)中末端执行器的广义速度 $\dot{\boldsymbol{X}}$ 是由线速度 $\boldsymbol{v}_e$ 和角速度 $\boldsymbol{\omega}_e$ 组成的 6 维列矢量，即

$$\dot{\boldsymbol{X}}=\begin{bmatrix} \boldsymbol{v}_e \\ \boldsymbol{\omega}_e \end{bmatrix}=\begin{bmatrix} \frac{\mathrm{d}x_{ex}}{\mathrm{d}t} & \frac{\mathrm{d}x_{ey}}{\mathrm{d}t} & \frac{\mathrm{d}x_{ez}}{\mathrm{d}t} & \frac{\mathrm{d}\varphi_{ex}}{\mathrm{d}t} & \frac{\mathrm{d}\varphi_{ey}}{\mathrm{d}t} & \frac{\mathrm{d}\varphi_{ez}}{\mathrm{d}t} \end{bmatrix}^{\mathrm{T}} \tag{4-35a}$$

式中

$$\boldsymbol{v}_e=\begin{bmatrix} \frac{\mathrm{d}x_{ex}}{\mathrm{d}t} & \frac{\mathrm{d}x_{ey}}{\mathrm{d}t} & \frac{\mathrm{d}x_{ez}}{\mathrm{d}t} \end{bmatrix}^{\mathrm{T}}, \quad \boldsymbol{\omega}_e=\begin{bmatrix} \frac{\mathrm{d}\varphi_{ex}}{\mathrm{d}t} & \frac{\mathrm{d}\varphi_{ey}}{\mathrm{d}t} & \frac{\mathrm{d}\varphi_{ez}}{\mathrm{d}t} \end{bmatrix}^{\mathrm{T}} \tag{4-35b}$$

由于

$$\dot{\boldsymbol{X}}=\begin{bmatrix} \boldsymbol{v}_e \\ \boldsymbol{\omega}_e \end{bmatrix}=\lim_{\Delta t\to 0}\frac{1}{\Delta t}\begin{bmatrix} \boldsymbol{d}_e \\ \boldsymbol{\delta}_e \end{bmatrix} \tag{4-36}$$

式中，$\boldsymbol{d}_e$，$\boldsymbol{\delta}_e$ 是末端执行器在基础坐标系中的微小线位移矢量和微小角位移矢量，二者合在一起用 $\boldsymbol{D}_e$ 表示，$\boldsymbol{D}_e$ 为末端执行器的实际微小位移矢量。$\boldsymbol{D}_e$ 与前述的微分运动矢量 $\boldsymbol{D}$ 是有区别的，微分运动矢量 $\boldsymbol{D}$ 包含微分平移运动 $\boldsymbol{d}$ 及微分旋转运动 $\boldsymbol{\delta}$，由于微分旋转运动也会产生线位移，所以微分运动矢量虽为 $\boldsymbol{D}$，但微分运动后产生的实际微小位移矢量则为 $\boldsymbol{D}_e$，即

$$\boldsymbol{D}=\begin{bmatrix} \boldsymbol{d} \\ \boldsymbol{\delta} \end{bmatrix}, \quad \boldsymbol{D}_e=\begin{bmatrix} \boldsymbol{d}_e \\ \boldsymbol{\delta}_e \end{bmatrix}=\begin{bmatrix} \boldsymbol{d}+\boldsymbol{d}' \\ \boldsymbol{\delta} \end{bmatrix} \tag{4-37}$$

式中，$\boldsymbol{d}'$为微分旋转 $\boldsymbol{\delta}$ 后所产生的线位移。

由式(4－36)得

$$\boldsymbol{D}_e=\begin{bmatrix}\boldsymbol{d}_e\\ \boldsymbol{\delta}_e\end{bmatrix}=\lim_{\Delta t\to 0}\dot{\boldsymbol{X}}\Delta t=\dot{\boldsymbol{X}}\mathrm{d}t \tag{4-38}$$

将式(4-33)代入式(4-38)可得

$$\boldsymbol{D}_e=\boldsymbol{J}(\boldsymbol{q})\dot{\boldsymbol{q}}\mathrm{d}t$$

即

$$\boldsymbol{D}_e=\boldsymbol{J}(\boldsymbol{q})\mathrm{d}\boldsymbol{q} \tag{4-39}$$

由式(4-34)可知，雅可比矩阵 $\boldsymbol{J}(\boldsymbol{q})$ 的 6 行中，前 3 行代表末端执行器的三维线速度系数，后 3 行代表末端执行器的三维角速度系数；而 $\boldsymbol{J}(\boldsymbol{q})$ 共有 n 列，第 i 列代表了第 i 个关节角对线速度系数和角速度系数的贡献。因此，可把雅可比矩阵 $\boldsymbol{J}(\boldsymbol{q})$ 写成如下分块矩阵：

$$\boldsymbol{J}(\boldsymbol{q})=\begin{bmatrix}\boldsymbol{J}_L\\ \boldsymbol{J}_A\end{bmatrix}=\begin{bmatrix}\boldsymbol{J}_{l1} & \boldsymbol{J}_{l2} & \cdots & \boldsymbol{J}_{ln}\\ \boldsymbol{J}_{a1} & \boldsymbol{J}_{a2} & \cdots & \boldsymbol{J}_{an}\end{bmatrix}_{6\times n} \tag{4-40}$$

这样，末端执行器的线速度 $\boldsymbol{v}_e$ 和角速度 $\boldsymbol{\omega}_e$ 可表示为各关节速度 $\dot{\boldsymbol{q}}$ 的线性函数，由式(4-33)和式(4-40)可得

$$\left.\begin{aligned}\boldsymbol{v}_e&=\boldsymbol{J}_{l1}\dot{q}_1+\boldsymbol{J}_{l2}\dot{q}_2+\cdots+\boldsymbol{J}_{ln}\dot{q}_n\\ \boldsymbol{\omega}_e&=\boldsymbol{J}_{a1}\dot{q}_1+\boldsymbol{J}_{a2}\dot{q}_2+\cdots+\boldsymbol{J}_{an}\dot{q}_n\end{aligned}\right\} \tag{4-41}$$

式中，$\boldsymbol{J}_{li}$ 和 $\boldsymbol{J}_{ai}$ 分别表示第 i 关节的单位关节速度引起的末端执行器的三维线速度和三维角速度，有

$$\boldsymbol{J}_{li}=\begin{bmatrix}\dfrac{\partial x_{ex}}{\partial q_i} & \dfrac{\partial x_{ey}}{\partial q_i} & \dfrac{\partial x_{ez}}{\partial q_i}\end{bmatrix}^{\mathrm{T}} \tag{4-42a}$$

$$\boldsymbol{J}_{ai}=\begin{bmatrix}\dfrac{\partial \varphi_{ex}}{\partial q_i} & \dfrac{\partial \varphi_{ey}}{\partial q_i} & \dfrac{\partial \varphi_{ez}}{\partial q_i}\end{bmatrix}^{\mathrm{T}} \tag{4-42b}$$

上述末端执行器的微小位移矢量 $\boldsymbol{D}_e$ 及机器人雅可比矩阵 $\boldsymbol{J}(\boldsymbol{q})$ 是基于基础坐标系下讨论的，而基于自身坐标系 $\{T_n\}$ 的微小位移矢量及雅可比矩阵，则分别用 ${}^{T_n}\boldsymbol{D}_e$ 及 ${}^{T_n}\boldsymbol{J}(\boldsymbol{q})$ 表示，那么，对照式(4-39)和式(4-40)，有

$${}^{T_n}\boldsymbol{D}_e={}^{T_n}\boldsymbol{J}(\boldsymbol{q})\mathrm{d}\boldsymbol{q} \tag{4-43}$$

$${}^{T_n}\boldsymbol{J}(\boldsymbol{q})=\begin{bmatrix}{}^{T_n}\boldsymbol{J}_L\\ {}^{T_n}\boldsymbol{J}_A\end{bmatrix} \tag{4-44}$$

4.1.3　雅可比矩阵求解方法

式(4-15)、式(4-17)、式(4-27)、式(4-28)、式(4-33)和式(4-39)等是计算雅可比矩阵的基本公式，利用这些公式可以计算雅可比矩阵。下面介绍几种直接构造雅可比矩阵的方法。

1. 矢量积法

机器人雅可比矩阵的矢量积方法由惠特尼(Whitney)提出，是建立在各运动坐标系概念基础上的。对于式(4-40)，如果能求出 $\boldsymbol{J}_{li}$ 和 $\boldsymbol{J}_{ai}$，则可求得雅可比矩阵 $\boldsymbol{J}(\boldsymbol{q})$。

(1) $\boldsymbol{J}_{li}$ 的推导。由式(4-41)可知，$\boldsymbol{J}_{li}$ 关联着第 i 关节速度与机器人终端线速度 v_e。现设想此时刻仅第 i 关节运动，其余关节静止不动，即 $\dot{q}_i\neq 0$，其余关节速度为 0，由式(4-41)可得

$$\boldsymbol{v}_e=\boldsymbol{v}_i=\boldsymbol{J}_{li}\dot{q}_i \tag{4-45}$$

对第 i 关节分两种情况:移动关节或转动关节。

1)第 i 关节是移动关节。由于第 i 关节变量是移动量,所以 $q_i=d_i$,$\dot{q}_i=\dot{d}_i$($\boldsymbol{d}$ 代表线位移量)。此时,$\boldsymbol{v}_e$ 是 d_i 造成的,但 d_i 是在 z_{i-1} 轴方向下度量的,设 z_{i-1} 轴方向的单位矢量在基础坐标系下的度量为三维矢量 $\boldsymbol{b}_{i-1}$,该矢量是坐标变换系数(见图 4-1),它可将 d_i 速度转换成基础坐标系 $Oxyz$ 下的速度 $\boldsymbol{v}_e$,即

$$\boldsymbol{v}_e=\boldsymbol{v}_i=\boldsymbol{b}_{i-1}\dot{d}_i \tag{4-46}$$

由于 $\dot{q}_i=\dot{d}_i$,对比式(4-45)及式(4-46),可得

$$\boldsymbol{J}_{li}=\boldsymbol{b}_{i-1} \tag{4-47}$$

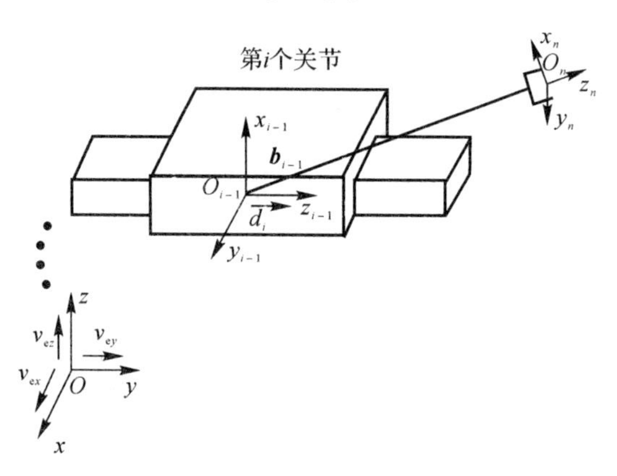

图 4-1　仅移动关节运动产生的速度

2)第 i 关节是转动关节。由于第 i 关节变量是转动量,所以 $q_i=\theta_i$,$\dot{q}_i=\dot{\theta}_i$。如图 4-2 所示,仍采用矢量 $\boldsymbol{b}_{i-1}$ 将 $\dot{\theta}_i$ 在 $i-1$ 坐标系下的度量转换到基础坐标系下,用 ω_i 表示,得

$$\boldsymbol{\omega}_i=\boldsymbol{b}_{i-1}\dot{\theta}_i \tag{4-48}$$

令 $\boldsymbol{r}_{i-1,e}$ 是一个三维位置矢量,它起点在 O_{i-1},止于 O_n(见图 4-2),结合式(4-48),则由 $\boldsymbol{\omega}_i$ 产生的线速度为

$$\boldsymbol{v}_i=\boldsymbol{\omega}_i\times\boldsymbol{r}_{i-1,e}=\boldsymbol{b}_{i-1}\dot{\theta}_i\times\boldsymbol{r}_{i-1,e}=(\boldsymbol{b}_{i-1}\times\boldsymbol{r}_{i-1,e})\dot{\theta}_i \tag{4-49}$$

由于 $\dot{q}_i=\dot{\theta}_i$,比较式(4-45)及式(4-49),可得

$$\boldsymbol{J}_{li}=\boldsymbol{b}_{i-1}\times\boldsymbol{r}_{i-1,e} \tag{4-50}$$

因此可以看出,$\boldsymbol{J}_{li}$ 的表达式随关节是移动还是转动而不同:当第 i 关节为移动时,$\boldsymbol{J}_{li}=\boldsymbol{b}_{i-1}$;当第 i 关节为转动时,$\boldsymbol{J}_{li}=\boldsymbol{b}_{i-1}\times\boldsymbol{r}_{i-1,e}$。

(2)J_{ai}的推导。由式(4-41)知,J_{ai}关联着第 i 关节速度与机器人终端角速度 $\boldsymbol{\omega}_e$,仍设想此时刻仅第 i 关节运动,其余关节静止不动,即 $\dot{q}_i\neq0$,其余关节速度为 0,则依据式(4-41)可得到

$$\boldsymbol{\omega}_e=\boldsymbol{\omega}_i=\boldsymbol{J}_{ai}\dot{q}_i \tag{4-51}$$

仍分两种情况讨论。

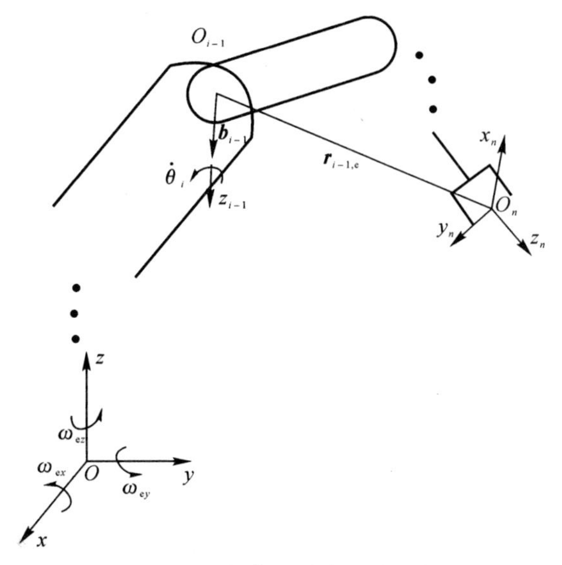

图 4-2　仅 $\dot{\theta}_i$ 运动产生的速度

1)第 i 关节为移动关节。此时 $q_i=d_i$，$\dot{q}_i=\dot{d}_i$。由于移动关节不会对手端(末端执行器)产生角速度，所以有

$$\boldsymbol{\omega}_e=\boldsymbol{\omega}_i=\boldsymbol{J}_{ai}\dot{d}_i=\boldsymbol{O} \tag{4-52}$$

则

$$\boldsymbol{J}_{ai}=\boldsymbol{O} \tag{4-53}$$

2)第 i 关节是转动关节。此时 $q_i=\theta_i$，$\dot{q}_i=\dot{\theta}_i$。对比式(4-48)及式(4-51)可知

$$\boldsymbol{J}_{ai}\dot{q}_i=\boldsymbol{b}_{i-1}\dot{\theta}_i$$

因此

$$\boldsymbol{J}_{ai}=\boldsymbol{b}_{i-1} \tag{4-54}$$

可以看出，$\boldsymbol{J}_{ai}$ 的表达式同样随关节是移动还是转动而不同：当第 i 关节为移动时，$\boldsymbol{J}_{ai}=\boldsymbol{O}$；当第 i 关节为转动时，$\boldsymbol{J}_{ai}=\boldsymbol{b}_{i-1}$。

综合 $\boldsymbol{J}_{li}$ 和 $\boldsymbol{J}_{ai}$ 的表达式，可总结如下：

当第 i 关节为移动关节时，有

$$\begin{bmatrix}\boldsymbol{J}_{li}\\ \boldsymbol{J}_{ai}\end{bmatrix}=\begin{bmatrix}\boldsymbol{b}_{i-1}\\ \boldsymbol{O}\end{bmatrix} \tag{4-55}$$

当第 i 关节为转动关节时，有

$$\begin{bmatrix}\boldsymbol{J}_{li}\\ \boldsymbol{J}_{ai}\end{bmatrix}=\begin{bmatrix}\boldsymbol{b}_{i-1}\times\boldsymbol{r}_{i-1,e}\\ \boldsymbol{b}_{i-1}\end{bmatrix} \tag{4-56}$$

两式中，$i=1,2,\cdots,n$。至此完成了分块矩阵元素的填写，把求 $\boldsymbol{J}_{li}$，$\boldsymbol{J}_{ai}$ 变为求 $\boldsymbol{b}_{i-1}$ 和 $\boldsymbol{r}_{i-1,e}$。

(3)$\boldsymbol{b}_{i-1}$ 的求解。由于 $\boldsymbol{b}_{i-1}$ 取自 z_{i-1} 轴方向，且其模为 1，所以在 $i-1$ 坐标系中，有

$$\boldsymbol{b}_{i-1}=\begin{bmatrix}0\\0\\1\end{bmatrix}=\boldsymbol{b}$$

现要把 $\boldsymbol{b}_{i-1}$ 表示在基础坐标系下，显然可通过坐标转换矩阵完成，即

$$\boldsymbol{b}_{i-1}=\boldsymbol{R}_1(q_1)\boldsymbol{R}_2(q_2)\cdots\boldsymbol{R}_{i-1}(q_{i-1})\boldsymbol{b} \tag{4-57}$$

式中，$\boldsymbol{R}_1(q_1)$，$\boldsymbol{R}_2(q_2)$，…，$\boldsymbol{R}_{i-1}(q_{i-1})$分别取自坐标变换阵 $\boldsymbol{A}_1(q_1)$，$\boldsymbol{A}_2(q_2)$，…，$\boldsymbol{A}_{i-1}(q_{i-1})$中左上角 3×3 旋转变换子阵。

(4)$\boldsymbol{r}_{i-1,\mathrm{e}}$的求解。图 4-3 中 O,O_{i-1},O_n 分别代表基础坐标系、i－1 坐标系及手端坐标系的原点，由图 4-3 可得

$$\boldsymbol{r}_{i-1,\mathrm{e}}=OO_n-OO_{i-1}=\begin{bmatrix}p_{nx}\\p_{ny}\\p_{nz}\end{bmatrix}-\begin{bmatrix}p_{i-1,x}\\p_{i-1,y}\\p_{i-1,z}\end{bmatrix}=\begin{bmatrix}p_{nx}-p_{i-1,x}\\p_{ny}-p_{i-1,y}\\p_{nz}-p_{i-1,z}\end{bmatrix} \tag{4-58}$$

式中，$[p_{nx}\quad p_{ny}\quad p_{nz}]^{\mathrm{T}}$，$[p_{i-1,x}\quad p_{i-1,y}\quad p_{i-1,z}]^{\mathrm{T}}$ 分别是手端坐标系及 i－1 坐标系在基础坐标系中的位置矢量，其值分别取自位姿矩阵${}^0\boldsymbol{T}_n$（或 $\boldsymbol{T}_n^0$，${}_n^0\boldsymbol{T}$）及${}^0\boldsymbol{T}_{i-1}$（或 $\boldsymbol{T}_{i-1}^0$，${}_{i-1}^0\boldsymbol{T}$）的第 4 列。${}^0\boldsymbol{T}_n$ 及${}^0\boldsymbol{T}_{i-1}$的计算如下：

$${}^0\boldsymbol{T}_n=\boldsymbol{A}_1(q_1)\boldsymbol{A}_2(q_2)\cdots\boldsymbol{A}_n(q_n)$$

$${}^0\boldsymbol{T}_{i-1}=\boldsymbol{A}_1(q_1)\boldsymbol{A}_2(q_2)\cdots\boldsymbol{A}_{i-1}(q_n)$$

将所求得的 $\boldsymbol{b}_{i-1}$ 和 $\boldsymbol{r}_{i-1,\mathrm{e}}$代入式(4-55)和式(4-56)，最终由式(4-40)可求得雅可比矩阵 $\boldsymbol{J}(\boldsymbol{q})$的表达式。

可以看出，矢量积法是利用式(4-55)和式(4-56)直接构造出雅可比矩阵 $\boldsymbol{J}(\boldsymbol{q})$的结构，而后依据各连杆之间的变换 $\boldsymbol{A}_i$ 来进一步自动生成雅可比矩阵，而不需求解方程。

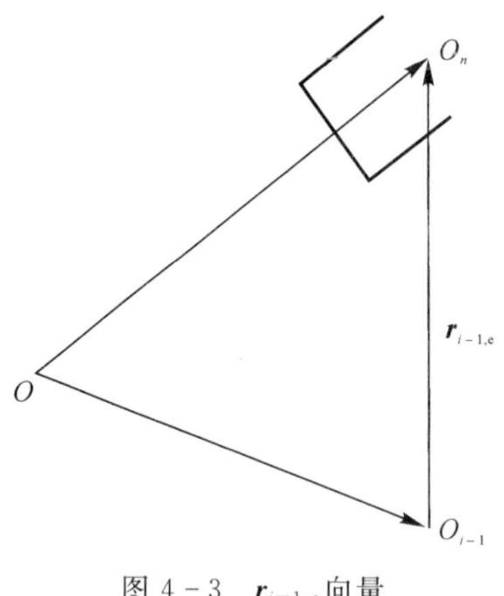

图 4-3　$\boldsymbol{r}_{i-1,\mathrm{e}}$向量

2. 微分变换法 1

(1)${}^{T_n}\boldsymbol{J}(\boldsymbol{q})$的求解。对于转动关节 i，其上建立的是$\{i-1\}$坐标系，当关节 i 带动连杆 i 及后部机构绕坐标系$\{i-1\}$的 z_{i-1} 轴做微分转动 $\mathrm{d}\theta_i$ 时，假设其他关节不动，则关节 i 的转动所引起的手部相对于$\{i-1\}$坐标系的微分运动矢量${}^{i-1}\boldsymbol{D}$ 为

$$ {}^{i-1}\boldsymbol{D}=\begin{bmatrix}{}^{i-1}\boldsymbol{d}\\ {}^{i-1}\boldsymbol{\delta}\end{bmatrix}=\begin{bmatrix}0\\0\\0\\0\\0\\1\end{bmatrix}\mathrm{d}\theta_i \tag{4-59} $$

利用式(4－27)，可计算得出关节 i 转动引起的手部坐标系 $\{T_n\}$ 相对于其自身坐标系的等价微分运动矢量 ${}^{T_n}\boldsymbol{D}_i$ 为

$$ {}^{T_n}\boldsymbol{D}_i=\begin{bmatrix}{}^{T_n}\boldsymbol{d}\\ {}^{T_n}\boldsymbol{\delta}\end{bmatrix}_i=\begin{bmatrix}{}^{T_n}d_x\\ {}^{T_n}d_y\\ {}^{T_n}d_z\\ {}^{T_n}\delta_x\\ {}^{T_n}\delta_y\\ {}^{T_n}\delta_z\end{bmatrix}_i=\begin{bmatrix}(\boldsymbol{p}_{n,i-1}\times\boldsymbol{n}_{n,i-1})_z\\ (\boldsymbol{p}_{n,i-1}\times\boldsymbol{o}_{n,i-1})_z\\ (\boldsymbol{p}_{n,i-1}\times\boldsymbol{a}_{n,i-1})_z\\ (\boldsymbol{n}_{n,i-1})_z\\ (\boldsymbol{o}_{n,i-1})_z\\ (\boldsymbol{a}_{n,i-1})_z\end{bmatrix}\mathrm{d}\theta_i \tag{4-60} $$

式中，$\boldsymbol{n}_{n,i-1}$，$\boldsymbol{o}_{n,i-1}$，$\boldsymbol{a}_{n,i-1}$ 和 $\boldsymbol{p}_{n,i-1}$ 为坐标变换阵 ${}^{i-1}\boldsymbol{T}_n$（或 $\boldsymbol{T}_n^{i-1}$，${}_n^{i-1}\boldsymbol{T}$）中的列矢量。

对于移动关节 i，当连杆 i 相对于连杆 $i-1$ 沿 z_{i-1} 轴方向做微分移动 $\mathrm{d}d_i$ 时，假设其他关节不动，则手部相对于 $\{i-1\}$ 坐标系的微分运动矢量 ${}^{i-1}\boldsymbol{D}$ 为

$$ {}^{i-1}\boldsymbol{D}=\begin{bmatrix}{}^{i-1}\boldsymbol{d}\\ {}^{i-1}\boldsymbol{\delta}\end{bmatrix}=\begin{bmatrix}0\\0\\1\\0\\0\\0\end{bmatrix}\mathrm{d}d_i \tag{4-61} $$

同样，利用式(4－27)，可得出关节 i 移动引起的手部坐标系 $\{T_n\}$ 相对于其自身坐标系的等价微分运动矢量 ${}^{T_n}\boldsymbol{D}_i$ 为

$$ {}^{T_n}\boldsymbol{D}_i=\begin{bmatrix}{}^{T_n}\boldsymbol{d}\\ {}^{T_n}\boldsymbol{\delta}\end{bmatrix}_i=\begin{bmatrix}{}^{T_n}d_x\\ {}^{T_n}d_y\\ {}^{T_n}d_z\\ {}^{T_n}\delta_x\\ {}^{T_n}\delta_y\\ {}^{T_n}\delta_z\end{bmatrix}_i=\begin{bmatrix}(\boldsymbol{n}_{n,i-1})_z\\ (\boldsymbol{o}_{n,i-1})_z\\ (\boldsymbol{a}_{n,i-1})_z\\ 0\\ 0\\ 0\end{bmatrix}\mathrm{d}d_i \tag{4-62} $$

由于手部坐标系 $\{T_n\}$ 相对于其自身坐标系做等价微分运动时，微分旋转并不会改变坐标系 $\{T_n\}$ 原点的位置，即微分旋转不会使 $\{T_n\}$ 产生线位移，所以基于 $\{T_n\}$ 的微分运动矢量 ${}^{T_n}\boldsymbol{D}$ 与基于 $\{T_n\}$ 的实际微小位移矢量 ${}^{T_n}\boldsymbol{D}_\mathrm{e}$ 是等同的。即

$$ {}^{T_n}\boldsymbol{D}_\mathrm{e}=\begin{bmatrix}{}^{T_n}\boldsymbol{d}_\mathrm{e}\\ {}^{T_n}\boldsymbol{\delta}_\mathrm{e}\end{bmatrix}={}^{T_n}\boldsymbol{D}=\begin{bmatrix}{}^{T_n}\boldsymbol{d}\\ {}^{T_n}\boldsymbol{\delta}\end{bmatrix} \tag{4-63} $$

由式(4－43)和式(4－44)可知

$$ {}^{T_n}\boldsymbol{D}_\mathrm{e}={}^{T_n}\boldsymbol{J}(\boldsymbol{q})\mathrm{d}\boldsymbol{q} $$

$$^{T_n}\boldsymbol{J}(\boldsymbol{q})=\begin{bmatrix}^{T_n}\boldsymbol{J}_{\mathrm{L}}\\ ^{T_n}\boldsymbol{J}_{\mathrm{A}}\end{bmatrix}$$

因此当仅关节 i 运动时，由式(4-43)、式(4-44)、式(4-60)、式(4-62)和式(4-63)可推得基于手部坐标系的雅可比矩阵 $^{T_n}\boldsymbol{J}(\boldsymbol{q})$ 的第 i 列如下：

对于转动关节 i，有

$$^{T}\boldsymbol{J}_{\mathrm{l}i}=\begin{bmatrix}(\boldsymbol{p}_{n,i-1}\times\boldsymbol{n}_{n,i-1})_z\\(\boldsymbol{p}_{n,i-1}\times\boldsymbol{o}_{n,i-1})_z\\(\boldsymbol{p}_{n,i-1}\times\boldsymbol{a}_{n,i-1})_z\end{bmatrix},\quad ^{T}\boldsymbol{J}_{\mathrm{a}i}=\begin{bmatrix}(\boldsymbol{n}_{n,i-1})_z\\(\boldsymbol{o}_{n,i-1})_z\\(\boldsymbol{a}_{n,i-1})_z\end{bmatrix}\tag{4-64}$$

对于移动关节 i，有

$$^{T}\boldsymbol{J}_{\mathrm{l}i}=\begin{bmatrix}(\boldsymbol{n}_{n,i-1})_z\\(\boldsymbol{o}_{n,i-1})_z\\(\boldsymbol{a}_{n,i-1})_z\end{bmatrix},\quad ^{T}\boldsymbol{J}_{\mathrm{a}i}=\begin{bmatrix}0\\0\\0\end{bmatrix}\tag{4-65}$$

式中，$\boldsymbol{n}_{n,i-1}$，$\boldsymbol{o}_{n,i-1}$，$\boldsymbol{a}_{n,i-1}$ 和 $\boldsymbol{p}_{n,i-1}$ 是 $^{i-1}\boldsymbol{T}_n$（或 $\boldsymbol{T}_n^{i-1}$，$_n^{i-1}\boldsymbol{T}$）中的 4 个列矢量。

上述求雅可比 $^{T_n}\boldsymbol{J}(\boldsymbol{q})$ 的方法也是构造性的，只要知道各连杆之间的变换 $\boldsymbol{A}_i$，就可以自动生成雅可比矩阵 $^{T_n}\boldsymbol{J}(\boldsymbol{q})$，而不须求解方程等手续。其自动生成的步骤如下：

1)计算各连杆坐标系之间的变换 $\boldsymbol{A}_1,\boldsymbol{A}_2,\cdots,\boldsymbol{A}_n$。

2)计算手部坐标系至 $i-1$ 坐标系（关节 i）的变换矩阵：$^{i-1}\boldsymbol{T}_n$（或 $\boldsymbol{T}_n^{i-1}$，$_n^{i-1}\boldsymbol{T}$）$=\boldsymbol{A}_i\cdot\boldsymbol{A}_{i+1}\cdots\boldsymbol{A}_n$。

3)计算 $^{T_n}\boldsymbol{J}(\boldsymbol{q})$ 的各列元素，第 i 列 $^{T}\boldsymbol{J}_i$ 由 $^{i-1}\boldsymbol{T}_n$ 确定。根据式(4-64)和式(4-65)来计算 $^{T}\boldsymbol{J}_{\mathrm{l}i}$ 和 $^{T}\boldsymbol{J}_{\mathrm{a}i}$。

到目前为止，仅得到基于手部坐标系的雅可比矩阵 $^{T_n}\boldsymbol{J}(\boldsymbol{q})$，接下来在此基础上可进一步求解基于基础坐标系的雅可比矩阵 $\boldsymbol{J}(\boldsymbol{q})$。

(2)$\boldsymbol{J}(\boldsymbol{q})$ 的求解。求得 $^{T_n}\boldsymbol{J}(\boldsymbol{q})$ 后，可依据式(4-43)求出基于手部的实际微小位移矢量 $^{T_n}\boldsymbol{D}_{\mathrm{e}}$，即

$$^{T_n}\boldsymbol{D}_{\mathrm{e}}={}^{T_n}\boldsymbol{J}(\boldsymbol{q})\mathrm{d}\boldsymbol{q}\tag{4-66}$$

由式(4-63)可知

$$^{T_n}\boldsymbol{D}={}^{T_n}\boldsymbol{D}_{\mathrm{e}}\tag{4-67}$$

因此也求出了 $^{T_n}\boldsymbol{D}$，再由式(4-16)即可求得 $^{T_n}\boldsymbol{\Delta}$，即

$$^{T_n}\boldsymbol{\Delta}=\begin{bmatrix}0&-^{T_n}\delta_z&^{T_n}\delta_y&^{T_n}d_x\\^{T_n}\delta_z&0&-^{T_n}\delta_x&^{T_n}d_y\\-^{T_n}\delta_y&^{T_n}\delta_x&0&^{T_n}d_z\\0&0&0&0\end{bmatrix}\tag{4-68}$$

接下来，依据式(4-10)可计算出 $\mathrm{d}\boldsymbol{T}_n$，即

$$\mathrm{d}\boldsymbol{T}_n=\boldsymbol{T}_n\cdot{}^{T_n}\boldsymbol{\Delta}\tag{4-69}$$

取 $\mathrm{d}\boldsymbol{T}_n$ 矩阵中第 4 列的前 3 行即可得到手部沿基础坐标系各坐标轴的微小平移量 $\boldsymbol{d}_{\mathrm{e}}$，即

$$\boldsymbol{d}_{\mathrm{e}}=\begin{bmatrix}d_{\mathrm{e}x}\\d_{\mathrm{e}y}\\d_{\mathrm{e}z}\end{bmatrix}\tag{4-70}$$

再由式(4-21)计算出 $\boldsymbol{T}_n$ 的逆阵$(\boldsymbol{T}_n)^{-1}$，即

$$(\boldsymbol{T}_n)^{-1}=\begin{bmatrix} n_x & n_y & n_z & -\boldsymbol{p}\cdot\boldsymbol{n} \\ o_x & o_y & o_z & -\boldsymbol{p}\cdot\boldsymbol{o} \\ a_x & a_y & a_z & -\boldsymbol{p}\cdot\boldsymbol{a} \\ 0 & 0 & 0 & 1 \end{bmatrix} \tag{4-71}$$

式中，$\boldsymbol{n}$，$\boldsymbol{o}$，$\boldsymbol{a}$ 和 $\boldsymbol{p}$ 为坐标变换阵 $\boldsymbol{T}_n$ 中的列矢量。则由式(4-8)可计算得出 $\boldsymbol{\Delta}$，即

$$\boldsymbol{\Delta}=\mathrm{d}\boldsymbol{T}_n\cdot(\boldsymbol{T}_n)^{-1} \tag{4-72}$$

又依式(4-14)可知 $\boldsymbol{\Delta}$ 的结构式为

$$\boldsymbol{\Delta}=\begin{bmatrix} 0 & -\delta_z & \delta_y & d_x \\ \delta_z & 0 & -\delta_x & d_y \\ -\delta_y & \delta_x & 0 & d_z \\ 0 & 0 & 0 & 0 \end{bmatrix} \tag{4-73}$$

对照式(4-72)和式(4-73)的对应项，即得到 d_x，d_y，d_z 及 δ_x，δ_y，δ_z 的具体表达式，从而得到了基于基础坐标系的微分平移运动矢量 $\boldsymbol{d}$ 及微分旋转运动矢量 $\boldsymbol{\delta}$，有

$$\boldsymbol{d}=\begin{bmatrix} d_x \\ d_y \\ d_z \end{bmatrix},\quad \boldsymbol{\delta}=\begin{bmatrix} \delta_x \\ \delta_y \\ \delta_z \end{bmatrix} \tag{4-74}$$

微分旋转运动 $\boldsymbol{\delta}$ 即表达了手部坐标系绕基础坐标系各坐标轴的实际微小转动量 $\boldsymbol{\delta}_{\mathrm{e}}$，即

$$\boldsymbol{\delta}_{\mathrm{e}}=\begin{bmatrix} \boldsymbol{\delta}_{\mathrm{e}x} \\ \boldsymbol{\delta}_{\mathrm{e}y} \\ \boldsymbol{\delta}_{\mathrm{e}z} \end{bmatrix}=\begin{bmatrix} \delta_x \\ \delta_y \\ \delta_z \end{bmatrix} \tag{4-75}$$

至此求得了各关节同时运动时手部坐标系沿基础坐标系的实际微小位移量 $\boldsymbol{D}_{\mathrm{e}}$，即依式(4-70)及式(4-75)可得

$$\boldsymbol{D}_{\mathrm{e}}=\begin{bmatrix} \boldsymbol{d}_{\mathrm{e}} \\ \boldsymbol{\delta}_{\mathrm{e}} \end{bmatrix} \tag{4-76}$$

最终依据式(4-39)可求得雅可比矩阵 $\boldsymbol{J}(\boldsymbol{q})$。

3. 微分变换法 2

将 $\boldsymbol{T}_n$ 对关节变量直接微分，即可得到 $\mathrm{d}\boldsymbol{T}_n$，接下来 $\boldsymbol{d}_{\mathrm{e}}$，$\boldsymbol{\delta}_{\mathrm{e}}$ 及雅可比矩阵 $\boldsymbol{J}(\boldsymbol{q})$的求解步骤等同于微分变换法 1 的后半部分。

对比 3 种雅可比矩阵的构造方法，可看出第 1 及第 3 种 $\boldsymbol{J}(\boldsymbol{q})$求解方法相对简单直接，第 2 种方法虽然烦琐，但给出了基于手部坐标系的雅可比矩阵${}^{T_n}\boldsymbol{J}(\boldsymbol{q})$的求解方法以及${}^{T_n}\boldsymbol{J}(\boldsymbol{q})$ 与 $\boldsymbol{J}(\boldsymbol{q})$之间的换算方法。

4.1.4　雅可比矩阵求解举例

以下通过一个例子来进一步了解上述几种雅可比矩阵构造方法的应用。

例 4-3　一个三自由度机器人的 D-H 坐标系建立如图 4-4 所示，求它的雅可比矩阵 $\boldsymbol{J}(\boldsymbol{q})$。

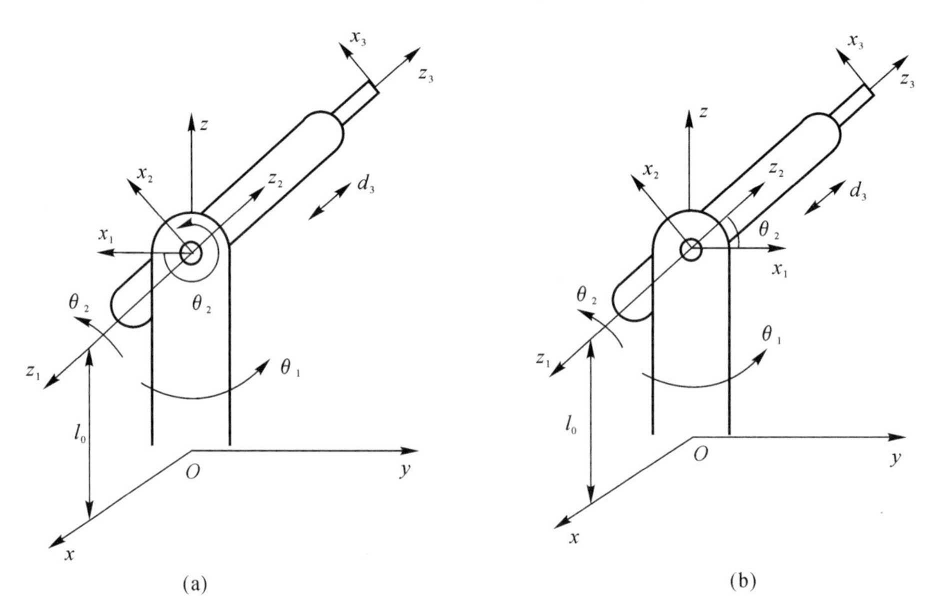

图 4-4　三自由度机器人及坐标系

解　如果坐标系的建立如图 4-4(a)所示，则其机器人参数见表 4-1。

表 4-1　三自由度机器人参数

杆	变　量	$\alpha/(^\circ)$	d	a	$\cos\alpha$	$\sin\alpha$
1	θ_1	-90	l_0	0	0	-1
2	θ_2	90	0	0	0	1
3	0	0	d_3	0	1	0

如果坐标系的建立如图 4-4(b) 所示，则其机器人参数见表 4-2。这里需说明一点，按照 D-H 法则，θ_2 的选取应为从 x_1 到 x_2 的转角，但为了直观表达杆 2 的转角，选择 θ_2 为从 x_1 转到杆 2 的位置，这样按照 D-H 法则，参数表 4-2 中杆 2 的变量就应填写为 θ_2+90°。

表 4-2　三自由度机器人参数

杆	变　量	$\alpha/(^\circ)$	d	a	$\cos\alpha$	$\sin\alpha$
1	θ_1	90	l_0	0	0	1
2	θ_2+90°	90	0	0	0	1
3	0	0	d_3	0	1	0

另外强调一点，不同的坐标系建立方法及不同的角度表达方法，会产生不同的杆件间的坐标变换阵以及机器人的雅可比矩阵的表达式，但不会影响相同运动状态下的计算结果。例如，建立上述系统坐标系时，可以取 x_1 的方向为如图 4-4(a) 所示，也可以取 x_1 的方向为图 4-4(b) 所示；另外 θ_2 可以如图 4-4(b) 所取，也可以按照 D-H 法则选取为从 x_1 到 x_2 的转角，这样均使得杆件间的坐标变换阵及机器人的雅可比矩阵的表达式产生不同，但机构在同样的运动状态下，其计算结果一定是相同的。下面分别进行求解及说明。

(1)依照图 4-4(a) 所示的坐标系建立方法及机器人的参数表 4-1，可写出杆件坐标系间

的齐次坐标转换矩阵为

$$\boldsymbol{A}_1=\begin{bmatrix} c_1 & 0 & -s_1 & 0 \\ s_1 & 0 & c_1 & 0 \\ 0 & -1 & 0 & l_0 \\ 0 & 0 & 0 & 1 \end{bmatrix},\quad \boldsymbol{A}_2=\begin{bmatrix} c_2 & 0 & s_2 & 0 \\ s_2 & 0 & -c_2 & 0 \\ 0 & 1 & 0 & 0 \\ 0 & 0 & 0 & 1 \end{bmatrix},\quad \boldsymbol{A}_3=\begin{bmatrix} 1 & 0 & 0 & 0 \\ 0 & 1 & 0 & 0 \\ 0 & 0 & 1 & d_3 \\ 0 & 0 & 0 & 1 \end{bmatrix}$$

则

$$\left.\begin{aligned} \boldsymbol{T}_1^0=\boldsymbol{A}_1&=\begin{bmatrix} c_1 & 0 & -s_1 & 0 \\ s_1 & 0 & c_1 & 0 \\ 0 & -1 & 0 & l_0 \\ 0 & 0 & 0 & 1 \end{bmatrix} \\ \boldsymbol{T}_2^0=\boldsymbol{A}_1\boldsymbol{A}_2&=\begin{bmatrix} c_1c_2 & -s_1 & c_1s_2 & 0 \\ s_1c_2 & c_1 & s_1s_2 & 0 \\ -s_2 & 0 & c_2 & l_0 \\ 0 & 0 & 0 & 1 \end{bmatrix} \\ \boldsymbol{T}_3^0=\boldsymbol{A}_1\boldsymbol{A}_2\boldsymbol{A}_3&=\begin{bmatrix} c_1c_2 & -s_1 & c_1s_2 & d_3c_1s_2 \\ s_1c_2 & c_1 & s_1s_2 & d_3s_1s_2 \\ -s_2 & 0 & c_2 & d_3c_2+l_0 \\ 0 & 0 & 0 & 1 \end{bmatrix} \end{aligned}\right\} \tag{4-77}$$

(2)依照图 4-4(b) 所示的坐标系建立方法及机器人的参数表 4-2,可写出杆件坐标系间的齐次坐标转换矩阵为

$$\boldsymbol{A}_1=\begin{bmatrix} c_1 & 0 & s_1 & 0 \\ s_1 & 0 & -c_1 & 0 \\ 0 & 1 & 0 & l_0 \\ 0 & 0 & 0 & 1 \end{bmatrix},\quad \boldsymbol{A}_2=\begin{bmatrix} -s_2 & 0 & c_2 & 0 \\ c_2 & 0 & s_2 & 0 \\ 0 & 1 & 0 & 0 \\ 0 & 0 & 0 & 1 \end{bmatrix},\quad \boldsymbol{A}_3=\begin{bmatrix} 1 & 0 & 0 & 0 \\ 0 & 1 & 0 & 0 \\ 0 & 0 & 1 & d_3 \\ 0 & 0 & 0 & 1 \end{bmatrix}$$

则

$$\left.\begin{aligned} \boldsymbol{T}_1^0=\boldsymbol{A}_1&=\begin{bmatrix} c_1 & 0 & s_1 & 0 \\ s_1 & 0 & -c_1 & 0 \\ 0 & -1 & 0 & l_0 \\ 0 & 0 & 0 & 1 \end{bmatrix} \\ \boldsymbol{T}_2^0=\boldsymbol{A}_1\boldsymbol{A}_2&=\begin{bmatrix} -c_1s_2 & s_1 & c_1c_2 & 0 \\ -s_1s_2 & -c_1 & s_1c_2 & 0 \\ c_2 & 0 & s_2 & l_0 \\ 0 & 0 & 0 & 1 \end{bmatrix} \\ \boldsymbol{T}_3^0=\boldsymbol{A}_1\boldsymbol{A}_2\boldsymbol{A}_3&=\begin{bmatrix} -c_1s_2 & s_1 & c_1c_2 & d_3c_1c_2 \\ -s_1s_2 & -c_1 & s_1c_2 & d_3s_1c_2 \\ c_2 & 0 & s_2 & d_3s_2+l_0 \\ 0 & 0 & 0 & 1 \end{bmatrix} \end{aligned}\right\} \tag{4-78}$$

1. 采用矢量积法求解

由于该机器人有 3 个关节，所以 $\boldsymbol{J}(\boldsymbol{q})$矩阵为 6×3 维，其分块矩阵可写出为

$$\boldsymbol{J}(\boldsymbol{q})=\begin{bmatrix}\boldsymbol{J}_{l1} & \boldsymbol{J}_{l2} & \boldsymbol{J}_{l3} \\ \boldsymbol{J}_{a1} & \boldsymbol{J}_{a2} & \boldsymbol{J}_{a3}\end{bmatrix}_{6\times 3} \tag{4-79a}$$

因第 1,2 关节为转动，第 3 关节为移动，依式(4－55)及式(4－56)可进一步把 $\boldsymbol{J}(\boldsymbol{q})$写为

$$\boldsymbol{J}(\boldsymbol{q})=\begin{bmatrix}\boldsymbol{b}_0\times\boldsymbol{r}_{0,e} & \boldsymbol{b}_1\times\boldsymbol{r}_{1,e} & \boldsymbol{b}_2 \\ \boldsymbol{b}_0 & \boldsymbol{b}_1 & \boldsymbol{O}\end{bmatrix} \tag{4-79b}$$

下面求解式(4－79b)中的各元素。

(1)依照图 4－4(a)所示的坐标系建立方法及机器人的参数表 4－1，求解雅可比矩阵$\boldsymbol{J}(\boldsymbol{q})$。

当 $i=1,2,3$ 时，由式(4－57)及 $\boldsymbol{b}_{i-1}$定义可求得

$$\boldsymbol{b}_0=\boldsymbol{b}=\begin{bmatrix}0\\0\\1\end{bmatrix}$$

$$\boldsymbol{b}_1=\boldsymbol{R}_1\boldsymbol{b}=\begin{bmatrix}c_1 & 0 & -s_1\\ s_1 & 0 & c_1\\ 0 & -1 & 0\end{bmatrix}\begin{bmatrix}0\\0\\1\end{bmatrix}=\begin{bmatrix}-s_1\\c_1\\0\end{bmatrix}$$

$$\boldsymbol{b}_2=\boldsymbol{R}_1\boldsymbol{R}_2\boldsymbol{b}=\begin{bmatrix}c_1 & 0 & -s_1\\ s_1 & 0 & c_1\\ 0 & -1 & 0\end{bmatrix}\begin{bmatrix}c_2 & 0 & s_2\\ s_2 & 0 & -c_2\\ 0 & 1 & 0\end{bmatrix}\begin{bmatrix}0\\0\\1\end{bmatrix}=\begin{bmatrix}c_1c_2 & -s_1 & c_1s_2\\ s_1c_2 & c_1 & s_1s_2\\ -s_2 & 0 & c_2\end{bmatrix}\begin{bmatrix}0\\0\\1\end{bmatrix}=\begin{bmatrix}c_1s_2\\s_1s_2\\c_2\end{bmatrix}$$

令 $i=1,2$，代入式(4－58)可得

$$\boldsymbol{r}_{0,e}=\begin{bmatrix}p_{3x}-p_{0x}\\p_{3y}-p_{0y}\\p_{3z}-p_{0z}\end{bmatrix}=\begin{bmatrix}d_3c_1s_2\\d_3s_1s_2\\d_3c_2+l_0\end{bmatrix}$$

$$\boldsymbol{r}_{1,e}==\begin{bmatrix}p_{3x}-p_{1x}\\p_{3y}-p_{1y}\\p_{3z}-p_{1z}\end{bmatrix}=\begin{bmatrix}d_3c_1s_2-0\\d_3s_1s_2-0\\d_3c_2+l_0-l_0\end{bmatrix}=\begin{bmatrix}d_3c_1s_2\\d_3s_1s_2\\d_3c_2\end{bmatrix}$$

式中：$[p_{0x}\quad p_{0y}\quad p_{0z}]^{\mathrm{T}}=[0\quad 0\quad 0]^{\mathrm{T}}$ 为基础坐标系原点矢量；$[p_{3x}\quad p_{3y}\quad p_{3z}]^{\mathrm{T}}$，$[p_{1x}\quad p_{1y}\quad p_{1z}]^{\mathrm{T}}$ 分别取自位姿矩阵 $\boldsymbol{T}_3^0$ 及 $\boldsymbol{T}_1^0$ 的第 4 列。

对于此例，因较简单，故亦可利用 $\boldsymbol{r}_{0,e}$，$\boldsymbol{r}_{1,e}$的定义来求解。由定义知 $\boldsymbol{r}_{0,e}$的起点在原点 O，终点在末端执行器坐标原点，因此由两个矢量和构成，即

$$\boldsymbol{r}_{0,e}=OO_1+O_1O_2=l_0\boldsymbol{b}_0+d_3\boldsymbol{b}_2=\begin{bmatrix}0\\0\\l_0\end{bmatrix}+\begin{bmatrix}d_3c_1s_2\\d_3s_1s_2\\d_3c_2\end{bmatrix}=\begin{bmatrix}d_3c_1s_2\\d_3s_1s_2\\d_3c_2+l_0\end{bmatrix}$$

同理

$$\boldsymbol{r}_{1,e}=O_1O_2=d_3\boldsymbol{b}_2=\begin{bmatrix}d_3c_1s_2\\d_3s_1s_2\\d_3c_2\end{bmatrix}$$

接下来可进一步求出

$$\boldsymbol{b}_0\times\boldsymbol{r}_{0,e}=\begin{vmatrix}\boldsymbol{i} & \boldsymbol{j} & \boldsymbol{k}\\ 0 & 0 & 1\\ d_3c_1s_2 & d_3s_1s_2 & d_3c_2+l_0\end{vmatrix}=(-s_1s_2d_3)\boldsymbol{i}+(c_1s_2d_3)\boldsymbol{j}+(0)\boldsymbol{k}=\begin{bmatrix}-s_1s_2d_3\\ c_1s_2d_3\\ 0\end{bmatrix}$$

$$\boldsymbol{b}_1\times\boldsymbol{r}_{1,e}=\begin{vmatrix}\boldsymbol{i} & \boldsymbol{j} & \boldsymbol{k}\\ -s_1 & c_1 & 0\\ d_3c_1s_2 & d_3s_1s_2 & d_3c_2\end{vmatrix}=(-c_1c_2d_3)\boldsymbol{i}+(s_1c_2d_3)\boldsymbol{j}+(-s_2d_3)\boldsymbol{k}=\begin{bmatrix}c_1c_2d_3\\ s_1c_2d_3\\ -s_2d_3\end{bmatrix}$$

把上述结果代入式(4－79b)，最终可求得雅可比矩阵为

$$\boldsymbol{J}(\boldsymbol{q})=\begin{bmatrix}\boldsymbol{b}_0\times\boldsymbol{r}_{0,e} & \boldsymbol{b}_1\times\boldsymbol{r}_{1,e} & \boldsymbol{b}_2\\ \boldsymbol{b}_0 & \boldsymbol{b}_1 & \boldsymbol{O}\end{bmatrix}=\begin{bmatrix}-s_1s_2d_3 & c_1c_2d_3 & c_1s_2\\ c_1s_2d_3 & s_1c_2d_3 & s_1s_2\\ 0 & -s_2d_3 & c_2\\ 0 & -s_1 & 0\\ 0 & c_1 & 0\\ 1 & 0 & 0\end{bmatrix} \tag{4-80a}$$

由式(4－80a)可得，当 $\theta_1=-90°$，$\theta_2=270°$，$d_3=d_3$ 时的雅可比矩阵 $\boldsymbol{J}(\boldsymbol{q})$ 为

$$\boldsymbol{J}(\boldsymbol{q})=\begin{bmatrix}-d_3 & 0 & 0\\ 0 & 0 & 1\\ 0 & d_3 & 0\\ 0 & 1 & 0\\ 0 & 0 & 0\\ 1 & 0 & 0\end{bmatrix} \tag{4-80b}$$

(2)依照图 4－4(b)所示的坐标系建立方法及机器人的参数表 4－2，求解雅可比矩阵 $\boldsymbol{J}(\boldsymbol{q})$。

当 $i=1,2,3$ 时，由式(4－57)及 $\boldsymbol{b}_{i-1}$ 定义可求得

$$\boldsymbol{b}_0=\boldsymbol{b}=\begin{bmatrix}0\\0\\1\end{bmatrix}$$

$$\boldsymbol{b}_1=\boldsymbol{R}_1\boldsymbol{b}=\begin{bmatrix}c_1 & 0 & s_1\\ s_1 & 0 & -c_1\\ 0 & 1 & 0\end{bmatrix}\begin{bmatrix}0\\0\\1\end{bmatrix}=\begin{bmatrix}s_1\\ -c_1\\ 0\end{bmatrix}$$

$$\boldsymbol{b}_2=\boldsymbol{R}_1\boldsymbol{R}_2\boldsymbol{b}=\begin{bmatrix}c_1 & 0 & s_1\\ s_1 & 0 & -c_1\\ 0 & 1 & 0\end{bmatrix}\begin{bmatrix}-s_2 & 0 & c_2\\ c_2 & 0 & s_2\\ 0 & 1 & 0\end{bmatrix}\begin{bmatrix}0\\0\\1\end{bmatrix}=\begin{bmatrix}-c_1s_2 & s_1 & c_1c_2\\ -s_1s_2 & -c_1 & s_1c_2\\ c_2 & 0 & s_2\end{bmatrix}\begin{bmatrix}0\\0\\1\end{bmatrix}=\begin{bmatrix}c_1c_2\\ s_1c_2\\ s_2\end{bmatrix}$$

令 $i=1,2$，代入式(4－58)可得

$$\boldsymbol{r}_{0,e}=\begin{bmatrix}p_{3x}-p_{0x}\\ p_{3y}-p_{0y}\\ p_{3z}-p_{0z}\end{bmatrix}=\begin{bmatrix}d_3c_1c_2\\ d_3s_1c_2\\ d_3s_2+l_0\end{bmatrix}$$

$$\boldsymbol{r}_{1,\mathrm{e}}=\begin{bmatrix}p_{3x}-p_{1x}\\p_{3y}-p_{1y}\\p_{3z}-p_{1z}\end{bmatrix}=\begin{bmatrix}d_3c_1c_2-0\\d_3s_1c_2-0\\d_3s_2+l_0-l_0\end{bmatrix}=\begin{bmatrix}d_3c_1c_2\\d_3s_1c_2\\d_3s_2\end{bmatrix}$$

同理，$[p_{0x}\ p_{0y}\ p_{0z}]^{\mathrm{T}}=[0\quad 0\quad 0]^{\mathrm{T}}$ 为基础坐标系原点矢量；$[p_{3x}\quad p_{3y}\quad p_{3z}]^{\mathrm{T}}$，$[p_{1x}\quad p_{1y}\quad p_{1z}]^{\mathrm{T}}$ 分别取自位姿矩阵 $\boldsymbol{T}_3^0$ 及 $\boldsymbol{T}_1^0$ 的第 4 列。

接下来可进一步求得

$$\boldsymbol{b}_0\times\boldsymbol{r}_{0,\mathrm{e}}=\begin{vmatrix}\boldsymbol{i}&\boldsymbol{j}&\boldsymbol{k}\\0&0&1\\d_3c_1c_2&d_3s_1c_2&d_3s_2+l_0\end{vmatrix}=(-s_1c_2d_3)\boldsymbol{i}+(c_1c_2d_3)\boldsymbol{j}+(0)\boldsymbol{k}=\begin{bmatrix}-s_1c_2d_3\\c_1c_2d_3\\0\end{bmatrix}$$

$$\boldsymbol{b}_1\times\boldsymbol{r}_{1,\mathrm{e}}=\begin{vmatrix}\boldsymbol{i}&\boldsymbol{j}&\boldsymbol{k}\\s_1&-c_1&0\\d_3c_1c_2&d_3s_1c_2&d_3s_2\end{vmatrix}=(-c_1s_2d_3)\boldsymbol{i}+(-s_1s_2d_3)\boldsymbol{j}+(c_2d_3)\boldsymbol{k}=\begin{bmatrix}-c_1s_2d_3\\-s_1s_2d_3\\c_2d_3\end{bmatrix}$$

把上述结果代入式(4－79b)，最终可求得雅可比矩阵为

$$\boldsymbol{J}(\boldsymbol{q})=\begin{bmatrix}\boldsymbol{b}_0\times\boldsymbol{r}_{0,\mathrm{e}}&\boldsymbol{b}_1\times\boldsymbol{r}_{1,\mathrm{e}}&\boldsymbol{b}_2\\\boldsymbol{b}_0&\boldsymbol{b}_1&\boldsymbol{O}\end{bmatrix}=\begin{bmatrix}-s_1c_2d_3&-c_1s_2d_3&c_1c_2\\c_1c_2d_3&-s_1s_2d_3&s_1c_2\\0&c_2d_3&s_2\\0&s_1&0\\0&-c_1&0\\1&0&0\end{bmatrix}\tag{4-81a}$$

由式(4－81a)可得，当 $\theta_1=90°$，$\theta_2=0°$，$d_3=d_3$ 时的雅可比矩阵为

$$\boldsymbol{J}(\boldsymbol{q})=\begin{bmatrix}-d_3&0&0\\0&0&1\\0&d_3&0\\0&1&0\\0&0&0\\1&0&0\end{bmatrix}\tag{4-81b}$$

可以看出，式(4－80b)与式(4－81b)的 $\boldsymbol{J}(\boldsymbol{q})$ 值相同，这是由于图 4－4(a)中当 $\theta_1=-90°$，$\theta_2=270°$，$d_3=d_3$ 时的机器人状态与图 4－4(b)中当 $\theta_1=90°$，$\theta_2=0°$，$d_3=d_3$ 时的机器人状态相同。说明虽然不同的坐标系建立方法，其雅可比矩阵表达式(4－80a)与(4－81a)不同，但同状态下的 $\boldsymbol{J}(\boldsymbol{q})$ 计算结果一定是相同的。

2. 采用微分变换法 1 求解

以图 4－4(b)所示的坐标系建立方法为例。

(1)$^{T_3}\boldsymbol{J}(\boldsymbol{q})$的求解。由式(4－78)可计算出手部坐标系至 $i-1$ 坐标系(关节 i)的变换矩阵为

$$\boldsymbol{T}_3^0=\boldsymbol{A}_1\boldsymbol{A}_2\boldsymbol{A}_3=\begin{bmatrix}-c_1s_2&s_1&c_1c_2&d_3c_1c_2\\-s_1s_2&-c_1&s_1c_2&d_3s_1c_2\\c_2&0&s_2&d_3s_2+l_0\\0&0&0&1\end{bmatrix}$$

$$\boldsymbol{T}_3^1=\boldsymbol{A}_2\boldsymbol{A}_3=\begin{bmatrix}-s_2 & 0 & c_2 & d_3c_2\\ c_2 & 0 & s_2 & d_3s_2\\ 0 & 1 & 0 & 0\\ 0 & 0 & 0 & 1\end{bmatrix}$$

$$\boldsymbol{T}_3^2=\boldsymbol{A}_3=\begin{bmatrix}1 & 0 & 0 & 0\\ 0 & 1 & 0 & 0\\ 0 & 0 & 1 & d_3\\ 0 & 0 & 0 & 1\end{bmatrix}$$

1)第 1 个关节为转动关节,关节 1 上建立的是基础坐标系,则依式(4－59),关节 1 的转动所引起的手部坐标系$\{T_3\}$相对于基础坐标系的微分运动矢量${}^0\boldsymbol{D}$为

$${}^0\boldsymbol{D}=\begin{bmatrix}{}^0\boldsymbol{d}\\ {}^0\boldsymbol{\delta}\end{bmatrix}=\begin{bmatrix}0\\0\\0\\0\\0\\1\end{bmatrix}\mathrm{d}\theta_1$$

利用式(4－27),可得出关节 1 转动引起的手部坐标系$\{T_3\}$相对于其自身坐标系的等价微分运动矢量${}^{T_3}\boldsymbol{D}_1$为

$${}^{T_3}\boldsymbol{D}_1=\begin{bmatrix}{}^{T_3}\boldsymbol{d}\\ {}^{T_3}\boldsymbol{\delta}\end{bmatrix}_1=\begin{bmatrix}{}^{T_3}d_x\\ {}^{T_3}d_y\\ {}^{T_3}d_z\\ {}^{T_3}\delta_x\\ {}^{T_3}\delta_y\\ {}^{T_3}\delta_z\end{bmatrix}_1=\begin{bmatrix}(\boldsymbol{p}_{30}\times\boldsymbol{n}_{30})_z\\ (\boldsymbol{p}_{30}\times\boldsymbol{o}_{30})_z\\ (\boldsymbol{p}_{30}\times\boldsymbol{a}_{30})_z\\ (\boldsymbol{n}_{30})_z\\ (\boldsymbol{o}_{30})_z\\ (\boldsymbol{a}_{30})_z\end{bmatrix}\mathrm{d}\theta_1$$

式中,$\boldsymbol{n}_{30}$,$\boldsymbol{o}_{30}$,$\boldsymbol{a}_{30}$和 $\boldsymbol{p}_{30}$为坐标变换阵 $\boldsymbol{T}_3^0$ 中的列矢量。可计算出

$$(\boldsymbol{p}_{30}\times\boldsymbol{n}_{30})=\begin{vmatrix}\boldsymbol{i} & \boldsymbol{j} & \boldsymbol{k}\\ d_3c_1c_2 & d_3s_1c_2 & d_3s_2+l_0\\ -c_1s_2 & -s_1s_2 & c_2\end{vmatrix}=*\boldsymbol{i}+*\boldsymbol{j}+0\boldsymbol{k}$$

则

$$(\boldsymbol{p}_{30}\times\boldsymbol{n}_{30})_z=0$$

同理可计算出

$$(\boldsymbol{p}_{30}\times\boldsymbol{o}_{30})_z=-d_3c_2$$

$$(\boldsymbol{p}_{30}\times\boldsymbol{a}_{30})_z=0$$

于是由式(4－64)可得

$${}^{T_3}\boldsymbol{J}_{l1}=\begin{bmatrix}0\\-d_3c_2\\0\end{bmatrix},\quad {}^{T_3}\boldsymbol{J}_{a1}=\begin{bmatrix}c_2\\0\\s_2\end{bmatrix}\tag{4-82}$$

2)第 2 个关节仍是转动关节,关节 2 上建立的是杆 1 的坐标系,则依式(4－59),关节 2 的

转动所引起的手部坐标系$\{T_3\}$相对于杆 1 坐标系的微分运动矢量${}^1\boldsymbol{D}$为

$$
{}^1\boldsymbol{D}=\begin{bmatrix}{}^1\boldsymbol{d}\\{}^1\boldsymbol{\delta}\end{bmatrix}=\begin{bmatrix}0\\0\\0\\0\\0\\1\end{bmatrix}\mathrm{d}\theta_2
$$

利用式(4－27)，可得出关节 2 转动引起的手部坐标系$\{T_3\}$相对于其自身坐标系的等价微分运动矢量${}^{T_3}\boldsymbol{D}_2$为

$$
{}^{T_3}\boldsymbol{D}_2=\begin{bmatrix}{}^{T_3}\boldsymbol{d}\\{}^{T_3}\boldsymbol{\delta}\end{bmatrix}_2=\begin{bmatrix}{}^{T_3}d_x\\{}^{T_3}d_y\\{}^{T_3}d_z\\{}^{T_3}\delta_x\\{}^{T_3}\delta_y\\{}^{T_3}\delta_z\end{bmatrix}_2=\begin{bmatrix}(\boldsymbol{p}_{31}\times\boldsymbol{n}_{31})_z\\(\boldsymbol{p}_{31}\times\boldsymbol{o}_{31})_z\\(\boldsymbol{p}_{31}\times\boldsymbol{a}_{31})_z\\(\boldsymbol{n}_{31})_z\\(\boldsymbol{o}_{31})_z\\(\boldsymbol{a}_{31})_z\end{bmatrix}\mathrm{d}\theta_2
$$

式中，$\boldsymbol{n}_{31}$，$\boldsymbol{o}_{31}$，$\boldsymbol{a}_{31}$和$\boldsymbol{p}_{31}$为坐标变换阵$\boldsymbol{T}_3^1$中的列矢量。可计算出

$$
(\boldsymbol{p}_{31}\times\boldsymbol{n}_{31})=\begin{vmatrix}\boldsymbol{i}&\boldsymbol{j}&\boldsymbol{k}\\d_3c_2&d_3s_2&0\\-s_2&c_2&0\end{vmatrix}=*\boldsymbol{i}+*\boldsymbol{j}+d_3\boldsymbol{k}
$$

则

$$
(\boldsymbol{p}_{31}\times\boldsymbol{n}_{31})_z=d_3
$$

同理可计算出

$$
(\boldsymbol{p}_{31}\times\boldsymbol{o}_{31})_z=0
$$

$$
(\boldsymbol{p}_{31}\times\boldsymbol{a}_{31})_z=0
$$

于是由式(4－64)可得

$$
{}^{T_3}\boldsymbol{J}_{l2}=\begin{bmatrix}d_3\\0\\0\end{bmatrix},\quad {}^{T_3}\boldsymbol{J}_{a2}=\begin{bmatrix}0\\1\\0\end{bmatrix}\tag{4-83}
$$

3)第 3 个关节是移动关节，因为第 3 个关节与第 2 个关节原点重叠，即杆 2 的长度为零，所以杆 2 的坐标系原点亦选在第 2 个关节处，杆 3 的移动变量从第 2 个关节处开始计算，则依式(4－61)，杆 3 的移动所引起的手部坐标系$\{T_3\}$相对于杆 2 坐标系的微分运动矢量${}^2\boldsymbol{D}$为

$$
{}^2\boldsymbol{D}=\begin{bmatrix}{}^2\boldsymbol{d}\\{}^2\boldsymbol{\delta}\end{bmatrix}=\begin{bmatrix}0\\0\\1\\0\\0\\0\end{bmatrix}\mathrm{d}d_3
$$

同样，利用式(4－27)，可得出关节 3 移动引起的手部坐标系$\{T_3\}$相对于其自身坐标系的

等价微分运动矢量${}^{T_3}\boldsymbol{D}_3$ 为

$$
{}^{T_3}\boldsymbol{D}_3=\begin{bmatrix}{}^{T_3}\boldsymbol{d}\\{}^{T_3}\boldsymbol{\delta}\end{bmatrix}_3=\begin{bmatrix}{}^{T_3}d_x\\{}^{T_3}d_y\\{}^{T_3}d_z\\{}^{T_3}\delta_x\\{}^{T_3}\delta_y\\{}^{T_3}\delta_z\end{bmatrix}_3=\begin{bmatrix}(\boldsymbol{n}_{32})_z\\(\boldsymbol{o}_{32})_z\\(\boldsymbol{a}_{32})_z\\0\\0\\0\end{bmatrix}\mathrm{d}d_3
$$

式中，$\boldsymbol{n}_{32}$，$\boldsymbol{o}_{32}$，$\boldsymbol{a}_{32}$和 $\boldsymbol{p}_{32}$为坐标变换阵 $\boldsymbol{T}_3^2$ 中的列矢量。

由式(4－65)可得

$$
{}^{T_3}\boldsymbol{J}_{13}=\begin{bmatrix}0\\0\\1\end{bmatrix},\quad {}^{T_3}\boldsymbol{J}_{a3}=\begin{bmatrix}0\\0\\0\end{bmatrix}\tag{4-84}
$$

综合上述式(4－82)～式(4－84)及式(4－44)，可得到基于手部坐标系的雅可比矩阵为

$$
{}^{T_3}\boldsymbol{J}(\boldsymbol{q})=\begin{bmatrix}{}^{T_3}\boldsymbol{J}_{11} & {}^{T_3}\boldsymbol{J}_{12} & {}^{T_3}\boldsymbol{J}_{13}\\{}^{T_3}\boldsymbol{J}_{a1} & {}^{T_3}\boldsymbol{J}_{a2} & {}^{T_3}\boldsymbol{J}_{a3}\end{bmatrix}_{6\times3}=\begin{bmatrix}0 & d_3 & 0\\-d_3c_2 & 0 & 0\\0 & 0 & 1\\c_2 & 0 & 0\\0 & 1 & 0\\s_2 & 0 & 0\end{bmatrix}\tag{4-85}
$$

(2)$J(q)$的求解。由式(4－43)及式(4－85)，可计算出各关节同时运动时手部基于其自身坐标系的实际微小位移矢量${}^{T_n}\boldsymbol{D}_e$，即

$$
{}^{T_n}\boldsymbol{D}_e={}^{T_n}\boldsymbol{J}(\boldsymbol{q})\mathrm{d}\boldsymbol{q}=\begin{bmatrix}0 & d_3 & 0\\-d_3c_2 & 0 & 0\\0 & 0 & 1\\c_2 & 0 & 0\\0 & 1 & 0\\s_2 & 0 & 0\end{bmatrix}\begin{bmatrix}\mathrm{d}\theta_1\\\mathrm{d}\theta_2\\\mathrm{d}d_3\end{bmatrix}=\begin{bmatrix}d_3\mathrm{d}\theta_2\\-d_3c_2\mathrm{d}\theta_1\\\mathrm{d}d_3\\c_2\mathrm{d}\theta_1\\\mathrm{d}\theta_2\\s_2\mathrm{d}\theta_1\end{bmatrix}\tag{4-86}
$$

依式(4－67)，由前述知${}^{T_n}\boldsymbol{D}={}^{T_n}\boldsymbol{D}_e$，则

$$
{}^{T_n}\boldsymbol{D}=\begin{bmatrix}{}^{T_n}d_x\\{}^{T_n}d_y\\{}^{T_n}d_z\\{}^{T_n}\delta_x\\{}^{T_n}\delta_y\\{}^{T_n}\delta_z\end{bmatrix}=\begin{bmatrix}d_3\mathrm{d}\theta_2\\-d_3c_2\mathrm{d}\theta_1\\\mathrm{d}d_3\\c_2\mathrm{d}\theta_1\\\mathrm{d}\theta_2\\s_2\mathrm{d}\theta_1\end{bmatrix}\tag{4-87}
$$

${}^{T_n}\boldsymbol{D}$ 即为各关节同时运动时手部基于自身坐标系的微分运动矢量。由式(4－16)可得

$$
{}^{T_n}\boldsymbol{\Delta}=\begin{bmatrix}0 & -{}^{T_n}\delta_z & {}^{T_n}\delta_y & {}^{T_n}d_x\\ {}^{T_n}\delta_z & 0 & -{}^{T_n}\delta_x & {}^{T_n}d_y\\ -{}^{T_n}\delta_y & {}^{T_n}\delta_x & 0 & {}^{T_n}d_z\\ 0 & 0 & 0 & 0\end{bmatrix}=\begin{bmatrix}0 & -s_2\mathrm{d}\theta_1 & \mathrm{d}\theta_2 & d_3\mathrm{d}\theta_2\\ s_2\mathrm{d}\theta_1 & 0 & -c_2\mathrm{d}\theta_1 & -d_3c_2\mathrm{d}\theta_1\\ -\mathrm{d}\theta_2 & c_2\mathrm{d}\theta_1 & 0 & \mathrm{d}d_3\\ 0 & 0 & 0 & 0\end{bmatrix}
\tag{4-88}
$$

由式(4－10)计算 $\mathrm{d}\boldsymbol{T}_3^0$，有

$$
\mathrm{d}\boldsymbol{T}_3^0=\boldsymbol{T}_3^0\,{}^{T_n}\boldsymbol{\Delta}=
$$

$$
\begin{bmatrix}-c_1s_2 & s_1 & c_1c_2 & d_3c_1c_2\\ -s_1s_2 & -c_1 & s_1c_2 & d_3s_1c_2\\ c_2 & 0 & s_2 & d_3s_2+l_0\\ 0 & 0 & 0 & 1\end{bmatrix}\begin{bmatrix}0 & -s_2\mathrm{d}\theta_1 & \mathrm{d}\theta_2 & d_3\mathrm{d}\theta_2\\ s_2\mathrm{d}\theta_1 & 0 & -c_2\mathrm{d}\theta_1 & -d_3c_2\mathrm{d}\theta_1\\ -\mathrm{d}\theta_2 & c_2\mathrm{d}\theta_1 & 0 & \mathrm{d}d_3\\ 0 & 0 & 0 & 0\end{bmatrix}=
$$

$$
\begin{bmatrix}s_1s_2\mathrm{d}\theta_1-c_1c_2\mathrm{d}\theta_2 & c_1\mathrm{d}\theta_1 & -s_1c_2\mathrm{d}\theta_1-c_1s_2\mathrm{d}\theta_2 & -d_3s_1c_2\mathrm{d}\theta_1-d_3c_1s_2\mathrm{d}\theta_2+c_1c_2\mathrm{d}d_3\\ -c_1s_2\mathrm{d}\theta_1-s_1c_2\mathrm{d}\theta_2 & s_1\mathrm{d}\theta_1 & c_1c_2\mathrm{d}\theta_1-s_1s_2\mathrm{d}\theta_2 & d_3c_1c_2\mathrm{d}\theta_1-d_3s_1s_2\mathrm{d}\theta_2+s_1c_2\mathrm{d}d_3\\ -s_2\mathrm{d}\theta_2 & 0 & c_2\mathrm{d}\theta_2 & d_3c_2\mathrm{d}\theta_2+s_2\mathrm{d}d_3\\ 0 & 0 & 0 & 0\end{bmatrix}
\tag{4-89}
$$

取矩阵中第 4 列的前 3 行即可得到手部坐标系沿基础坐标系各坐标轴的微小平移量 $\boldsymbol{d}_\mathrm{e}$，即

$$
\boldsymbol{d}_\mathrm{e}=\begin{bmatrix}d_{\mathrm{e}x}\\ d_{\mathrm{e}y}\\ d_{\mathrm{e}z}\end{bmatrix}=\begin{bmatrix}-d_3s_1c_2\mathrm{d}\theta_1-d_3c_1s_2\mathrm{d}\theta_2+c_1c_2\mathrm{d}d_3\\ d_3c_1c_2\mathrm{d}\theta_1-d_3s_1s_2\mathrm{d}\theta_2+s_1c_2\mathrm{d}d_3\\ d_3c_2\mathrm{d}\theta_2+s_2\mathrm{d}d_3\end{bmatrix}
\tag{4-90}
$$

由式(4－21)可计算出 $\boldsymbol{T}_3^0$ 的逆阵为

$$
(\boldsymbol{T}_3^0)^{-1}=\begin{bmatrix}-c_1s_2 & -s_1s_2 & c_2 & -l_0c_2\\ s_1 & -c_1 & 0 & 0\\ c_1c_2 & s_1c_2 & s_2 & -d_3-s_2l_0\\ 0 & 0 & 0 & 1\end{bmatrix}
\tag{4-91}
$$

则由式(4－8)可得

$$
\boldsymbol{\Delta}=\mathrm{d}\boldsymbol{T}_3^0\,(\boldsymbol{T}_3^0)^{-1}=
$$

$$
\begin{bmatrix}s_1s_2\mathrm{d}\theta_1-c_1c_2\mathrm{d}\theta_2 & c_1\mathrm{d}\theta_1 & -s_1c_2\mathrm{d}\theta_1-c_1s_2\mathrm{d}\theta_2 & -d_3s_1c_2\mathrm{d}\theta_1-d_3c_1s_2\mathrm{d}\theta_2+c_1c_2\mathrm{d}d_3\\ -c_1s_2\mathrm{d}\theta_1-s_1c_2\mathrm{d}\theta_2 & s_1\mathrm{d}\theta_1 & c_1c_2\mathrm{d}\theta_1-s_1s_2\mathrm{d}\theta_2 & d_3c_1c_2\mathrm{d}\theta_1-d_3s_1s_2\mathrm{d}\theta_2+s_1c_2\mathrm{d}d_3\\ -s_2\mathrm{d}\theta_2 & 0 & c_2\mathrm{d}\theta_2 & d_3c_2\mathrm{d}\theta_2+s_2\mathrm{d}d_3\\ 0 & 0 & 0 & 0\end{bmatrix}
$$

$$
\begin{bmatrix}-c_1s_2 & -s_1s_2 & c_2 & -l_0c_2\\ s_1 & -c_1 & 0 & 0\\ c_1c_2 & s_1c_2 & s_2 & -d_3-s_2l_0\\ 0 & 0 & 0 & 1\end{bmatrix}=
$$

$$\begin{bmatrix} 0 & -\mathrm{d}\theta_1 & -c_1\mathrm{d}\theta_2 & c_1 l_0 \mathrm{d}\theta_2 + c_1 c_2 \mathrm{d}d_3 \\ \mathrm{d}\theta_1 & 0 & -s_1\mathrm{d}\theta_2 & s_1 l_0 \mathrm{d}\theta_2 + s_1 c_2 \mathrm{d}d_3 \\ c_1\mathrm{d}\theta_2 & s_1\mathrm{d}\theta_2 & 0 & s_2\mathrm{d}d_3 \\ 0 & 0 & 0 & 0 \end{bmatrix} \tag{4-92}$$

又依据式(4 - 14)可得

$$\boldsymbol{\Delta}=\begin{bmatrix} 0 & -\delta_z & \delta_y & d_x \\ \delta_z & 0 & -\delta_x & d_y \\ -\delta_y & \delta_x & 0 & d_z \\ 0 & 0 & 0 & 0 \end{bmatrix} \tag{4-93}$$

对照式(4 - 92)和式(4 - 93)两式，即可得到基于基础坐标系的微分平移运动矢量 $\boldsymbol{d}$ 及微分旋转运动矢量 $\boldsymbol{\delta}$，有

$$\boldsymbol{d}=\begin{bmatrix} d_x \\ d_y \\ d_z \end{bmatrix}=\begin{bmatrix} c_1 l_0 \mathrm{d}\theta_2 + c_1 c_2 \mathrm{d}d_3 \\ s_1 l_0 \mathrm{d}\theta_2 + s_1 c_2 \mathrm{d}d_3 \\ s_2\mathrm{d}d_3 \end{bmatrix},\quad \boldsymbol{\delta}=\begin{bmatrix} \delta_x \\ \delta_y \\ \delta_z \end{bmatrix}=\begin{bmatrix} s_1\mathrm{d}\theta_2 \\ -c_1\mathrm{d}\theta_2 \\ \mathrm{d}\theta_1 \end{bmatrix} \tag{4-94}$$

微分旋转运动 $\boldsymbol{\delta}$ 即表达了手部坐标系绕基础坐标系各坐标轴的微小转动量 $\boldsymbol{\delta}_\mathrm{e}$，即

$$\boldsymbol{\delta}_\mathrm{e}=\begin{bmatrix} \delta_{\mathrm{e}x} \\ \delta_{\mathrm{e}y} \\ \delta_{\mathrm{e}z} \end{bmatrix}=\begin{bmatrix} \delta_x \\ \delta_y \\ \delta_z \end{bmatrix}=\begin{bmatrix} s_1\mathrm{d}\theta_2 \\ -c_1\mathrm{d}\theta_2 \\ \mathrm{d}\theta_1 \end{bmatrix} \tag{4-95}$$

注意到：微分平移矢量 $\boldsymbol{d}$ 仅表达了手部坐标系沿基础坐标系各坐标轴的微分平移运动量，而非手部坐标系实际的微小平移量 $\boldsymbol{d}_\mathrm{e}$，实际的微小平移量 $\boldsymbol{d}_\mathrm{e}$ 不仅包含微分平移运动量 $\boldsymbol{d}$，而且包含由于微分旋转运动 $\boldsymbol{\delta}$ 而产生的微小平移量 $\boldsymbol{d}'$，$\boldsymbol{d}_\mathrm{e}=\boldsymbol{d}+\boldsymbol{d}'$。

已从上述 $\mathrm{d}\boldsymbol{T}_3^0$ 表达式中获得 $\boldsymbol{d}_\mathrm{e}$，综合式(4 - 90)及式(4 - 95)可得

$$\boldsymbol{D}_\mathrm{e}=\begin{bmatrix} d_{\mathrm{e}x} \\ d_{\mathrm{e}y} \\ d_{\mathrm{e}z} \\ \delta_{\mathrm{e}x} \\ \delta_{\mathrm{e}y} \\ \delta_{\mathrm{e}z} \end{bmatrix}=\begin{bmatrix} -d_3 s_1 c_2 \mathrm{d}\theta_1 - d_3 c_1 s_2 \mathrm{d}\theta_2 + c_1 c_2 \mathrm{d}d_3 \\ d_3 c_1 c_2 \mathrm{d}\theta_1 - d_3 s_1 s_2 \mathrm{d}\theta_2 + s_1 c_2 \mathrm{d}d_3 \\ d_3 c_2 \mathrm{d}\theta_2 + s_2 \mathrm{d}d_3 \\ s_1\mathrm{d}\theta_2 \\ -c_1\mathrm{d}\theta_2 \\ \mathrm{d}\theta_1 \end{bmatrix}=\begin{bmatrix} -s_1 c_2 d_3 & -c_1 s_2 d_3 & c_1 c_2 \\ c_1 c_2 d_3 & -s_1 s_2 d_3 & s_1 c_2 \\ 0 & c_2 d_3 & s_2 \\ 0 & s_1 & 0 \\ 0 & -c_1 & 0 \\ 1 & 0 & 0 \end{bmatrix}\begin{bmatrix} \mathrm{d}\theta_1 \\ \mathrm{d}\theta_2 \\ \mathrm{d}d_3 \end{bmatrix} \tag{4-96}$$

由式(4 - 96)可得雅可比矩阵 $\boldsymbol{J}(\boldsymbol{q})$ 的表达式为

$$\boldsymbol{J}(\boldsymbol{q})=\begin{bmatrix} -s_1 c_2 d_3 & -c_1 s_2 d_3 & c_1 c_2 \\ c_1 c_2 d_3 & -s_1 s_2 d_3 & s_1 c_2 \\ 0 & c_2 d_3 & s_2 \\ 0 & s_1 & 0 \\ 0 & -c_1 & 0 \\ 1 & 0 & 0 \end{bmatrix}$$

可看出所求得的 $\boldsymbol{J}(\boldsymbol{q})$ 的表达式与上述矢量积法所求结果相同。

3. 采用微分变换法 2 求解

同样以图 4－4(b)所示的坐标系建立方法为例。

将式(4－78)的 $\boldsymbol{T}_3^0$ 对关节变量直接微分,即可得到

$$\mathrm{d}\boldsymbol{T}_3^0=\begin{bmatrix} s_1 s_2 \mathrm{d}\theta_1-c_1 c_2 \mathrm{d}\theta_2 & c_1 \mathrm{d}\theta_1 & -s_1 c_2 \mathrm{d}\theta_1-c_1 s_2 \mathrm{d}\theta_2 & -d_3 s_1 c_2 \mathrm{d}\theta_1-d_3 c_1 s_2 \mathrm{d}\theta_2+c_1 c_2 \mathrm{d}d_3 \\ -c_1 s_2 \mathrm{d}\theta_1-s_1 c_2 \mathrm{d}\theta_2 & s_1 \mathrm{d}\theta_1 & c_1 c_2 \mathrm{d}\theta_1-s_1 s_2 \mathrm{d}\theta_2 & d_3 c_1 c_2 \mathrm{d}\theta_1-d_3 s_1 s_2 \mathrm{d}\theta_2+s_1 c_2 \mathrm{d}d_3 \\ -s_2 \mathrm{d}\theta_2 & 0 & c_2 \mathrm{d}\theta_2 & d_3 c_2 \mathrm{d}\theta_2+s_2 \mathrm{d}d_3 \\ 0 & 0 & 0 & 0 \end{bmatrix}$$

取矩阵中第 4 列前 3 行即可得到手部坐标系沿基础坐标系各坐标轴的微小平移量 $\boldsymbol{d}_\mathrm{e}$,即

$$\boldsymbol{d}_\mathrm{e}=\begin{bmatrix} d_{\mathrm{e}x} \\ d_{\mathrm{e}y} \\ d_{\mathrm{e}z} \end{bmatrix}=\begin{bmatrix} -d_3 s_1 c_2 \mathrm{d}\theta_1-d_3 c_1 s_2 \mathrm{d}\theta_2+c_1 c_2 \mathrm{d}d_3 \\ d_3 c_1 c_2 \mathrm{d}\theta_1-d_3 s_1 s_2 \mathrm{d}\theta_2+s_1 c_2 \mathrm{d}d_3 \\ d_3 c_2 \mathrm{d}\theta_2+s_2 \mathrm{d}d_3 \end{bmatrix}$$

可以看出,上两式分别与式(4－89)及式(4－90)相同,接下来的计算也与微分变换法 1 相同,在此不再赘述。

关于雅可比矩阵的求解有如下说明:

从前述知道,对于在三维空间作业的 6 自由度机器人,其雅可比矩阵 $\boldsymbol{J}(\boldsymbol{q})$的行数恒为 6,其前 3 行表达了关节速度到手部线速度的传递比,后 3 行则表达了关节速度到手部角速度的传递比。其每一列则表达了相应关节速度 $\dot{\boldsymbol{q}}$ 到手部线速度和角速度的传递比。

机器人末端执行器的广义位移向量为 $\boldsymbol{X}=[x_{\mathrm{e}x} \quad x_{\mathrm{e}y} \quad x_{\mathrm{e}z} \quad \varphi_{\mathrm{e}x} \quad \varphi_{\mathrm{e}y} \quad \varphi_{\mathrm{e}z}]^\mathrm{T}$,其线位移矢量$[x_{\mathrm{e}x} \quad x_{\mathrm{e}y} \quad x_{\mathrm{e}z}]^\mathrm{T}$ 的一般表达式可以从机器人运动学方程(手部位姿矩阵)中直接获得,即手部坐标系的原点位置矢量$[P_x \quad P_y \quad P_z]^\mathrm{T}$,雅可比矩阵 $\boldsymbol{J}(\boldsymbol{q})$的前 3 行则可以通过位置矢量$[P_x \quad P_y \quad P_z]^\mathrm{T}$ 的直接微分而求得。机器人末端执行器的角位移矢量$[\varphi_{\mathrm{e}x} \quad \varphi_{\mathrm{e}y} \quad \varphi_{\mathrm{e}z}]^\mathrm{T}$ 的一般表达式则不能从机器人运动学方程中直接获得,故一般不能运用直接微分法来获得雅可比矩阵 $\boldsymbol{J}(\boldsymbol{q})$的后 3 行,常用构造法来求雅可比矩阵 $\boldsymbol{J}(\boldsymbol{q})$,这一点从例 4－3 的求解中可以看到。

4.1.5 雅可比矩阵的逆

当已知机器人末端执行器速度和角速度,进而求解关节速度时,就涉及雅可比矩阵 $\boldsymbol{J}(\boldsymbol{q})$的求逆问题。当 $\boldsymbol{J}(\boldsymbol{q})$为方阵时,由矩阵理论可知,其逆由下式计算:

$$\boldsymbol{J}(\boldsymbol{q})^{-1}=\frac{\mathrm{Adj}[\boldsymbol{J}(\boldsymbol{q})]}{\det|\boldsymbol{J}(\boldsymbol{q})|} \tag{4-97}$$

式中,$\mathrm{Adj}[\boldsymbol{J}(\boldsymbol{q})]$为 $\boldsymbol{J}(\boldsymbol{q})$的伴随矩阵; $\det|\boldsymbol{J}(\boldsymbol{q})|$为 $\boldsymbol{J}(\boldsymbol{q})$的行列式值。

例如,当关节数 $n=6$ 时,$\boldsymbol{J}(\boldsymbol{q})$为 6×6 方阵,可利用式(4－97)求其逆。

再如,两自由度平面运动机器人,关节数 $n=2$,由于其末端执行器失去了四个自由度,所以雅可比矩阵 $\boldsymbol{J}(\boldsymbol{q})$变为 2×2 方阵,也可利用式(4－97)求其逆。

由于 $\boldsymbol{J}(\boldsymbol{q})$是关节角的函数,对于某些关节角,可能出现 $\det|\boldsymbol{J}(\boldsymbol{q})|=0$,即式(4－97)分母为零的状况,此时,雅可比矩阵的逆 $\boldsymbol{J}(\boldsymbol{q})^{-1}$不存在。这些关节角称为奇异点。

实际应用中,常常设计机器人的关节数多于末端执行器自由度数,称为冗余自由度,目的是为了使机器人在运动空间里有更多、更灵活的路径可供选择;另外,在数据拟合时常常会出现关节数少于末端执行器速度、角速度数值个数的状况。这两种情况会导致 $\boldsymbol{J}$ 不是方阵,此

时如果需要求雅可比矩阵的逆就应用到它的伪逆。

用 $\boldsymbol{J}(\boldsymbol{q})^{+}$ 表示伪逆，由矩阵理论可知，当关节数多于末端执行器自由度数时，有

$$\boldsymbol{J}(\boldsymbol{q})^{+}=[\boldsymbol{J}(\boldsymbol{q})^{\mathrm{T}}\quad \boldsymbol{J}(\boldsymbol{q})]^{-1}\boldsymbol{J}(\boldsymbol{q})^{\mathrm{T}} \tag{4-98a}$$

当关节数少于末端执行器速度、角速度数值个数时，有

$$\boldsymbol{J}(\boldsymbol{q})^{+}=\boldsymbol{J}(\boldsymbol{q})^{\mathrm{T}}\ [\boldsymbol{J}(\boldsymbol{q})\quad \boldsymbol{J}(\boldsymbol{q})^{\mathrm{T}}]^{-1} \tag{4-98b}$$

式中，$\boldsymbol{J}(\boldsymbol{q})$为雅可比矩阵，为 $6\times n(n\neq 6)$维；$\boldsymbol{J}(\boldsymbol{q})^{\mathrm{T}}$ 为 $\boldsymbol{J}(\boldsymbol{q})$的转置矩阵。

4.2　机器人速度分析

4.2.1　机器人速度计算

图 4-5 所示为二自由度平面关节型机器人（2R 机器人），杆 1、杆 2 的关节角分别为 θ_1，θ_2，杆长为 l_1，l_2，端点位置用$[X_{\mathrm{e}}\quad Y_{\mathrm{e}}]^{\mathrm{T}}$ 表示，则端点位置与关节角的关系为

$$\left.\begin{aligned} X_{\mathrm{e}}&=l_1\mathrm{c}\theta_1+l_2c_{12}\\ Y_{\mathrm{e}}&=l_1\mathrm{s}\theta_1+l_2s_{12}\end{aligned}\right\} \tag{4-99}$$

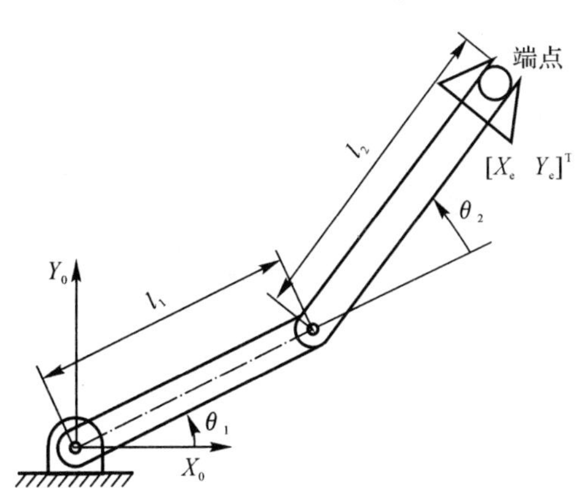

图 4-5　二自由度平面关节型机器人示意图

将其微分写成矩阵形式为

$$\begin{bmatrix}\mathrm{d}X_{\mathrm{e}}\\ \mathrm{d}Y_{\mathrm{e}}\end{bmatrix}=\begin{bmatrix}\dfrac{\partial X_{\mathrm{e}}}{\partial\theta_1} & \dfrac{\partial X_{\mathrm{e}}}{\partial\theta_2}\\ \dfrac{\partial Y_{\mathrm{e}}}{\partial\theta_1} & \dfrac{\partial Y_{\mathrm{e}}}{\partial\theta_2}\end{bmatrix}\begin{bmatrix}\mathrm{d}\theta_1\\ \mathrm{d}\theta_2\end{bmatrix} \tag{4-100}$$

即

$$\mathrm{d}\boldsymbol{X}=\boldsymbol{J}\mathrm{d}\boldsymbol{\theta} \tag{4-101}$$

式中

$$\mathrm{d}\boldsymbol{X}=\begin{bmatrix}\mathrm{d}X_{\mathrm{e}}\\ \mathrm{d}Y_{\mathrm{e}}\end{bmatrix};\quad \mathrm{d}\boldsymbol{\theta}=\begin{bmatrix}\mathrm{d}\theta_1\\ \mathrm{d}\theta_2\end{bmatrix};\quad \boldsymbol{J}=\begin{bmatrix}\dfrac{\partial X_{\mathrm{e}}}{\partial\theta_1} & \dfrac{\partial X_{\mathrm{e}}}{\partial\theta_2}\\ \dfrac{\partial Y_{\mathrm{e}}}{\partial\theta_1} & \dfrac{\partial Y_{\mathrm{e}}}{\partial\theta_2}\end{bmatrix} \tag{4-102}$$

两边各除以 $\mathrm{d}t$，有

$$\dot{\boldsymbol{X}}=\boldsymbol{J}\dot{\boldsymbol{\theta}} \tag{4-103}$$

$\boldsymbol{J}$ 即为图 4-5 所示 2R 机器人的雅可比矩阵，亦称速度雅可比，它反映了关节空间速度 $\dot{\boldsymbol{\theta}}$ 与手部操作空间速度 $\dot{\boldsymbol{X}}$ 的关系。

依式(4-99)及式(4-100)可计算出上述 2R 机器人的雅可比矩阵表达式为

$$\boldsymbol{J}=\begin{bmatrix}-l_1\mathrm{s}\theta_1-l_2s_{12} & -l_2s_{12}\\ l_1\mathrm{c}\theta_1+l_2c_{12} & l_2c_{12}\end{bmatrix} \tag{4-104}$$

并依式(4-103)可进一步计算出该机器人手部的速度为

$$\dot{\boldsymbol{X}}=\begin{bmatrix}v_{\mathrm{ex}}\\ v_{\mathrm{ey}}\end{bmatrix}=\boldsymbol{J}\dot{\boldsymbol{\theta}}=\begin{bmatrix}-l_1\mathrm{s}\theta_1-l_2s_{12} & -l_2s_{12}\\ l_1\mathrm{c}\theta_1+l_2c_{12} & l_2c_{12}\end{bmatrix}\begin{bmatrix}\dot{\theta}_1\\ \dot{\theta}_2\end{bmatrix}=\begin{bmatrix}(-l_1\mathrm{s}\theta_1-l_2s_{12})\dot{\theta}_1-l_2s_{12}\dot{\theta}_2\\ (l_1\mathrm{c}\theta_1+l_2c_{12})\dot{\theta}_1+l_2c_{12}\dot{\theta}_2\end{bmatrix}$$

若已知 $\dot{\theta}_1$ 及 $\dot{\theta}_2$ 是时间 t 的函数，即 $\dot{\theta}_1=f_1(t)$，$\dot{\theta}_2=f_2(t)$，则可求出该机器人手部在某一时刻 t 的速度 $\dot{\boldsymbol{X}}=f(t)$，即手部瞬时速度。

反之，假如给定机器人手部速度，可由一般式(4-33)解出相应的关节速度为

$$\dot{\boldsymbol{q}}=\boldsymbol{J}(\boldsymbol{q})^{-1}\dot{\boldsymbol{X}} \tag{4-105}$$

式中，$\boldsymbol{J}(\boldsymbol{q})^{-1}$ 为机器人雅可比矩阵的逆，亦称为逆速度雅可比。

例 4-4 如图 4-6 所示为一个二自由度机械手，手部以速度 $v_2=0.3$ m/s 沿固定坐标系 X 轴正向移动，杆长 $l_1=l_2=0.5$ m。当 θ_1，θ_2 为 45°时，求该时刻的关节速度。

解 由式(4-104)知，二自由度机械手速度雅可比为

$$\boldsymbol{J}=\begin{bmatrix}-l_1\mathrm{s}\theta_1-l_2s_{12} & -l_2s_{12}\\ l_1\mathrm{c}\theta_1+l_2c_{12} & l_2c_{12}\end{bmatrix}$$

因此其逆雅可比为

$$\boldsymbol{J}^{-1}=\frac{1}{l_1l_2\mathrm{s}\theta_2}\begin{bmatrix}l_2c_{12} & l_2s_{12}\\ -l_1\mathrm{c}\theta_1-l_2c_{12} & -l_1\mathrm{s}\theta_1-l_2s_{12}\end{bmatrix} \tag{4-106}$$

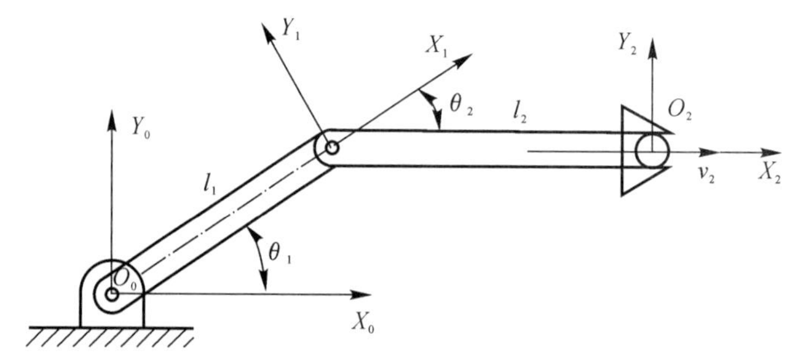

图 4-6 二自由度机械手手爪沿 X 方向运动示意图

由式(4-105)可知

$$\dot{\boldsymbol{\theta}}=\boldsymbol{J}^{-1}\boldsymbol{v} \tag{4-107}$$

因此依式(4-106)和式(4-107)可得

$$\begin{bmatrix}\dot{\theta}_1\\ \dot{\theta}_2\end{bmatrix}=\frac{1}{l_1 l_2 s\theta_2}\begin{bmatrix}l_2 c_{12} & l_2 s_{12}\\ -l_1 c\theta_1-l_2 c_{12} & -l_1 s\theta_1-l_2 s_{12}\end{bmatrix}\begin{bmatrix}v_{2x}\\ v_{2y}\end{bmatrix} \tag{4-108}$$

已知 $v_{2x}=v_2=0.3\ \text{m/s}$，$v_{2y}=0\ \text{m/s}$，则

$$\boldsymbol{v}=\begin{bmatrix}v_{2x}\\ v_{2y}\end{bmatrix}=\begin{bmatrix}0.3\\ 0\end{bmatrix}$$

由于 $l_1=l_2=0.5\ \text{m}$，且此时关节位置 $\theta_1=45°$，$\theta_2=-45°$，代入式(4-108)可求得

$$\dot{\theta}_1=\frac{v_{2x}c_{12}}{l_1 s\theta_2}=\frac{0.3\times\cos(45°-45°)}{0.5\times\sin(-45°)}=-\frac{3}{5\times(\sqrt{2}/2)}\approx-0.85(\text{rad/s})$$

$$\dot{\theta}_2=\frac{v_{2x}(-l_1 c\theta_1-l_2 c_{12})}{l_1 l_2 s\theta_2}=v_{2x}\left(-\frac{c\theta_1}{l_2 s\theta_2}-\frac{c_{12}}{l_1 s\theta_2}\right)=$$

$$-0.3\times\left[\frac{\cos 45°}{0.5\times\sin(-45°)}+\frac{\cos 0°}{0.5\times\sin(-45°)}\right]=$$

$$-0.3\times(-2-4/\sqrt{2})\approx 1.45(\text{rad/s})$$

因此，在该时刻两关节的速度分别为 $\dot{\theta}_1=-0.85\ \text{rad/s}$，$\dot{\theta}_2=1.45\ \text{rad/s}$。

4.2.2 机器人速度控制

由式(4-33)及式(4-105)可知

$$\dot{\boldsymbol{X}}=\boldsymbol{J}(\boldsymbol{q})\dot{\boldsymbol{q}}$$

$$\dot{\boldsymbol{q}}=\begin{bmatrix}\dot{q}_1\\ \vdots\\ \dot{q}_n\end{bmatrix}=\boldsymbol{J}(\boldsymbol{q})^{-1}\dot{\boldsymbol{X}} \tag{4-109}$$

机器人在采用计算机控制时，速度项可以表示为单位时间里的增量，故式(4-109)可写为

$$\Delta\boldsymbol{q}=\begin{bmatrix}\Delta q_1\\ \vdots\\ \Delta q_n\end{bmatrix}=\boldsymbol{J}(\boldsymbol{q})^{-1}\Delta\boldsymbol{X} \tag{4-110}$$

式中：$\Delta\boldsymbol{X}$ 为一个采样周期里的线位移和角位移(相对于基础坐标系)；$\Delta\boldsymbol{q}$ 为同一时间间隔里的关节位移增量。

当要求机器人沿某轨迹运动，即已知 $\Delta\boldsymbol{X}$ 时，利用式(4-110)可求得关节位移增量 $\Delta\boldsymbol{q}$，进而得到关节角的给定值，最后由角度伺服控制系统去实现位置控制，最终实现速度控制。图4-7所示为控制原理方框图。

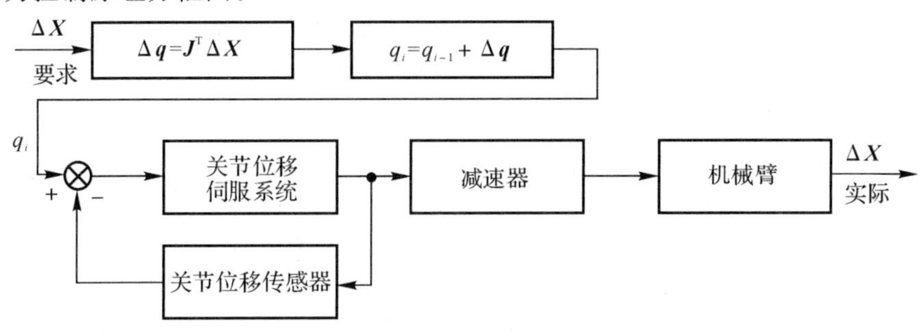

图4-7 机器人速度控制原理

另外，由关节驱动器可以知道每个关节的运动速度及其最大值，将其代入式(4－33)，即可求得机器人终端的速度。通过分析，很容易找到发生最大速度的条件。

即利用雅可比矩阵及关节角速度能够评估出一个机器人末端的最大速度，以及发生的时间。

4.2.3 机器人的奇异形位

当机器人末端执行器在空间按规定的速度进行作业时，需计算沿路径每一瞬时相应的关节速度。但是，当雅可比矩阵的逆 $\boldsymbol{J}(\boldsymbol{q})^{-1}$ 出现奇异状况时，逆 $\boldsymbol{J}(\boldsymbol{q})^{-1}$ 无解，无法解出关节速度，此刻操作空间的位置处于奇异形位。由 3.4.4 节知道，机器人处于奇异形位有以下两种情况：

(1)当机器人臂完全伸展开或完全折回时，机器人运动受到物理结构的限制，此时其逆雅可比无解，机器人处于边界奇异形位；

(2)当两个或两个以上关节轴线重合时，位置矩阵行列式为零，如果控制器不采取紧急指令，将导致机器人停止运动，此时机器人处于内部奇异形位。

机器人处于奇异形位时会丧失自由度，产生退化现象。当机器人处于边界奇异形位时，无论怎样改变机器人关节速度，手部均不可能实现朝某个方向上的移动。例如，在例 4－4 中，若 $l_1 \neq 0$，$l_2 \neq 0$，$\theta_2 = 0°$ 或 $\theta_2 = 180°$ 时，$l_1 l_2 s\theta_2 = 0$，则机器人的逆雅可比 $\boldsymbol{J}(\boldsymbol{q})^{-1}$ 分母为零，解不存在，式(4－106)无解，无法求出关节速度。此时，机器人处于边界奇异形位，两臂完全伸直或完全折回，其手部处于工作空间的边界，只能沿着与臂垂直的方向运动，不能向其他方向运动，退化了一个自由度。

4.3 机器人静力分析

机器人在工作时，其各关节的驱动装置提供关节驱动力和力矩，力和力矩通过连杆传递到末端执行器以克服外界的阻力和阻力矩。本节通过引入机器人力雅可比矩阵的概念，着重分析关节驱动力和力矩与末端执行器施加给外界的力和力矩之间的关系，这一关系是机器人杆件力控制的基础。

4.3.1 机器人杆件受力分析

现对机器人任一杆件 i 的受力状况进行分析。如图 4－8 所示，杆 i 通过关节 i 和 $i+1$ 分别与杆 $i-1$ 和 $i+1$ 相连接，在关节 i 和 $i+1$ 上分别建立坐标系 $\{i-1\}$ 和 $\{i\}$，图中各变量含义如下：

$\boldsymbol{f}_{i-1,i}$ 及 $\boldsymbol{n}_{i-1,i}$——杆 $i-1$ 作用在杆 i 上的力和力矩；

$\boldsymbol{f}_{i,i+1}$ 及 $\boldsymbol{n}_{i,i+1}$——杆 i 作用在杆 $i+1$ 上的力和力矩；

$-\boldsymbol{f}_{i,i+1}$ 及 $-\boldsymbol{n}_{i,i+1}$——杆 $i+1$ 作用在杆 i 上的作用力和作用力矩；

$\boldsymbol{f}_n$ 及 $\boldsymbol{n}_n$——机器人手部对外界的作用力和力矩；

$-\boldsymbol{f}_n$ 及 $-\boldsymbol{n}_n$——外界对机器人手部的作用力和力矩；

$\boldsymbol{f}_{0,1}$及$\boldsymbol{n}_{0,1}$——机器人机座对杆 1 的作用力和力矩；

$m_i\boldsymbol{g}$——连杆 i 的重力，作用在质心 C_i 上。

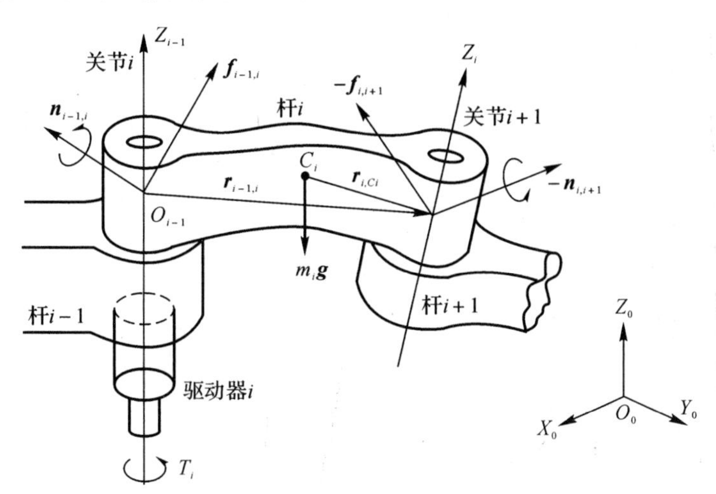

图 4-8　杆 i 上所受的力和力矩

当连杆的静力平衡时，其上所受的合力和合力矩为零，因此力和力矩平衡方程式为

$$\boldsymbol{f}_{i-1,i}+(-\boldsymbol{f}_{i,i+1})+m_i\boldsymbol{g}=\boldsymbol{O} \tag{4-111}$$

$$\boldsymbol{n}_{i-1,i}+(-\boldsymbol{n}_{i,i+1})+(\boldsymbol{r}_{i-1,i}+\boldsymbol{r}_{i,C_i})\times\boldsymbol{f}_{i-1,i}+(\boldsymbol{r}_{i,C_i})\times(-\boldsymbol{f}_{i,i+1})=\boldsymbol{O} \tag{4-112}$$

式中：$\boldsymbol{r}_{i-1,i}$为坐标系$\{i\}$原点相对于坐标系$\{i-1\}$原点的位置矢量；$\boldsymbol{r}_{i,C_i}$为质心相对于坐标系$\{i\}$原点的位置矢量。

应当注意：式(4-111)及式(4-112)中的力矢量及位置矢量均应在同一个坐标系中度量。

如果已知外界对机器人手部的作用力和力矩，那么可从手部向机座依次递推，计算出各连杆上的受力状况。

4.3.2　机器人力雅可比矩阵

机器人作业需要手部把持工具与工件保持一定的接触力(矩)，现将机器人手部端点对工件的接触力和力矩合在一起，用 $\boldsymbol{F}$ 表示，$\boldsymbol{F}$ 称为端点广义力。$\boldsymbol{F}$ 是一个 6 维矢量，即

$$\boldsymbol{F}=\begin{bmatrix}\boldsymbol{f}_n\\ \boldsymbol{n}_n\end{bmatrix}=\begin{bmatrix}f_{nx}\\ f_{ny}\\ f_{nz}\\ n_{nx}\\ n_{ny}\\ n_{nz}\end{bmatrix} \tag{4-113}$$

现在考虑这样一个问题：如果机器人手端匀速运动或静止保持与外部环境接触力恒定，那么各关节需要用多大的力或力矩来平衡这个终端接触力 $\boldsymbol{F}$?

设一个驱动器只驱动一个关节，则 n 个关节需要 n 个驱动力 $\tau_1,\tau_2,\cdots,\tau_n$，各关节驱动器的驱动力或力矩合在一起可写成一个 n 维矢量的形式，即

$$\boldsymbol{\tau}=\begin{bmatrix}\tau_1\\ \tau_2\\ \vdots\\ \tau_n\end{bmatrix} \tag{4-114}$$

式中：n代表关节的个数；$\boldsymbol{\tau}$为关节力矩(或关节力)矢量，简称广义关节力(矩)。对于转动关节i，τ_i表示关节驱动力矩，对于移动关节i，τ_i表示关节驱动力，$i=1\sim n$。

设想每个关节都有一个微小位移(即虚位移)δq_i，并引起末端线位移δx_e和角位移$\delta\varphi_e$发生，所有关节全部的功为

$$\delta W_q=\tau_1\delta q_1+\tau_2\delta q_2+\cdots+\tau_n\delta q_n=\sum_{i=1}^{n}\tau_i\delta q_i \tag{4-115}$$

而机器人手部端点接触处对外部环境所作的总功为

$$\delta W_F=[f_{nx}\quad f_{ny}\quad f_{nz}]\begin{bmatrix}\delta x_{ex}\\ \delta x_{ey}\\ \delta x_{ez}\end{bmatrix}+[n_{nx}\quad n_{ny}\quad n_{nz}]\begin{bmatrix}\delta\varphi_{ex}\\ \delta\varphi_{ey}\\ \delta\varphi_{ez}\end{bmatrix}=$$

$$\boldsymbol{f}_n^{\mathrm{T}}\delta x_e+\boldsymbol{n}_n^{\mathrm{T}}\delta\varphi_e \tag{4-116}$$

假定关节无摩擦，并忽略各杆件的重力，当处于静止或匀速运动时，这两个总功应相等(相平衡)，即

$$\delta W_q=\delta W_F \tag{4-117}$$

也即

$$\sum_{i=1}^{n}\tau_i\delta q_i-(\boldsymbol{f}_n^{\mathrm{T}}\delta\boldsymbol{x}_e+\boldsymbol{n}_n^{\mathrm{T}}\delta\boldsymbol{\varphi}_e)=0$$

或

$$\boldsymbol{\tau}^{\mathrm{T}}\delta\boldsymbol{q}-\boldsymbol{F}^{\mathrm{T}}\delta\boldsymbol{X}=0\quad\left(\delta\boldsymbol{X}=\begin{bmatrix}\delta\boldsymbol{x}_e\\ \delta\boldsymbol{\varphi}_e\end{bmatrix}_{6\times1}\right) \tag{4-118}$$

由式(4-33)可推知，$\delta\boldsymbol{X}=\boldsymbol{J}\delta\boldsymbol{q}$，代入式(4-118)得

$$(\boldsymbol{\tau}^{\mathrm{T}}-\boldsymbol{F}^{\mathrm{T}}\boldsymbol{J})\delta\boldsymbol{q}=0 \tag{4-119}$$

因$\delta\boldsymbol{q}$是关节位移量，它不等于零，为满足式(4-119)，只有

$$\boldsymbol{\tau}^{\mathrm{T}}-\boldsymbol{F}^{\mathrm{T}}\boldsymbol{J}=0$$

或

$$\boldsymbol{\tau}^{\mathrm{T}}=\boldsymbol{F}^{\mathrm{T}}\boldsymbol{J} \tag{4-120}$$

式(4-120)两边取转置，则

$$\boldsymbol{\tau}=\boldsymbol{J}^{\mathrm{T}}\boldsymbol{F} \tag{4-121}$$

这样，式(4-121)就把末端作用力$\boldsymbol{F}$通过雅可比矩阵转置折算到各关节上。

式(4-121)表示了在静态平衡状态下，手部端点力$\boldsymbol{F}$和广义关节力(矩)$\boldsymbol{\tau}$之间的线性映射关系。其中$\boldsymbol{J}^{\mathrm{T}}$表达了手部端点力$\boldsymbol{F}$与广义关节力(矩)$\boldsymbol{\tau}$之间的力传递关系，$\boldsymbol{J}^{\mathrm{T}}$称为机器人力雅可比矩阵。可以看出，机器人力雅可比$\boldsymbol{J}^{\mathrm{T}}$是速度雅可比$\boldsymbol{J}$的转置矩阵。

4.3.3 机器人静力计算

机器人杆件静力计算可分为以下两类问题。

(1) 已知机器人手部对外部环境的作用力 $\boldsymbol{F}$，求满足静力平衡条件的关节驱动力(矩)$\boldsymbol{\tau}$。这类问题可利用式(4-121)来求解。

(2) 已知关节驱动力(矩)$\boldsymbol{\tau}$，求机器人手部对外部环境的作用力或者求外部负载的质量。这类问题是第一类问题的逆解，用下式来求解，即

$$\boldsymbol{F}=(\boldsymbol{J}^{\mathrm{T}})^{-1}\boldsymbol{\tau} \tag{4-122}$$

当机器人的关节数大于末端执行器的自由度数时，力雅可比矩阵不是方阵，则 $\boldsymbol{J}^{\mathrm{T}}$ 没有逆解。因此，对第二类问题的求解就相对困难得多，一般情况不一定能得到唯一的解。如果 $\boldsymbol{F}$ 的维数比 $\boldsymbol{\tau}$ 的维数低，且 $\boldsymbol{J}$ 满秩，则可利用式(4-98a)求出雅可比矩阵的伪逆，用最小二乘法求得 $\boldsymbol{F}$ 的估计值。

例 4-5　图 4-9 所示为一个二自由度平面关节机器人，两杆长分别为 l_1，l_2。已知手部端点力 $\boldsymbol{F}=[f_x\quad f_y]^{\mathrm{T}}$，忽略摩擦及杆件重力，分别求出 $\theta_1=30°$，$\theta_2=60°$ 时以及 $\theta_1=0°$，$\theta_2=90°$ 时的关节力矩。

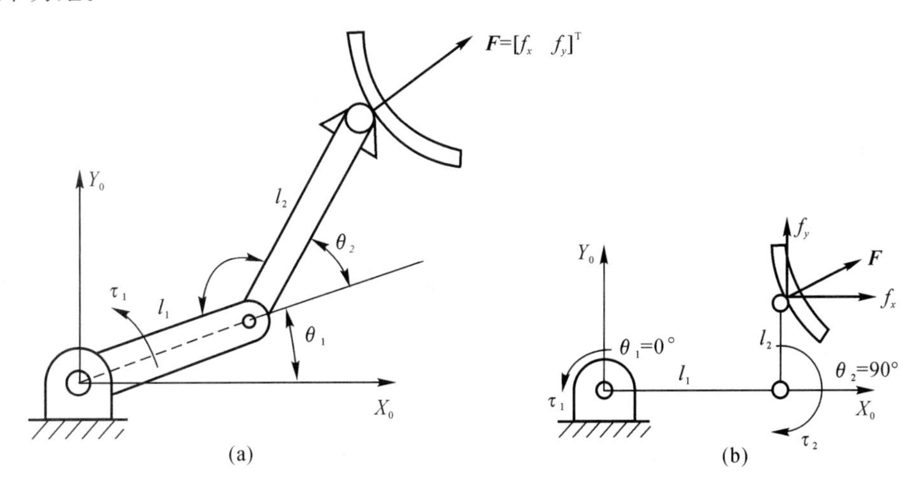

图 4-9　手部端点力 $\boldsymbol{F}$ 与关节力矩 $\boldsymbol{\tau}$

解　由式(4-104)可知，该机器人的速度雅可比为

$$\boldsymbol{J}=\begin{bmatrix}-l_1 s\theta_1-l_2 s_{12} & -l_2 s_{12}\\ l_1 c\theta_1+l_2 c_{12} & l_2 c_{12}\end{bmatrix}$$

则该机器人的力雅可比为

$$\boldsymbol{J}^{\mathrm{T}}=\begin{bmatrix}-l_1 s\theta_1-l_2 s_{12} & l_1 c\theta_1+l_2 c_{12}\\ -l_2 s_{12} & l_2 c_{12}\end{bmatrix}$$

依据 $\boldsymbol{\tau}=\boldsymbol{J}^{\mathrm{T}}\boldsymbol{F}$ 可得

$$\boldsymbol{\tau}=\begin{bmatrix}\tau_1\\ \tau_2\end{bmatrix}=\begin{bmatrix}-l_1 s\theta_1-l_2 s_{12} & l_1 c\theta_1+l_2 c_{12}\\ -l_2 s_{12} & l_2 c_{12}\end{bmatrix}\begin{bmatrix}f_x\\ f_y\end{bmatrix}$$

即

$$\tau_1=(-l_1 s\theta_1-l_2 s_{12})f_x+(l_1 c\theta_1+l_2 c_{12})f_y$$

$$\tau_2=-l_2 s_{12} f_x+l_2 c_{12} f_y$$

因此，当 $\theta_1=30°$，$\theta_2=60°$ 时，与手部端点力相对应的关节力矩为

$$\tau_1=\left(-\frac{1}{2}l_1-l_2\right)f_x+\frac{\sqrt{3}}{2}l_1 f_y,\quad \tau_2=-l_2 f_x$$

当 $\theta_1=0°$，$\theta_2=90°$ 时，与手部端点力相对应的关节力矩为

$$\tau_1=-l_2 f_x+l_1 f_y,\quad \tau_2=-l_2 f_x$$

习　题　4

4.1　简述机器人速度雅可比、力雅可比的概念及其二者之间的关系。

4.2　三自由度机器人手部坐标系 $\boldsymbol{T}_{e1}$ 产生微分运动 $\boldsymbol{D}=[\mathrm{d}x\quad \delta y\quad \delta z]^{\mathrm{T}}$ 后，其位姿变为 $\boldsymbol{T}_{e2}$，相应的雅可比矩阵为 $\boldsymbol{J}$。已知：

$$\boldsymbol{D}=\begin{bmatrix}0.01\\0.02\\0.03\end{bmatrix},\quad \boldsymbol{T}_{e2}=\begin{bmatrix}-0.03 & 1 & -0.02 & 4.97\\ 1 & 0.03 & 0 & 8.15\\ 0 & -0.02 & -1 & 9.9\\ 0 & 0 & 0 & 1\end{bmatrix},\quad \boldsymbol{J}=\begin{bmatrix}5 & 10 & 0\\ 3 & 0 & 0\\ 0 & 1 & 1\end{bmatrix}$$

试求：

(1) 微分运动前的原始坐标系 $\boldsymbol{T}_{e1}$。

(2) 微分变换算子 $^{T}\boldsymbol{\Delta}$。

4.3　给定机器人手部坐标系 $\boldsymbol{T}_{e1}$ 及此位置雅可比矩阵的逆 $\boldsymbol{J}^{-1}$。机器人微分运动为 $\boldsymbol{D}=[0.05\quad 0\quad -0.1\quad 0\quad 0.1\quad 0.03]^{\mathrm{T}}$。已知：

$$\boldsymbol{T}_{e1}=\begin{bmatrix}0 & 1 & 0 & 3\\ 1 & 0 & 0 & 2\\ 0 & 0 & -1 & 8\\ 0 & 0 & 0 & 1\end{bmatrix},\quad \boldsymbol{J}^{-1}=\begin{bmatrix}1 & 0 & 0 & 0 & 0 & 0\\ 2 & 0 & -1 & 0 & 0 & 0\\ 0 & -0.2 & 0 & 0 & 0 & 0\\ 0 & -1 & 0 & 0 & 1 & 0\\ 0 & 0 & 0 & 1 & 0 & 0\\ 1 & 0 & 0 & 0 & 0 & 1\end{bmatrix}$$

试求：

(1) 各关节的微分运动及手部坐标系的变化量。

(2) 手部的新位置 $\boldsymbol{T}_{e2}$ 及微分变换算子 $^{T}\boldsymbol{\Delta}$。

4.4　图 4-10 所示为一个三自由度机械手，其手部夹持一质量 $m=5$ kg 的重物，$l_1=l_2=0.5$ m，$\theta_1=45°$，$\theta_2=-45°$，$\theta_3=-90°$。不计机械手的质量，求机械手处于平衡状态时的各关节力矩。

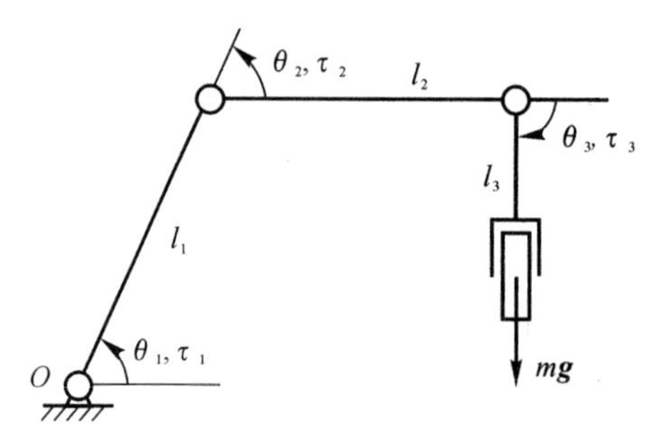

图 4-10　题 4.4 图

4.5　图 4 - 11 所示为三自由度平面关节机械手，其手部握有焊接工具，若已知各个关节的瞬时角度及瞬时角速度，求焊接工具末端 A 的线速度 v_x，v_y。

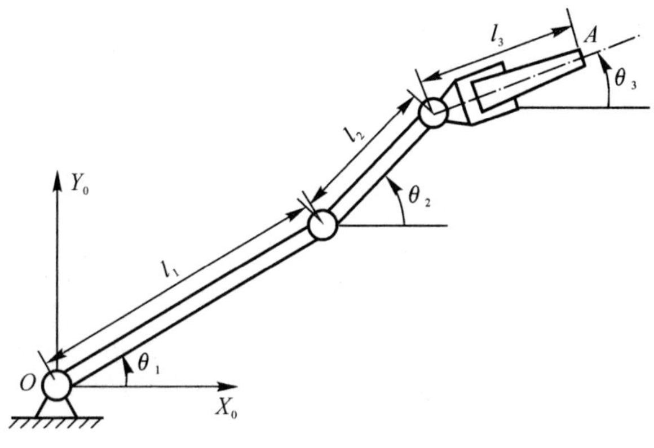

图 4 - 11　题 4.5 图

第5章　机器人动力学分析

机器人是主动机械装置，其动力学问题实质上是控制问题。从控制观点来看，机器人系统代表冗余的、多变量的和本质非线性的自动控制系统，是一个复杂的动力学耦合系统。

原则上，机器人的每个自由度都具有单独传动，每个控制任务本身就是一个动力学任务。机器人系统在每个关节驱动力矩（驱动力）的作用下发生运动变化，其动态性能不仅与运动因素有关，还与机器人的结构形式、质量分布、执行机构的位置和传动装置等对动力学产生重要影响的因素有关。

机器人动力学主要研究机器人运动和受力之间的关系，目的是对机器人进行控制、优化设计和仿真。其同样有以下动力学正、逆两类问题：

（1）动力学正问题是已知各关节的驱动力（或力矩），求解各关节位移、速度和加速度，进而求得机械手的运动轨迹，主要用于机器人的仿真；

（2）动力学逆问题是已知机械手的运动轨迹，即已知机器人关节的位移、速度和加速度，求解所需要的关节力（或力矩），是实时控制的需要。

建立机器人动态数学模型，主要采用以下理论：

（1）动力学基本理论，包括牛顿-欧拉方程；

（2）拉格朗日力学，特别是二阶拉格朗日方程。

此外，还可应用高斯原理和阿佩尔（Appel）方程式，以及旋量对偶数法和凯恩（Kane）法等来分析动力学问题。

上述第一种方法即为力的动态平衡法，此种方法须从运动学出发求得加速度，并消去各内作用力，对于较复杂的系统，该方法十分复杂与麻烦。利用此法可以讨论一些比较简单的例子。第二种方法即拉格朗日功能平衡法，它只需要速度而不必求内作用力。因此，这是一种简便的方法。在本书中主要采用拉格朗日功能平衡法来分析和求解机械手的动力学问题。

一般的操作机器人的动态方程由6个非线性微分联立方程表示。虽然特别希望求得动力学问题的解析解，使得对机器人控制问题能够深入理解，而实际上，除了一些比较简单的情况外，这些方程式一般很难得到其解析解。将以矩阵形式求得动态方程，并简化它们，以获得控制所需要的信息。在实际控制时，往往要对动态方程做出某些假设，进行简化处理。

5.1　牛顿-欧拉方程

刚体的运动可看作质心平动和绕质心转动的复合运动。利用牛顿-欧拉方程建立机器人机构的动力学方程包含：

（1）牛顿方程：描述构件质心的平动；

（2）欧拉方程：定义相对于构件质心的转动。

牛顿-欧拉方程表征了力、力矩、质量、惯性张量和加速度之间的关系。

质量为 m，质心在 C 点的刚体，作用在其质心的力 $\boldsymbol{F}$ 的大小与质心加速度 $\boldsymbol{a}_C$ 的关系为

$$\boldsymbol{F} = m\boldsymbol{a}_C \tag{5-1}$$

式中，$\boldsymbol{F}$，$\boldsymbol{a}_C$ 为三维矢量。式(5－1) 称为牛顿方程。

设刚体绕质心的角速度为 $\boldsymbol{\omega}$、角加速度为 $\boldsymbol{\varepsilon}$，则施加在刚体上的力矩 $\boldsymbol{M}$ 的大小为

$$\boldsymbol{M} = \boldsymbol{I}_C\boldsymbol{\varepsilon} + \boldsymbol{\omega} \times \boldsymbol{I}_C\boldsymbol{\omega} \tag{5-2}$$

式中，$\boldsymbol{M}$，$\boldsymbol{\varepsilon}$，$\boldsymbol{\omega}$ 均为三维矢量；$\boldsymbol{I}_C$ 为刚体相对于与其固结的刚体坐标系的惯性张量，刚体坐标系的原点在质心 C 处。式(5－2) 即为欧拉方程。

式(5－1) 和式(5－2) 合并即为牛顿-欧拉方程。

5.2　达朗伯原理和虚位移原理

5.2.1　达朗伯原理

设一质点系由 n 个质点组成，现任取系中一质点 M_i，其质量为 m_i，质点 M_i 上作用着主动力 F_i 和约束反力 N_i，质点的加速度为 a_i，根据牛顿第二定律可得

$$F_i + N_i = m_i a_i$$

即

$$F_i + N_i - m_i a_i = 0 \tag{5-3}$$

假设在质点 M_i 上有一惯性力 $Q_i = -m_i a_i$，则式(5－3) 变为

$$F_i + N_i + Q_i = 0 \quad (i = 1, 2, \cdots, n) \tag{5-4}$$

式(5－4) 表明在质点运动的任一瞬时，作用在质点上的主动力 F_i、约束反力 N_i 和假想的加在质点上的惯性力 Q_i 在形式上组成一平衡力系，这就是质点的达朗伯原理。而对于有 n 个质点的质点系，则可以得到 n 个如式(5－4) 这样的方程，这就是质点系的达朗伯原理。

利用质点系的达朗伯原理，可以把质点系动力学问题视为静力学中的力系平衡问题，这样就可以利用静力学的平衡条件，建立系统的运动和受力关系。

5.2.2　虚位移原理

由于机器人机构的复杂性，在其动力学平衡力系中，会存在很多未知的约束反力，这些约束反力往往在所研究的问题中并不需要知道。虚位移原理的应用可以使得所列的系统平衡方程中不出现约束反力，从而使联立方程的数目减少，运算简化。虚位移原理还与达朗伯原理结合推导出动力学普遍方程，为求解复杂的动力学问题提供了一种普遍的方法。

1. 约束及其分类

限制系统各质点位置和速度的条件称为约束。相应的数学方程解析表达式称为约束方程。

例如杆长为 l 的单摆，如图 5－1 所示，摆锤 M 在铅垂平面内做圆周运动，摆锤到固定点 O 的距离 l 始终不变，这就是约束条件。写成约束方程，即为

$$x^2 + y^2 = l^2 \tag{5-5}$$

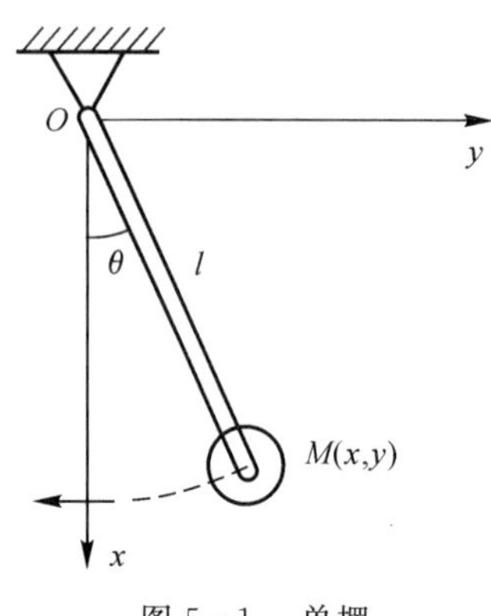

图 5－1　单摆

（1）稳定约束与不稳定约束。如果约束方程中不显含时间 t，即约束不随时间而改变，这种约束称为稳定约束（或定常约束）；如果约束方程中显含时间 t，这种约束则称为不稳定约束（或非定常约束）。图 5－1 中的约束为稳定约束。

（2）双面约束与单面约束。图 5－1 中的摆杆是一刚体，它既限制摆锤 M 沿杆受拉，又限制其沿杆受压，这种约束称为双面约束，双面约束方程是等式。若摆锤 M 的摆线是绳子，则绳子只能限制摆锤 M 受拉，不能限制其受压，这种约束称为单面约束，单面约束方程式是不等式。摆锤单面约束方程表达为

$$x^2 + y^2 \leqslant l^2 \tag{5-6}$$

（3）几何约束与运动约束。如果约束方程中仅含有系统各点的坐标，而不含有系统各点的速度，则这种约束称为几何约束，几何约束限制系统各质点的位置；如果在约束方程中含有系统各质点的速度，则称这种约束为运动约束。

例如半径为 r 的车轮沿直线轨道做纯滚动，如图 5－2 所示。车轮轮心 A 至轨道表面的距离始终保持不变，其几何约束方程为

$$y_A = r \tag{5-7}$$

另外，车轮还受到纯滚动运动的限制，即每瞬间与轨道接触点 C 的速度等于零，则其约束方程为

$$v_A - r\omega = 0 \tag{5-8a}$$

这就是运动约束。由于 $v_A = \dot{x}_A$，$\omega = \dot{\phi}$，故式（5－8a）亦可写为

$$\dot{x}_A - r\dot{\phi} = 0 \tag{5-8b}$$

可以看出该运动约束较为简单。

（4）完整约束与非完整约束。可以将图 5－2 中的运动约束方程积分成有限形式，即

$$x_A - r\phi = C \tag{5-8c}$$

则运动约束变成了几何约束。这样的运动约束称为可积的运动约束，几何约束与可积的运动约束，总称为完整约束。如果运动约束方程不可积，则称为非完整约束。

机器人机构中的约束大都为稳定的、双面的和几何的完整约束。

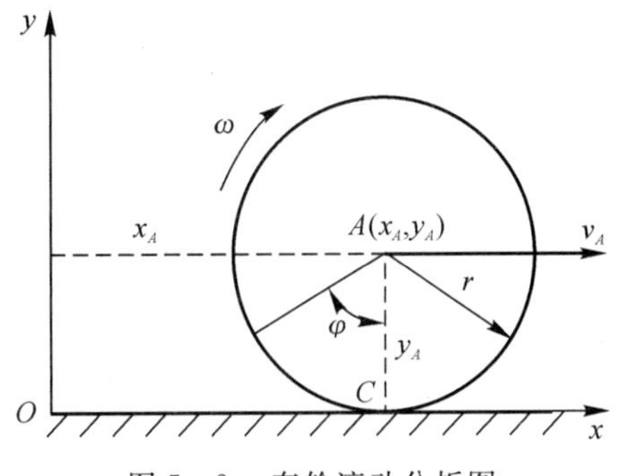

图 5-2　车轮滚动分析图

2. 虚位移

在给定瞬间，约束所容许的系统各质点任何无限小的位移，称为虚位移。

如图 5-3 所示，如果质点 M 被约束在固定面 S 上，那么其在曲面上的无限小的位移都是约束所容许的，均为虚位移。略去高阶小量，则认为这些虚位移都在通过 M 点曲切面 T 上。图中 $\delta r,\delta r',\cdots$ 都是质点 M 的虚位移。而任何脱离此切面的位移均不是该质点的虚位移。

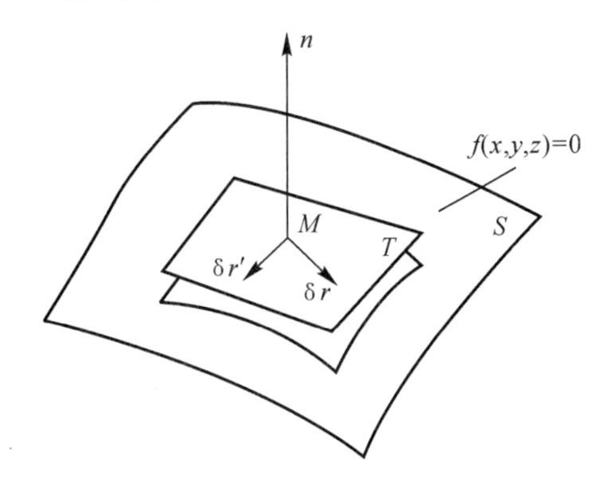

图 5-3　有约束的质点的运动

应当注意，虚位移不代表质点的实际运动，完全由约束的性质所决定，它有无数个，用 δr_i 表示；实位移是质点系实际运动产生的位移，它与作用在质点系上的力、初始条件及时间有关，自然也与约束有关，在某一位置，它只有一个，用 $\mathrm{d}r_i$ 表示。由于实位移也是约束所允许的，所以实位移是虚位移之一。

3. 理想约束

给系统以虚位移 δr，则主动力做功为 $\delta W_F = F\delta r$，约束反力也做功，为 $\delta W_N = N\delta r$，这些均称为虚功。如果约束反力在任何虚位移上所做的虚功之和为零，则这种约束称为理想约束。

如图 5-4 所示，在曲柄连杆机构中，若忽略杆 OA 与 AB 之间铰链 A 的质量、尺寸，将其看成一点，则当杆系静止或匀速运动时，铰链给两杆的约束力必大小相等、方向相反，同时铰链所受两杆的约束反力也大小相等、方向相反，即 $N_A = -N'_A$，当给铰链 A 一虚位移 δr_A 时，由于两约束反力的虚位移相同，所以这两个约束反力的虚功之和等于零，即

$$\sum \delta W_N = N_A \delta r_A + N'_A \delta r_A = 0 \tag{5-9}$$

铰链A即为理想约束，这种铰链在机器人旋转关节中普遍存在。一般来讲，凡是不考虑摩擦的稳定几何约束都是理想约束。

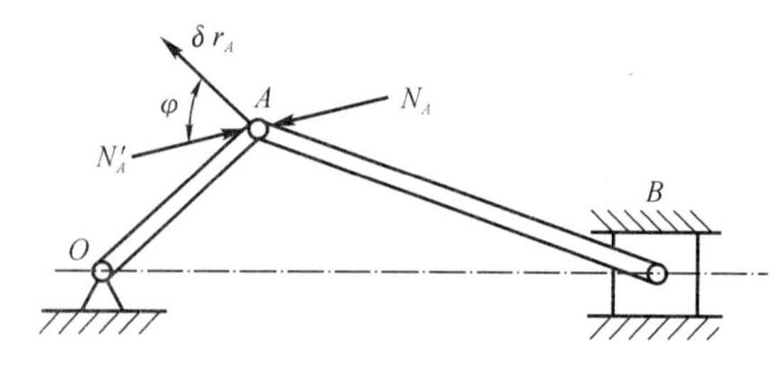

图 5－4　约束反力虚功示意图

对于质点系，理想约束的表达式为

$$\sum \delta W_N = \sum_{i=1}^{n} N_i \delta r_i = 0 \quad (i=1,2,\cdots,n) \tag{5-10}$$

式中，N_i 为作用在质点 M_i 上的约束力合力；δr_i 为其虚位移。

4. 虚位移原理

虚位移原理的定义：具有稳定的理想约束的质点系，在某位置处于平衡的充分必要条件是作用在此质点系的所有主动力在该位置的任何虚位移中所做的虚功之和等于零。

质点系虚位移原理的数学表达式为

$$\sum_{i=1}^{n} F_i \delta r_i = 0 \quad (i=1,2,\cdots,n) \tag{5-11}$$

式中，F_i 为作用于质点系中某质点 M_i 上的主动力的合力；δr_i 为该质点的虚位移。

式(5－11)亦可写为

$$\sum_{i=1}^{n} (F_{xi}\delta x_i + F_{yi}\delta y_i + F_{zi}\delta z_i) = 0 \tag{5-12}$$

式中，F_{xi}，F_{yi}，F_{zi} 及 δx_i，δy_i，δz_i 分别是主动力 F_i 及虚位移 δr_i 在 x，y，z 坐标轴上的分量。

下面来证明这个原理。

(1) 必要性。当质点系处于平衡时，必然每个质点也处于平衡，则有

$$F_i + N_i = 0$$

如果给质点任一虚位移 δr_i，则可得

$$(F_i + N_i)\delta r_i = 0$$

那么，对于质点系，则有

$$\sum_{i=1}^{n} (F_i + N_i)\delta r_i = 0 \tag{5-13}$$

即

$$\sum_{i=1}^{n} F_i \delta r_i + \sum_{i=1}^{n} N_i \delta r_i = 0$$

由于质点系具有稳定的理想约束，依式(5－10)，则上式中的第二项等于零，所以得

$$\sum_{i=1}^{n} F_i \delta r_i = 0 \quad (i=1,2,\cdots,n)$$

必要性得证。

(2) 充分性。采用反证法证明(略)。

这里说明一点,虚位移原理是在系统基于理想约束的情况下得到的,如果系统考虑摩擦,那么,可在虚功计算中,把摩擦力看成是主动力,则该原理依然适用。

5. 广义坐标与广义力

(1) 广义坐标。一般情况下,设质点系由 n 个质点组成,具有 s 个几何约束方程式,这样,在 $3n$ 个坐标 $x_i, y_i, z_i (i=1,2,\cdots,n)$ 中有 $k=3n-s$ 个坐标是独立的,也即系统的自由度为 k。任选 k 个独立的参数 $q_1, q_2, \cdots, q_k$,则系统的坐标可由这些参数来表达,即

$$\left.\begin{aligned} x_i &= x_i(q_1, q_2, \cdots, q_k) \\ y_i &= y_i(q_1, q_2, \cdots, q_k) \\ z_i &= z_i(q_1, q_2, \cdots, q_k) \\ (i &= 1, 2, \cdots, n) \end{aligned}\right\} \tag{5-14}$$

用矢量形式表示为

$$\boldsymbol{r}_i = \boldsymbol{r}_i(q_1, q_2, \cdots, q_k) \quad (i=1,2,\cdots,n) \tag{5-15}$$

则这 k 个独立参数 $q_1, q_2, \cdots, q_k$ 称为系统的广义坐标。在系统基于几何约束的状况下,广义坐标数即为系统的自由度数。广义坐标可以取直角坐标,也可以取其他坐标,依据具体问题而定。

既然系统各点的坐标可以用广义坐标来表示,则系统各质点的虚位移 $\delta \boldsymbol{r}_i (\delta x_i, \delta y_i, \delta z_i)$ 也可以用广义坐标的变分 $\delta q_1, \delta q_2, \cdots, \delta q_k$(称为广义虚位移)来表示。为此,将式(5-14)及式(5-15)进行虚微分(或变分),可得

$$\left.\begin{aligned} \delta x_i &= \frac{\partial x_i}{\partial q_1}\delta q_1 + \cdots + \frac{\partial x_i}{\partial q_k}\delta q_k = \sum_{j=1}^{k} \frac{\partial x_i}{\partial q_j}\delta q_j \\ \delta y_i &= \frac{\partial y_i}{\partial q_1}\delta q_1 + \cdots + \frac{\partial y_i}{\partial q_k}\delta q_k = \sum_{j=1}^{k} \frac{\partial y_i}{\partial q_j}\delta q_j \\ \delta z_i &= \frac{\partial z_i}{\partial q_1}\delta q_1 + \cdots + \frac{\partial z_i}{\partial q_k}\delta q_k = \sum_{j=1}^{k} \frac{\partial z_i}{\partial q_j}\delta q_j \end{aligned}\right\} \tag{5-16}$$

或用矢量形式表达为

$$\delta \boldsymbol{r}_i = \sum_{j=1}^{k} \frac{\partial \boldsymbol{r}_i}{\partial q_j}\delta q_j \tag{5-17}$$

(2) 广义力。考虑主动力系在虚位移上所做的功,表达为

$$\delta W_F = \sum_{i=1}^{n} F_i \delta r_i \tag{5-18}$$

将式(5-17)代入式(5-18)中,可得

$$\delta W_F = \sum_{i=1}^{n} F_i \sum_{j=1}^{k} \frac{\partial r_i}{\partial q_j}\delta q_j = \sum_{j=1}^{k} \sum_{i=1}^{n} F_i \frac{\partial r_i}{\partial q_j}\delta q_j$$

现令

$$Q_j = \sum_{i=1}^{n} F_i \frac{\partial r_i}{\partial q_j} \quad (j=1,2,\cdots,k) \tag{5-19}$$

则

$$\delta W_F = \sum_{j=1}^{k} Q_j \delta q_j \quad (j=1,2,\cdots,k) \tag{5-20}$$

从式(5-20)中可以看出,Q_j 与广义虚位移 $\delta q_j(j=1,2,\cdots,k)$ 的乘积等于功,因此称 Q_j 为对应于广义坐标 $q_j(j=1,2,\cdots,k)$ 的广义力。

广义力可按定义式(5-19)来计算,但更为便捷的是依据式(5-20)进行计算。例如,计算某一广义力 Q_j,则只需给出广义虚位移 δq_j,而令其余广义虚位移为零,此时主动力的功为 δW_{Fj},则广义力 Q_j 为

$$Q_j=\frac{\delta W_{Fj}}{\delta q_j} \tag{5-21}$$

有了达朗伯原理及虚位移原理,掌握了广义坐标、广义力的定义,为下一节动力学普遍方程及拉格朗日方程的推导奠定了基础。

5.3 拉格朗日方程

将达朗伯原理与虚位移原理相结合,可以推导出动力学普遍方程,它是分析动力学的基础,进一步由动力学普遍方程可导出拉格朗日方程,它是解决机器人机构动力学问题最简单而有效的方法。

5.3.1 动力学普遍方程

设具有理想约束的质点系由 n 个质点组成。在任一质点 M_i 上作用有主动力的合力 F_i,约束反力的合力 N_i。质点 M_i 的质量为 m_i,当质点运动时,应用达朗伯原理,则作用于质点系上的主动力、约束反力与惯性力组成平衡力系,即

$$F_i+N_i+Q_i=0 \quad (i=1,2,\cdots,n)$$

式中,惯性力 $Q_i=-m_ia_i$。给质点 M_i 一虚位移 δr_i,则有

$$(F_i+N_i+Q_i)\delta r_i=0 \quad (i=1,2,\cdots,n)$$

求和得

$$\sum_{i=1}^{n}(F_i+N_i+Q_i)\delta r_i=0 \tag{5-22}$$

由于是理想约束,则约束反力在系统质点系上的虚功之和等于零,依式(5-10)有

$$\sum_{i=1}^{n}N_i\delta r_i=0 \tag{5-23}$$

式(5-23)是证明虚位移原理的根本方程。由此,式(5-22)变为

$$\sum_{i=1}^{n}(F_i+Q_i)\delta r_i=0 \tag{5-24a}$$

即

$$\sum_{i=1}^{n}(F_i-m_ia_i)\delta r_i=0 \tag{5-24b}$$

式(5-24)称为动力学普遍方程,是达朗伯原理与虚位移原理相结合而得,它表明:具有理想约束的质点系,在运动的任一瞬时,作用于质点系上所有主动力和惯性力的任何虚位移上的虚功之和等于零。可以看出,在解决动力学问题时,若将系统惯性力视为主动力,则式(5-24)

可看作虚位移原理的扩展应用。

使用动力学普遍方程式(5-24)时，只要基于理想约束即可，并未加其他限制，因此对任何系统都适用，普遍性也就在此。动力学普遍方程与虚位移原理方程中都不包含约束反力，因此为综合求解系统动力学问题提供了便捷。

5.3.2　拉格朗日方程

动力学普遍方程由于消除了约束反力为系统的宏观分析提供了方便，但当系统需要解决复杂、具体的动力学问题时它就显示出了不足。这是因为系统采用了非独立的直角坐标系，在解方程时仍需与相应的约束方程联立进行求解，并涉及质点系的惯性力和虚位移的分析计算。如果在考虑系统约束类型的条件下，将动力学普遍方程以广义坐标及动能的形式表达出来，则可以得到一组与广义坐标数目相同的独立微分方程组，即拉格朗日方程。

1. 两个辅助公式

设质点系由 n 个质点组成，且系统具有完整理想约束，如果系统的自由度为 k，又若质点系的约束是非平稳的，则质点系中任一质点 M_i 的位置矢径 $\boldsymbol{r}_i$ 可由 k 个广义坐标 $q_1,q_2,\cdots,q_k$ 和时间 t 的函数来表示，即

$$\boldsymbol{r}_i=\boldsymbol{r}_i(q_1,q_2,\cdots,q_k,t)\quad(i=1,2,\cdots,n) \tag{5-25}$$

将时间 t 固定，对式(5-25)取一阶变分，则得质点的虚位移为

$$\delta r_i=\sum_{j=1}^{k}\frac{\partial r_i}{\partial q_j}\delta q_j\quad(i=1,2,\cdots,n) \tag{5-26}$$

将式(5-25)对时间求导数，则得质点系中任一质点 M_i 的速度为

$$v_i=\dot{r}_i=\frac{\mathrm{d}r_i}{\mathrm{d}t}=\frac{\partial r_i}{\partial t}+\sum_{j=1}^{k}\frac{\partial r_i}{\partial q_j}\dot{q}_j \tag{5-27}$$

式中，$\dot{q}_j$ 是广义坐标对时间的导数，称为广义速度。可以看出，任一质点速度 v_i 是广义速度 $\dot{q}_j$ 的线性函数。

将式(5-27)两端对任一广义速度 $\dot{q}_j$ 求偏导数，由于 $\partial r_i/\partial t$ 和 $\partial r_i/\partial q_j$ 仅为各广义坐标及时间的函数，而与广义速度无关，可得

$$\frac{\partial v_i}{\partial \dot{q}_j}=\frac{\partial r_i}{\partial q_j} \tag{5-28}$$

式(5-28)即为推证拉格朗日方程需要用到的辅助公式之一。

由于

$$\frac{\mathrm{d}}{\mathrm{d}t}\left(\frac{\partial r_i}{\partial q_j}\right)=\frac{\partial}{\partial t}\left(\frac{\partial r_i}{\partial q_j}\right)+\sum_{s=1}^{k}\frac{\partial}{\partial q_s}\left(\frac{\partial r_i}{\partial q_j}\right)\dot{q}_s=\frac{\partial^2 r_i}{\partial q_j\partial t}+\sum_{s=1}^{k}\frac{\partial^2 r_i}{\partial q_j\partial q_s}\dot{q}_s=\frac{\partial}{\partial q_j}\left(\frac{\partial r_i}{\partial t}+\sum_{s=1}^{k}\frac{\partial r_i}{\partial q_s}\dot{q}_s\right)$$

将上式括号中的脚标 s 换为 j，并依据式(5-27)，则上式变为

$$\frac{\mathrm{d}}{\mathrm{d}t}\left(\frac{\partial r_i}{\partial q_j}\right)=\frac{\partial v_i}{\partial q_j} \tag{5-29}$$

式(5-29)即为推证拉格朗日方程将要用到的辅助公式之二。

2. 拉格朗日方程的推导

将质点系动力学普遍方程式(5-23)改写为

$$\sum_{i=1}^{n} F_i \delta r_i - \sum_{i=1}^{n} m_i \dot{v}_i \delta r_i = 0 \tag{5-30}$$

式(5－30)中的第一项表示主动力系在虚位移中的虚功之和。依据式(5－18)及式(5－20),该项可写为广义坐标的形式,即

$$\sum_{i=1}^{n} F_i \delta r_i = \sum_{j=1}^{k} Q_j \delta q_j \tag{5-31}$$

式(5－30)中的第二项表示惯性力系在虚位移中的虚功之和。利用式(5－26),该项可写为

$$\sum_{i=1}^{n} m_i \dot{v}_i \delta r_i = \sum_{i=1}^{n} \left(m_i \dot{v}_i \sum_{j=1}^{k} \frac{\partial r_i}{\partial q_j} \delta q_j \right) = \sum_{j=1}^{k} \left(\sum_{i=1}^{n} m_i \dot{v}_i \frac{\partial r_i}{\partial q_j} \right) \delta q_j = \sum_{j=1}^{k} Q_{gj} \delta q_j \tag{5-32}$$

式中,Q_{gj} 称为广义惯性力,有

$$Q_{gj} = \sum_{i=1}^{n} m_i \dot{v}_i \frac{\partial r_i}{\partial q_j} \tag{5-33}$$

广义惯性力 Q_{gj} 的计算是很复杂的。由于质点系动能的计算很方便,所以可把 Q_{gj} 表达为与动能有关的形式,即

$$Q_{gj} = \sum_{i=1}^{n} m_i \dot{v}_i \frac{\partial r_i}{\partial q_j} = \sum_{i=1}^{n} \frac{\mathrm{d}}{\mathrm{d}t} \left(m_i v_i \frac{\partial r_i}{\partial q_j} \right) - \sum_{i=1}^{n} m_i v_i \frac{\mathrm{d}}{\mathrm{d}t} \left(\frac{\partial r_i}{\partial q_j} \right)$$

将前述推导的两个辅助公式(5－28)及式(5－29)代入上式,则得

$$\begin{aligned} Q_{gj} &= \sum_{i=1}^{n} \frac{\mathrm{d}}{\mathrm{d}t} \left(m_i v_i \frac{\partial v_i}{\partial \dot{q}_j} \right) - \sum_{i=1}^{n} m_i v_i \frac{\partial v_i}{\partial q_j} = \sum_{i=1}^{n} \frac{\mathrm{d}}{\mathrm{d}t} \frac{\partial}{\partial \dot{q}_j} \left(\frac{m_i v_i^2}{2} \right) - \sum_{i=1}^{n} \frac{\partial}{\partial q_j} \frac{m_i v_i^2}{2} = \\ &\frac{\mathrm{d}}{\mathrm{d}t} \frac{\partial}{\partial \dot{q}_j} \sum_{i=1}^{n} \frac{m_i v_i^2}{2} - \frac{\partial}{\partial q_j} \sum_{i=1}^{n} \frac{m_i v_i^2}{2} = \frac{\mathrm{d}}{\mathrm{d}t} \frac{\partial K}{\partial \dot{q}_j} - \frac{\partial K}{\partial q_j} \end{aligned} \tag{5-34}$$

式中,K 表示质点系的动能,$K = \sum_{i=1}^{n} (m_i v_i^2)/2$。将式(5－34)代入式(5－32),则得

$$\sum_{i=1}^{n} m_i \dot{v}_i \delta r_i = \sum_{j=1}^{k} \left(\frac{\mathrm{d}}{\mathrm{d}t} \frac{\partial K}{\partial \dot{q}_j} - \frac{\partial K}{\partial q_j} \right) \delta q_j \tag{5-35}$$

再将式(5－31)及式(5－35)代入式(5－30)中,可得

$$\sum_{j=1}^{k} \left(Q_j - \frac{\mathrm{d}}{\mathrm{d}t} \frac{\partial K}{\partial \dot{q}_j} + \frac{\partial K}{\partial q_j} \right) \delta q_j = 0 \tag{5-36}$$

因广义坐标的相互独立性,又 δq_j 是任意的,故要使式(5－36)成立,则 δq_j 前的系数必须等于零,即

$$Q_j = \frac{\mathrm{d}}{\mathrm{d}t} \frac{\partial K}{\partial \dot{q}_j} - \frac{\partial K}{\partial q_j} \quad (j = 1, 2, \cdots, k) \tag{5-37}$$

这即为拉格朗日方程,它是关于广义坐标的 k 个二阶微分方程。

3. 拉格朗日方程的进一步表达

(1) 如果质点系上所受主动力仅为重力,则质点系具有势能(位能),势能 P 是各质点位置的函数,即

$$P = P(x_1, y_1, z_1, x_2, y_2, z_2, \cdots, x_n, y_n, z_n)$$

若将各质点的位置以广义坐标来表达时,质点系的势能即可表达为广义坐标的函数,即

$$P = P(q_1, q_2, \cdots, q_k)$$

由于质点系中任一质点 M_i 上所受的重力在直角坐标上的投影等于势能对相应坐标的偏导数冠以负号，即

$$F_{x_i}=-\frac{\partial P}{\partial x_i},\quad F_{y_i}=-\frac{\partial P}{\partial y_i},\quad F_{z_i}=-\frac{\partial P}{\partial z_i}$$

则依式(5－19)，得广义重力表达式为

$$Q_{\mathrm{m}j}=-\sum_{i=1}^{n}\left(\frac{\partial P}{\partial x_i}\frac{\partial x_i}{\partial q_j}+\frac{\partial P}{\partial y_i}\frac{\partial y_i}{\partial q_j}+\frac{\partial P}{\partial z_i}\frac{\partial z_i}{\partial q_j}\right)=-\frac{\partial P}{\partial q_j}\quad (j=1,2,\cdots,k) \tag{5-38}$$

因此依式(5－37)，拉格朗日方程可写为

$$-\frac{\partial P}{\partial q_j}=\frac{\mathrm{d}}{\mathrm{d}t}\frac{\partial K}{\partial \dot{q}_j}-\frac{\partial K}{\partial q_j}\quad (j=1,2,\cdots,k) \tag{5-39}$$

由于质点系的势能仅是广义坐标的函数，与广义坐标速度 $\dot{q}_j$ 无关，所以 $\partial P/\partial\dot{q}_j=0$，则式(5－39) 又可写为

$$\frac{\mathrm{d}}{\mathrm{d}t}\frac{\partial L}{\partial \dot{q}_j}-\frac{\partial L}{\partial q_j}=0\quad (j=1,2,\cdots,k) \tag{5-40}$$

式中，$L=K-P$，称为拉格朗日算子，表示质点系的动能与势能之差。L 是 t，q_j 及 $\dot{q}_j$ 的函数，式(5－40) 称为保守系统的拉格朗日方程。

(2) 如果质点系上所受主动力不仅有重力，而且还有其他主动力时，则广义力为

$$Q_j=Q_{\mathrm{m}j}+F_j=-\frac{\partial P}{\partial q_j}+F_j \tag{5-41}$$

式中，F_j 是除广义重力以外的广义力。则依式(5－37)，拉格朗日方程可表达为

$$-\frac{\partial P}{\partial q_j}+F_j=\frac{\mathrm{d}}{\mathrm{d}t}\frac{\partial K}{\partial \dot{q}_j}-\frac{\partial K}{\partial q_j}\quad (j=1,2,\cdots,k) \tag{5-42}$$

可得更一般的拉格朗日方程为

$$F_j=\frac{\mathrm{d}}{\mathrm{d}t}\frac{\partial L}{\partial \dot{q}_j}-\frac{\partial L}{\partial q_j} \tag{5-43}$$

式中，广义力 F_j 可以是力或力矩，这取决于广义坐标的形式。这个方程以后会经常用到。

5.3.3　拉格朗日方程的应用

下面以平面二连杆机器人为例，利用拉格朗日方程对其进行动力学分析。该机器人结构为开式运动链，与复摆运动具有相似之处。

例 5－1　如图 5－5 所示为一二连杆机器人，m_1 和 m_2 为连杆 1 和连杆 2 的质量，且假设质量集中在端部，l_1 和 l_2 分别为两连杆的长度，θ_1 和 θ_2 为广义坐标，g 为重力加速度，求关节 1 及关节 2 的驱动力矩 M_1 及 M_2。

(1) 动能和位能的计算。

1) 连杆 1。

由于 $K_1=\frac{1}{2}m_1v_1^2$，$v_1=l_1\dot{\theta}_1$，$P_1=m_1gh_1$，$h_1=-l_1\cos\theta_1$，所以杆 1 的动能及位能为

$$K_1=\frac{1}{2}m_1l_1^2\dot{\theta}_1^2 \tag{5-44a}$$

$$P_1=-m_1gl_1\cos\theta_1 \tag{5-44b}$$

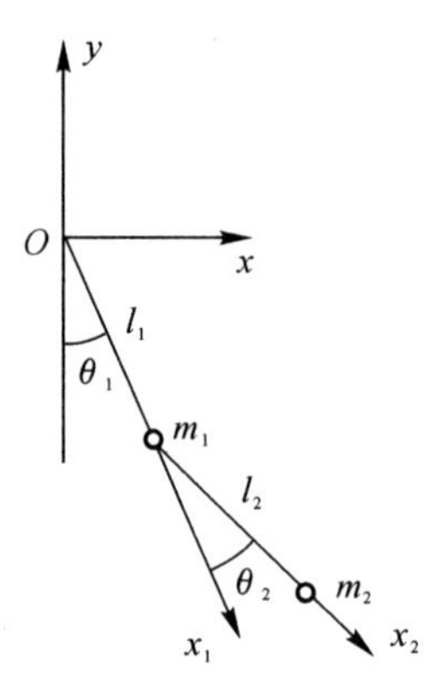

图 5-5　二连杆机器人

2) 连杆 2。

由于 $v_2^2=\dot{x}_2^2+\dot{y}_2^2$，而

$$x_2=l_1\sin\theta_1+l_2\sin(\theta_1+\theta_2)$$

$$y_2=-l_1\cos\theta_1-l_2\cos(\theta_1+\theta_2)$$

$$\dot{x}_2=l_1\cos\theta_1\dot{\theta}_1+l_2\cos(\theta_1+\theta_2)(\dot{\theta}_1+\dot{\theta}_2)$$

$$\dot{y}_2=l_1\sin\theta_1\dot{\theta}_1+l_2\sin(\theta_1+\theta_2)(\dot{\theta}_1+\dot{\theta}_2)$$

可得

$$v_2^2=l_1^2\dot{\theta}_1^2+l_2^2(\dot{\theta}_1^2+2\dot{\theta}_1\dot{\theta}_2+\dot{\theta}_2^2)+2l_1l_2\cos\theta_2(\dot{\theta}_1^2+\dot{\theta}_1\dot{\theta}_2)$$

因 $K_2=\frac{1}{2}m_2v_2^2$，$P_2=mgy_2$，故可求得杆 2 的动能、势能为

$$K_2=\frac{1}{2}m_2l_1^2\dot{\theta}_1^2+\frac{1}{2}m_2l_2^2(\dot{\theta}_1^2+2\dot{\theta}_1\dot{\theta}_2+\dot{\theta}_2^2)+ m_2l_1l_2\cos\theta_2(\dot{\theta}_1^2+\dot{\theta}_1\dot{\theta}_2) \tag{5-45a}$$

$$P_2=-m_2gl_1\cos\theta_1-m_2gl_2\cos(\theta_1+\theta_2) \tag{5-45b}$$

这样，二连杆机器人系统的总动能和总位能分别为

$$K=K_1+K_2=\frac{1}{2}(m_1+m_2)l_1^2\dot{\theta}_1^2+\frac{1}{2}m_2l_2^2(\dot{\theta}_1^2+2\dot{\theta}_1\dot{\theta}_2+\dot{\theta}_2^2)+m_2l_1l_2\cos\theta_2(\dot{\theta}_1^2+\dot{\theta}_1\dot{\theta}_2) \tag{5-46a}$$

$$P=P_1+P_2=-(m_1+m_2)gl_1\cos\theta_1-m_2gl_2\cos(\theta_1+\theta_2) \tag{5-46b}$$

(2) 拉格朗日算子。

二连杆机器人系统的拉格朗日算子 L 可据式(5-46a) 及式(5-46b) 求得，为

$$L=K-P= \frac{1}{2}(m_1+m_2)l_1^2\dot{\theta}_1^2+\frac{1}{2}m_2l_2^2(\dot{\theta}_1^2+2\dot{\theta}_1\dot{\theta}_2+\dot{\theta}_2^2)+m_2l_1l_2\cos\theta_2(\dot{\theta}_1^2+\dot{\theta}_1\dot{\theta}_2)+ (m_1+m_2)gl_1\cos\theta_1+m_2gl_2\cos(\theta_1+\theta_2) \tag{5-47}$$

(3) 动力学方程。

依据式(5-43) 对拉格朗日算子 L 求偏导数和导数，可得

$$\frac{\partial L}{\partial\theta_1}=-(m_1+m_2)gl_1\sin\theta_1-m_2gl_2\sin(\theta_1+\theta_2) \tag{5-48}$$

$$\frac{\partial L}{\partial \theta_2} = -m_2 l_1 l_2 \sin\theta_2 (\dot{\theta}_1^2 + \dot{\theta}_1 \dot{\theta}_2) - m_2 g l_2 \sin(\theta_1 + \theta_2) \tag{5-49}$$

$$\frac{\partial L}{\partial \dot{\theta}_1} = (m_1 + m_2) l_1^2 \dot{\theta}_1 + m_2 l_2^2 \dot{\theta}_1 + m_2 l_2^2 \dot{\theta}_2 + 2m_2 l_1 l_2 \cos\theta_2 \dot{\theta}_1 + m_2 l_1 l_2 \cos\theta_2 \dot{\theta}_2 \tag{5-50}$$

$$\frac{\partial L}{\partial \dot{\theta}_2} = m_2 l_2^2 \dot{\theta}_1 + m_2 l_2^2 \dot{\theta}_2 + m_2 l_1 l_2 \cos\theta_2 \dot{\theta}_1 \tag{5-51}$$

以及

$$\frac{\mathrm{d}}{\mathrm{d}t}\frac{\partial L}{\partial \dot{\theta}_1} = [(m_1 + m_2) l_1^2 + m_2 l_2^2 + 2m_2 l_1 l_2 \cos\theta_2]\ddot{\theta}_1 + (m_2 l_2^2 + m_2 l_1 l_2 \cos\theta_2)\ddot{\theta}_2 - 2m_2 l_1 l_2 \sin\theta_2 \dot{\theta}_1 \dot{\theta}_2 - m_2 l_1 l_2 \sin\theta_2 \dot{\theta}_2^2 \tag{5-52}$$

$$\frac{\mathrm{d}}{\mathrm{d}t}\frac{\partial L}{\partial \dot{\theta}_2} = m_2 l_2^2 \ddot{\theta}_1 + m_2 l_2^2 \ddot{\theta}_2 + m_2 l_1 l_2 \cos\theta_2 \ddot{\theta}_1 - m_2 l_1 l_2 \sin\theta_2 \dot{\theta}_1 \dot{\theta}_2 \tag{5-53}$$

将式(5－48)～式(5－53)对应代入式(5－43)，即可求得关节 1 及关节 2 的驱动力矩 M_1 和 M_2 的表达式，即

$$M_1 = \frac{\mathrm{d}}{\mathrm{d}t}\frac{\partial L}{\partial \dot{\theta}_1} - \frac{\partial L}{\partial \theta_1} = [(m_1 + m_2) l_1^2 + m_2 l_2^2 + 2m_2 l_1 l_2 \cos\theta_2]\ddot{\theta}_1 + (m_2 l_2^2 + m_2 l_1 l_2 \cos\theta_2)\ddot{\theta}_2 - 2m_2 l_1 l_2 \sin\theta_2 \dot{\theta}_1 \dot{\theta}_2 - m_2 l_1 l_2 \sin\theta_2 \dot{\theta}_2^2 + (m_1 + m_2) g l_1 \sin\theta_1 + m_2 g l_2 \sin(\theta_1 + \theta_2) \tag{5-54}$$

$$M_2 = \frac{\mathrm{d}}{\mathrm{d}t}\frac{\partial L}{\partial \dot{\theta}_2} - \frac{\partial L}{\partial \theta_2} = (m_2 l_2^2 + m_2 l_1 l_2 \cos\theta_2)\ddot{\theta}_1 + m_2 l_2^2 \ddot{\theta}_2 + m_2 l_1 l_2 \sin\theta_2 \dot{\theta}_1^2 + m_2 g l_2 \sin(\theta_1 + \theta_2) \tag{5-55}$$

式(5－54)和(5－55)的一般形式如下：

$$M_1 = D_{11}\ddot{\theta}_1 + D_{12}\ddot{\theta}_2 + D_{111}\dot{\theta}_1^2 + D_{122}\dot{\theta}_2^2 + D_{112}\dot{\theta}_1\dot{\theta}_2 + D_{121}\dot{\theta}_2\dot{\theta}_1 + D_1 \tag{5-56}$$

$$M_2 = D_{21}\ddot{\theta}_1 + D_{22}\ddot{\theta}_2 + D_{211}\dot{\theta}_1^2 + D_{222}\dot{\theta}_2^2 + D_{212}\dot{\theta}_1\dot{\theta}_2 + D_{221}\dot{\theta}_2\dot{\theta}_1 + D_2 \tag{5-57}$$

写成矩阵表达式为

$$\begin{bmatrix} M_1 \\ M_2 \end{bmatrix} = \begin{bmatrix} D_{11} & D_{12} \\ D_{21} & D_{22} \end{bmatrix}\begin{bmatrix} \ddot{\theta}_1 \\ \ddot{\theta}_2 \end{bmatrix} + \begin{bmatrix} D_{111} & D_{122} \\ D_{211} & D_{222} \end{bmatrix}\begin{bmatrix} \dot{\theta}_1^2 \\ \dot{\theta}_2^2 \end{bmatrix} + \begin{bmatrix} D_{112} & D_{121} \\ D_{212} & D_{221} \end{bmatrix}\begin{bmatrix} \dot{\theta}_1\dot{\theta}_2 \\ \dot{\theta}_2\dot{\theta}_1 \end{bmatrix} + \begin{bmatrix} D_1 \\ D_2 \end{bmatrix} \tag{5-58}$$

式中，D_{ii} 称为关节 i 的有效惯量，$D_{ii}\ddot{\theta}_i$ 项为关节 i 的加速度 $\ddot{\theta}_i$ 在关节 i 上产生的惯性力(矩)；D_{ij} 或 D_{ji} 为关节 i 和 j 之间的耦合惯量，$D_{ji}\ddot{\theta}_i$ 或 $D_{ij}\ddot{\theta}_j$ 项为关节 i 和 j 的加速度 $\ddot{\theta}_i$ 和 $\ddot{\theta}_j$ 分别在关节 j 或 i 上产生的惯性力(矩)；$D_{ijj}\dot{\theta}_j^2$ 项是由关节 j 的速度 $\dot{\theta}_j$ 在关节 i 上产生的向心力(矩)；$(D_{ijk}\dot{\theta}_j\dot{\theta}_k + D_{ikj}\dot{\theta}_k\dot{\theta}_j)$ 项是由关节 j 和 k 的速度 $\dot{\theta}_i$ 和 $\dot{\theta}_k$ 引起的在关节 i 的哥氏力(矩)；D_i 表示关节 i 处的重力(矩)。

分别对比式(5－54)与式(5－56)以及式(5－55)与式(5－57)，可得关节 1 及关节 2 的力矩方程各系数如下：

1) 有效惯量。

$D_{11} = (m_1 + m_2) l_1^2 + m_2 l_2^2 + 2m_2 l_1 l_2 \cos\theta_2$

$D_{22} = m_2 l_2^2$

2) 耦合惯量。

$D_{12} = D_{21} = m_2 l_2^2 + m_2 l_1 l_2 \cos\theta_2 = m_2 l_2 (l_2 + l_1 \cos\theta_2)$

3) 向心力(矩)系数。

$D_{111}=0$

$D_{122}=-m_2l_1l_2\sin\theta_2$

$D_{211}=m_2l_1l_2\sin\theta_2$

$D_{222}=0$

4）哥氏力(矩）系数。

$D_{112}=D_{121}=-m_2l_1l_2\sin\theta_2$

$D_{212}=D_{221}=0$

5）重力(矩）。

$D_1=(m_1+m_2)gl_1\sin\theta_1+m_2gl_2\sin(\theta_1+\theta_2)$

$D_2=m_2gl_2\sin(\theta_1+\theta_2)$

5.4 基于 A 变换的动力学方程

5.3 节学习掌握了拉格朗日方程的推导及应用。拉格朗日方程的特点是利用杆系的动能及位能来求解各杆件所受到的广义力(矩)。这节学习掌握由拉格朗日方程推导而得的基于 A 变换的动力学方程,其特点是不需要求解各杆件的动能及位能,仅需要知道各连杆坐标系之间的 A 变换,就可以依据公式求出动力学方程。

5.4.1 动力学方程的推导

基于 A 变换所描述的机器人动力学方程的推导过程分为以下 5 步：

(1) 计算任一连杆上任一点的速度；

(2) 计算连杆的动能及系统的总动能；

(3) 计算连杆的位能和系统的总位能；

(4) 计算拉格朗日算子；

(5) 对拉格朗日算子求导,求解动力学方程式。

1. 连杆上任一点的速度

假定机器人连杆 i 上有一点 P,其在自身坐标系中的位置矢量为 $\boldsymbol{r}_i$,则在基础坐标系中点 P 的位置为

$$\boldsymbol{r}=\boldsymbol{T}_i\boldsymbol{r}_i \tag{5-59}$$

则点 P 的速度为

$$\boldsymbol{v}=\dot{\boldsymbol{r}}=\frac{\mathrm{d}\boldsymbol{r}}{\mathrm{d}t}=\left(\sum_{j=1}^{n}\frac{\partial \boldsymbol{T}_i}{\partial q_j}\dot{q}_j\right)\boldsymbol{r}_i \tag{5-60}$$

速度的二次方为

$$\boldsymbol{v}^2=\left(\frac{\mathrm{d}\boldsymbol{r}}{\mathrm{d}t}\right)^2=\dot{\boldsymbol{r}}\cdot\dot{\boldsymbol{r}}$$

用矩阵形式表示为

$$\boldsymbol{v}^2=\left(\frac{\mathrm{d}\boldsymbol{r}}{\mathrm{d}t}\right)^2=\mathrm{Trace}(\dot{\boldsymbol{r}}\cdot\dot{\boldsymbol{r}}^{\mathrm{T}})$$

式中，Trace 表示矩阵的迹。对于 n 阶方阵来说，其迹为它的主对角线上各元素之和。

将式(5－60) 代入上式，得

$$v^2=\left(\frac{\mathrm{d}\boldsymbol{r}}{\mathrm{d}t}\right)^2=\mathrm{Trace}(\dot{\boldsymbol{r}}\cdot\dot{\boldsymbol{r}}^{\mathrm{T}})=\mathrm{Trace}\left[\sum_{j=1}^{i}\frac{\partial\boldsymbol{T}_i}{\partial q_j}\dot{q}_j\boldsymbol{r}_i\sum_{k=1}^{i}\left(\frac{\partial\boldsymbol{T}_i}{\partial q_k}\dot{q}_k\boldsymbol{r}_i\right)^{\mathrm{T}}\right]=$$

$$\mathrm{Trace}\left[\sum_{j=1}^{i}\sum_{k=1}^{i}\frac{\partial\boldsymbol{T}_i}{\partial q_j}\boldsymbol{r}_i\boldsymbol{r}_i^{\mathrm{T}}\left(\frac{\partial\boldsymbol{T}_i}{\partial q_k}\right)^{\mathrm{T}}\dot{q}_j\dot{q}_k\right] \tag{5-61}$$

在此应注意，式(5－61) 中若 $j>i$ 或 $k>i$，则 $\frac{\partial\boldsymbol{T}_i}{\partial q_j}=0$ 或 $\frac{\partial\boldsymbol{T}_i}{\partial q_k}=0$，这是因为在机器人杆系中，后面的连杆变量对前面连杆的位姿不产生影响。

2. 动能的计算

令连杆 i 上质点 P 的质量为 $\mathrm{d}m$，则其动能为

$$\mathrm{d}K_i=\frac{1}{2}v^2\mathrm{d}m=\frac{1}{2}\mathrm{Trace}\left[\sum_{j=1}^{i}\sum_{k=1}^{i}\frac{\partial\boldsymbol{T}_i}{\partial q_j}\boldsymbol{r}_i\boldsymbol{r}_i^{\mathrm{T}}\left(\frac{\partial\boldsymbol{T}_i}{\partial q_k}\right)^{\mathrm{T}}\dot{q}_j\dot{q}_k\right]\mathrm{d}m=$$

$$\frac{1}{2}\mathrm{Trace}\left[\sum_{j=1}^{i}\sum_{k=1}^{i}\frac{\partial\boldsymbol{T}_i}{\partial q_j}(\boldsymbol{r}_i\mathrm{d}m\boldsymbol{r}_i^{\mathrm{T}})\frac{\partial\boldsymbol{T}_i^{\mathrm{T}}}{\partial q_k}\dot{q}_j\dot{q}_k\right] \tag{5-62}$$

则连杆 i 的动能为

$$K_i=\int_{连杆i}\mathrm{d}K_i=\frac{1}{2}\mathrm{Trace}\left[\sum_{j=1}^{i}\sum_{k=1}^{i}\frac{\partial\boldsymbol{T}_i}{\partial q_j}\boldsymbol{J}_i\frac{\partial\boldsymbol{T}_i^{\mathrm{T}}}{\partial q_k}\dot{q}_j\dot{q}_k\right] \tag{5-63}$$

式中，$\boldsymbol{J}_i$ 为伪惯量矩阵，其表达式为

$$\boldsymbol{J}_i=\int_{连杆i}\boldsymbol{r}_i\boldsymbol{r}_i^{\mathrm{T}}\mathrm{d}m=\int_i\boldsymbol{r}_i\boldsymbol{r}_i^{\mathrm{T}}\mathrm{d}m=\begin{bmatrix}\int x_i^2\mathrm{d}m & \int x_iy_i\mathrm{d}m & \int x_iz_i\mathrm{d}m & \int x_i\mathrm{d}m\\ \int x_iy_i\mathrm{d}m & \int y_i^2\mathrm{d}m & \int y_iz_i\mathrm{d}m & \int y_i\mathrm{d}m\\ \int x_iz_i\mathrm{d}m & \int y_iz_i\mathrm{d}m & \int z_i^2\mathrm{d}m & \int z_i\mathrm{d}m\\ \int x_i\mathrm{d}m & \int y_i\mathrm{d}m & \int z_i\mathrm{d}m & \int\mathrm{d}m\end{bmatrix} \tag{5-64}$$

根据理论力学或物理学可知，物体的惯性矩(转动惯量)、惯性积及一阶矩为

$$I_{xx}=\int(y^2+z^2)\mathrm{d}m,\quad I_{yy}=\int(x^2+z^2)\mathrm{d}m,\quad I_{zz}=\int(x^2+y^2)\mathrm{d}m;$$

$$I_{xy}=I_{yx}=\int xy\mathrm{d}m,\quad I_{xz}=I_{zx}=\int xz\mathrm{d}m,\quad I_{yz}=I_{zy}=\int yz\mathrm{d}m;$$

$$m\bar{x}=\int x\mathrm{d}m,\quad m\bar{y}=\int y\mathrm{d}m,\quad m\bar{z}=\int z\mathrm{d}m$$

从而

$$\int x^2\mathrm{d}m=-\frac{1}{2}\int(y^2+z^2)\mathrm{d}m+\frac{1}{2}\int(x^2+z^2)\mathrm{d}m+\frac{1}{2}\int(x^2+y^2)\mathrm{d}m=(-I_{xx}+I_{yy}+I_{zz})/2 \tag{5-65}$$

$$\int y^2\mathrm{d}m=\frac{1}{2}\int(y^2+z^2)\mathrm{d}m-\frac{1}{2}\int(x^2+z^2)\mathrm{d}m+\frac{1}{2}\int(x^2+y^2)\mathrm{d}m=(I_{xx}-I_{yy}+I_{zz})/2 \tag{5-66}$$

$$\int z^2 \mathrm{d}m = \frac{1}{2}\int (y^2 + z^2)\,\mathrm{d}m + \frac{1}{2}\int (x^2 + z^2)\,\mathrm{d}m - \frac{1}{2}\int (x^2 + y^2)\,\mathrm{d}m = (I_{xx} + I_{yy} - I_{zz})/2 \tag{5-67}$$

则连杆 i 的伪惯量矩阵 $\boldsymbol{J}_i$ 就可表示为

$$\boldsymbol{J}_i = \begin{bmatrix} \dfrac{-I_{ixx} + I_{iyy} + I_{izz}}{2} & I_{ixy} & I_{ixz} & m_i\bar{x}_i \\ I_{ixy} & \dfrac{I_{ixx} - I_{iyy} + I_{izz}}{2} & I_{iyz} & m_i\bar{y}_i \\ I_{ixz} & I_{iyz} & \dfrac{I_{ixx} + I_{iyy} - I_{izz}}{2} & m_i\bar{z}_i \\ m_i\bar{x}_i & m_i\bar{y}_i & m_i\bar{z}_i & m_i \end{bmatrix} \tag{5-68}$$

因而具有 n 个连杆的机械手其杆件总动能为

$$K_z = \sum_{i=1}^{n} K_i = \frac{1}{2}\sum_{i=1}^{n} \mathrm{Trace}\left[\sum_{j=1}^{i}\sum_{k=1}^{i} \frac{\partial \boldsymbol{T}_i}{\partial q_j}\boldsymbol{J}_i \frac{\partial \boldsymbol{T}_i^{\mathrm{T}}}{\partial q_j}\dot{q}_j\dot{q}_k\right] \tag{5-69}$$

此外，连杆 i 的传动装置动能为

$$K_{ai} = \frac{1}{2} I_{ai}\dot{q}_i^2 \tag{5-70}$$

式中，对于转动关节，I_{ai} 为第 i 个传动装置的等效转动惯量，对于平动关节，I_{ai} 为第 i 个传动装置的等效质量；$\dot{q}_i$ 为关节 i 的速度。

将 Trace 运算和求和运算进行交换，再加上传动机构的动能，于是可得到机械手系统（包括传动装置）的总动能为

$$K = K_z + K_{ai} = \frac{1}{2}\sum_{i=1}^{n}\sum_{j=1}^{i}\sum_{k-1}^{i} \mathrm{Trace}\left(\frac{\partial \boldsymbol{T}_i}{\partial q_j}\boldsymbol{J}_i \frac{\partial \boldsymbol{T}_i^{\mathrm{T}}}{\partial q_k}\right)\dot{q}_j\dot{q}_k + \frac{1}{2}\sum_{i=1}^{n} I_{ai}\dot{q}_i^2 \tag{5-71}$$

3. 位能的计算

现在计算机械手的位能。

在重力场中，如果重力加速度用矢量 $\boldsymbol{g}$ 表示，质量为 m 的物体质心位置矢量用 $\boldsymbol{r}$ 表示，则其位能为

$$P = -m\boldsymbol{g}^{\mathrm{T}}\boldsymbol{r} \tag{5-72}$$

例如，重力场中，已知物体质量 $m=3$ kg，重力加速度矢量 $\boldsymbol{g}=0\boldsymbol{i}+0\boldsymbol{j}-9.8\boldsymbol{k}$，物体质心位置矢量 $\boldsymbol{r}=5\boldsymbol{i}+10\boldsymbol{j}+20\boldsymbol{k}$，则物体具有的位能为 588 N・m。

对于机器人，连杆 i 上位置 $\boldsymbol{r}_i$ 处的质点质量为 dm，则其位能为

$$\mathrm{d}P_i = -\mathrm{d}m\boldsymbol{g}^{\mathrm{T}}\boldsymbol{r} = -\boldsymbol{g}^{\mathrm{T}}\boldsymbol{T}_i\boldsymbol{r}_i\mathrm{d}m \tag{5-73}$$

式中，$\boldsymbol{g}^{\mathrm{T}} = [g_x \quad g_y \quad g_z \quad 0]$，则连杆的位能为

$$P_i = \int_{\text{连杆}i} \mathrm{d}P = -\int_{\text{连杆}i} \boldsymbol{g}^{\mathrm{T}}\boldsymbol{T}_i\boldsymbol{r}_i\mathrm{d}m = -\boldsymbol{g}^{\mathrm{T}}\boldsymbol{T}_i\int_{\text{连杆}i}\boldsymbol{r}_i\mathrm{d}m = -\boldsymbol{g}^{\mathrm{T}}\boldsymbol{T}_i m_i\boldsymbol{r}_{ii} = -m_i\boldsymbol{g}^{\mathrm{T}}\boldsymbol{T}_i\boldsymbol{r}_{ii} \tag{5-74}$$

式中，m_i 为连杆 i 的质量；$\boldsymbol{r}_{ii}$ 为连杆 i 的质心相对于自身坐标系的位置矢量。

由于传动装置的重力作用而产生的势能 P_{ai} 一般很小，在此略去不计，所以，机械手系统的总位能为

$$P = \sum_{i=1}^{n} P_i = -\sum_{i=1}^{n} m_i\boldsymbol{g}^{\mathrm{T}}\boldsymbol{T}_i\boldsymbol{r}_{ii} \tag{5-75}$$

4. 拉格朗日算子

依照式(5－71) 及式(5－75)，得出拉格朗日算子

$$L = K - P = \frac{1}{2}\sum_{i=1}^{n}\sum_{j=1}^{i}\sum_{k=1}^{i}\mathrm{Trace}\left(\frac{\partial \boldsymbol{T}_i}{\partial q_j}\boldsymbol{J}_i\frac{\partial \boldsymbol{T}_i^{\mathrm{T}}}{\partial q_k}\right)\dot{q}_j\dot{q}_k + \frac{1}{2}\sum_{i=1}^{n} I_{ai}\dot{q}_i^2 + \sum_{i=1}^{n} m_i \boldsymbol{g}^{\mathrm{T}}\boldsymbol{T}_i^i\boldsymbol{r}_{ii} \tag{5-76}$$

再应用拉格朗日方程式(5－43)，可计算出作用在各连杆上的广义力(矩)F_p，即

$$F_p = \frac{\mathrm{d}}{\mathrm{d}t}\frac{\partial L}{\partial \dot{q}_p} - \frac{\partial L}{\partial q_p} \quad (p=1,2,\cdots,n) \tag{5-77}$$

式中，下标选择 p，以区别拉格朗日算子 L 表达式中的 i，j，k。

5. 动力学方程

下面推导动力学方程式(5－77) 的具体表达式。

(1) 先求导数$\dfrac{\partial L}{\partial \dot{q}_p}$，推导如下：

$$\frac{\partial L}{\partial \dot{q}_p} = \frac{1}{2}\sum_{i=1}^{n}\sum_{k=1}^{i}\mathrm{Trace}\left(\frac{\partial \boldsymbol{T}_i}{\partial q_p}\boldsymbol{J}_i\frac{\partial \boldsymbol{T}_i^{\mathrm{T}}}{\partial q_k}\right)\dot{q}_k + \frac{1}{2}\sum_{i=1}^{n}\sum_{j=1}^{i}\mathrm{Trace}\left(\frac{\partial \boldsymbol{T}_i}{\partial q_j}\boldsymbol{J}_i\frac{\partial \boldsymbol{T}_i^{\mathrm{T}}}{\partial q_p}\right)\dot{q}_j + I_{ap}\dot{q}_p \quad (p=1,2,\cdots,n) \tag{5-78}$$

由于矩阵和其转置的迹相等，且因 $\boldsymbol{J}_i$ 为对称矩阵，则 $\boldsymbol{J}_i^{\mathrm{T}}=\boldsymbol{J}_i$，因此式(5-78) 第一项可变换为

$$\mathrm{Trace}\left(\frac{\partial \boldsymbol{T}_i}{\partial q_p}\boldsymbol{J}_i\frac{\partial \boldsymbol{T}_i^{\mathrm{T}}}{\partial q_k}\right) = \mathrm{Trace}\left(\frac{\partial \boldsymbol{T}_i}{\partial q_p}\boldsymbol{J}_i\frac{\partial \boldsymbol{T}_i^{\mathrm{T}}}{\partial q_k}\right)^{\mathrm{T}} = \mathrm{Trace}\left(\frac{\partial \boldsymbol{T}_i}{\partial q_k}\boldsymbol{J}_i^{\mathrm{T}}\frac{\partial \boldsymbol{T}_i^{\mathrm{T}}}{\partial q_p}\right) = \mathrm{Trace}\left(\frac{\partial \boldsymbol{T}_i}{\partial q_k}\boldsymbol{J}_i\frac{\partial \boldsymbol{T}_i^{\mathrm{T}}}{\partial q_p}\right) \tag{5-79}$$

将式(5－78) 中第二项中的标号 j 换为 k，再结合式(5－79)，可推得式(5－78) 为

$$\frac{\partial L}{\partial \dot{q}_p} = \sum_{i=1}^{n}\sum_{k=1}^{i}\mathrm{Trace}\left(\frac{\partial \boldsymbol{T}_i}{\partial q_k}\boldsymbol{J}_i\frac{\partial \boldsymbol{T}_i^{\mathrm{T}}}{\partial q_p}\right)\dot{q}_k + I_{ap}\dot{q}_p$$

由于当 $p>i$ 时，后面连杆变量 q_p 对前面各连杆不产生影响，即当 $p>i$ 时，$\partial \boldsymbol{T}_i/\partial q_p=0$。因此上式变为

$$\frac{\partial L}{\partial \dot{q}_p} = \sum_{i=p}^{n}\sum_{k=1}^{i}\mathrm{Trace}\left(\frac{\partial \boldsymbol{T}_i}{\partial q_k}\boldsymbol{J}_i\frac{\partial \boldsymbol{T}_i^{\mathrm{T}}}{\partial q_p}\right)\dot{q}_k + I_{ap}\dot{q}_p \tag{5-80}$$

(2) 再求$\dfrac{\mathrm{d}}{\mathrm{d}t}\dfrac{\partial L}{\partial \dot{q}_p}$，推导如下：

由于

$$\frac{\mathrm{d}}{\mathrm{d}t}\left(\frac{\partial \boldsymbol{T}_i}{\partial q_k}\right) = \sum_{j=1}^{i}\frac{\partial}{\partial q_j}\left(\frac{\partial \boldsymbol{T}_i}{\partial q_k}\right)\dot{q}_j \tag{5-81}$$

则由式(5－80)、式(5－81) 及式(5－79) 可推得

$$\frac{\mathrm{d}}{\mathrm{d}t}\frac{\partial L}{\partial \dot{q}_p} = \sum_{i=p}^{n}\sum_{k=1}^{i}\mathrm{Trace}\left(\frac{\partial \boldsymbol{T}_i}{\partial q_k}\boldsymbol{J}_i\frac{\partial \boldsymbol{T}_i^{\mathrm{T}}}{\partial q_p}\right)\ddot{q}_k + I_{ap}\ddot{q}_p + \sum_{i=p}^{n}\sum_{k=1}^{i}\sum_{j=1}^{i}\mathrm{Trace}\left(\frac{\partial^2 \boldsymbol{T}_i}{\partial q_k\partial q_j}\boldsymbol{J}_i\frac{\partial \boldsymbol{T}_i^{\mathrm{T}}}{\partial q_p}\right)\dot{q}_j\dot{q}_k + \sum_{i=p}^{n}\sum_{k=1}^{i}\sum_{j=1}^{i}\mathrm{Trace}\left(\frac{\partial^2 \boldsymbol{T}_i}{\partial q_p\partial q_j}\boldsymbol{J}_i\frac{\partial \boldsymbol{T}_i^{\mathrm{T}}}{\partial q_k}\right)\dot{q}_j\dot{q}_k \tag{5-82}$$

接下来求 $\partial L/\partial q_p$ 项，由式(5－76) 及式(5－79) 可推得

$$\frac{\partial L}{\partial q_p}=\frac{1}{2}\sum_{i=p}^{n}\sum_{j=1}^{i}\sum_{k=1}^{i}\mathrm{Trace}\left(\frac{\partial^2 \boldsymbol{T}_i}{\partial q_j \partial q_p}\boldsymbol{J}_i\frac{\partial \boldsymbol{T}_i^{\mathrm{T}}}{\partial q_k}\right)\dot{q}_j\dot{q}_k+$$
$$\frac{1}{2}\sum_{i=p}^{n}\sum_{j=1}^{i}\sum_{k=1}^{i}\mathrm{Trace}\left(\frac{\partial^2 \boldsymbol{T}_i}{\partial q_k \partial q_p}\boldsymbol{J}_i\frac{\partial \boldsymbol{T}_i^{\mathrm{T}}}{\partial q_j}\right)\dot{q}_j\dot{q}_k+\sum_{i=p}^{n}m_i\boldsymbol{g}^{\mathrm{T}}\frac{\partial \boldsymbol{T}_i}{\partial q_p}\boldsymbol{r}_{ii}=$$
$$\sum_{i=p}^{n}\sum_{j=1}^{i}\sum_{k=1}^{i}\mathrm{Trace}\left(\frac{\partial^2 \boldsymbol{T}_i}{\partial q_p \partial q_j}\boldsymbol{J}_i\frac{\partial \boldsymbol{T}_i^{\mathrm{T}}}{\partial q_k}\right)\dot{q}_j\dot{q}_k+\sum_{i=p}^{n}m_i\boldsymbol{g}^{\mathrm{T}}\frac{\partial \boldsymbol{T}_i}{\partial q_p}\boldsymbol{r}_{ii} \tag{5-83}$$

在式(5-83)的运算中,将第二项的哑元 j 和 k 进行了交换,并与第一项进行合并,从而得到了简化。

将式(5-82)及式(5-83)代入式(5-77)的右式得

$$\frac{\mathrm{d}}{\mathrm{d}t}\frac{\partial L}{\partial \dot{q}_p}-\frac{\partial L}{\partial q_p}=\sum_{i=p}^{n}\sum_{k=1}^{i}\mathrm{Trace}\left(\frac{\partial \boldsymbol{T}_i}{\partial q_k}\boldsymbol{J}_i\frac{\partial \boldsymbol{T}_i^{\mathrm{T}}}{\partial q_p}\right)\ddot{q}_k+I_{\mathrm{a}p}\ddot{q}_p+$$
$$\sum_{i=p}^{n}\sum_{k=1}^{i}\sum_{j=1}^{i}\mathrm{Trace}\left(\frac{\partial^2 \boldsymbol{T}_i}{\partial q_k \partial q_j}\boldsymbol{J}_i\frac{\partial \boldsymbol{T}_i^{\mathrm{T}}}{\partial q_p}\right)\dot{q}_j\dot{q}_k-\sum_{i=p}^{n}m_i\boldsymbol{g}^{\mathrm{T}}\frac{\partial \boldsymbol{T}_i}{\partial q_p}\boldsymbol{r}_{ii} \tag{5-84}$$

将式(5-84)中的哑元 i 与 p 互换,j 与 k 互换,即可得到具有 n 个连杆的机械手系统动力学方程,即

$$F_i=\frac{\mathrm{d}}{\mathrm{d}t}\frac{\partial L}{\partial \dot{q}_i}-\frac{\partial L}{\partial q_i}=\sum_{p=i}^{n}\sum_{j=1}^{p}\mathrm{Trace}\left(\frac{\partial \boldsymbol{T}_p}{\partial q_j}\boldsymbol{J}_p\frac{\partial \boldsymbol{T}_p^{\mathrm{T}}}{\partial q_i}\right)\ddot{q}_j+I_{\mathrm{a}i}\ddot{q}_i+$$
$$\sum_{p=i}^{n}\sum_{j=1}^{i}\sum_{k=1}^{i}\mathrm{Trace}\left(\frac{\partial^2 \boldsymbol{T}_p}{\partial q_j \partial q_k}\boldsymbol{J}_p\frac{\partial \boldsymbol{T}_p^{\mathrm{T}}}{\partial q_i}\right)\dot{q}_j\dot{q}_k-\sum_{p=i}^{n}m_p\boldsymbol{g}^{\mathrm{T}}\frac{\partial \boldsymbol{T}_p}{\partial q_i}\boldsymbol{r}_{pp} \tag{5-85}$$

上述方程式是与求和次序无关的。进一步把式(5-85)写成下列形式:

$$F_i=\sum_{j=1}^{n}\sum_{p=\max i,j}^{n}\mathrm{Trace}\left(\frac{\partial \boldsymbol{T}_p}{\partial q_j}\boldsymbol{J}_p\frac{\partial \boldsymbol{T}_p^{\mathrm{T}}}{\partial q_i}\right)\ddot{q}_j+I_{\mathrm{a}i}\ddot{q}_i+$$
$$\sum_{j=1}^{n}\sum_{k=1}^{n}\sum_{p=\max i,j,k}^{n}\mathrm{Trace}\left(\frac{\partial^2 \boldsymbol{T}_p}{\partial q_j \partial q_k}\boldsymbol{J}_p\frac{\partial \boldsymbol{T}_p^{\mathrm{T}}}{\partial q_i}\right)\dot{q}_j\dot{q}_k-\sum_{p=i}^{n}m_p\boldsymbol{g}^{\mathrm{T}}\frac{\partial \boldsymbol{T}_p}{\partial q_i}\boldsymbol{r}_{pp} \tag{5-86a}$$

简写为

$$F_i=\sum_{j=1}^{n}D_{ij}\ddot{q}_j+I_{\mathrm{a}i}\ddot{q}_i+\sum_{j=1}^{n}\sum_{k=1}^{n}D_{ijk}\dot{q}_j\dot{q}_k+D_i \tag{5-86b}$$

将第一项中的 D_{ii} 提取出,式(5-86b)可进一步表达为

$$F_i=(D_{ii}+I_{\mathrm{a}i})\ddot{q}_i+\sum_{j=1,j\neq i}^{n}D_{ij}\ddot{q}_j+\sum_{j=1}^{n}\sum_{k=1}^{n}D_{ijk}\dot{q}_j\dot{q}_k+D_i \tag{5-86c}$$

式(5-86c)中除 $I_{\mathrm{a}i}$ 项以外,各系数表达式的含义与 5.3.3 节中相同。由于位姿矩阵 $\boldsymbol{T}_p$ $(p=1,2,\cdots,n)$ 由一系列 A 变换计算可得,因此称式(5-86a ~ c)为基于 A 变换的机器人动力学方程。

将式(5-86c)中 n 取 6,则

$$D_{ii}=\sum_{p=i}^{6}\mathrm{Trace}\left(\frac{\partial \boldsymbol{T}_p}{\partial q_i}\boldsymbol{J}_p\frac{\partial \boldsymbol{T}_p^{\mathrm{T}}}{\partial q_i}\right) \tag{5-87}$$

$$D_{ij}=\sum_{p=\max i,j}^{6}\mathrm{Trace}\left(\frac{\partial \boldsymbol{T}_p}{\partial q_j}\boldsymbol{J}_p\frac{\partial \boldsymbol{T}_p^{\mathrm{T}}}{\partial q_i}\right)\quad (j\neq i) \tag{5-88}$$

$$D_{ijk}=\sum_{p=\max i,j,k}^{6}\mathrm{Trace}\left(\frac{\partial^2 \boldsymbol{T}_p}{\partial q_j \partial q_k}\boldsymbol{J}_p\frac{\partial \boldsymbol{T}_p^{\mathrm{T}}}{\partial q_i}\right) \tag{5-89}$$

$$D_i=\sum_{p=i}^{6}-m_p\boldsymbol{g}^{\mathrm{T}}\frac{\partial \boldsymbol{T}_p}{\partial q_i}\boldsymbol{r}_{pp} \tag{5-90}$$

式(5-86c)中$(D_{ii}+I_{ai})$、D_{ij}转动惯量和重力项D_i在机器人的控制中特别重要，它们直接影响机器人系统的伺服稳定性和定位精度。而向心力和哥氏力，仅当机器人高速运动时才显得重要，一般情况下对系统造成的误差很小，可将其忽略。由于传动装置的惯量I_{ai}往往具有较大的值，所以相对减少了有效惯量项D_{ii}及耦合惯量项D_{ij}的对系统的重要性。

5.4.2　动力学方程的简化

针对动力学方程式(5-86c)的求解，可直接利用式(5-87)～式(5-90)来计算各项，也可将式(5-87)～式(5-90)展开化简后再计算各项。以下仅就惯量项D_{ii}，$D_{ij}\,(j\neq i)$和重力项D_i进行化简，而D_{ijk}项由于在展开推导时反而变得复杂，所以可直接利用式(5-89)进行计算，或者在机器人低速运动时，D_{ijk}可以忽略不计。

1. 耦合惯量 D_{ij} 的简化

对于6连杆机器人，其手部位姿矩阵为$\boldsymbol{T}_6$，当手部相对于自身坐标系微分运动时，由式(4-10)知，手部坐标系T_6相对于基础坐标系的微分可表示为

$$\mathrm{d}\boldsymbol{T}_6=\boldsymbol{T}_6{}^{T_6}\boldsymbol{\Delta} \tag{5-91}$$

式中，${}^{T_6}\boldsymbol{\Delta}$是$T_6$相对于自身坐标系微分运动时，其相对于基础坐标系的微分变换算子，其元素是以微分形式呈现的，会含有$\mathrm{d}q_i\,(i=1,2,\cdots,6)$。

式(5-91)为各关节同时微分运动时$\boldsymbol{T}_6$的微分表达式。令除$\mathrm{d}q_i\neq 0$以外其他关节微分变量为0，将式(5-91)两边同时除以$\mathrm{d}q_i$，可推出仅关节i微分运动时，$\boldsymbol{T}_6$对关节变量q_i求偏导的表达式，即

$$\frac{\partial \boldsymbol{T}_6}{\partial q_i}=\boldsymbol{T}_6\boldsymbol{\Delta}_{i,T_6} \tag{5-92}$$

这里需注意：式中，$\boldsymbol{\Delta}_{i,T_6}$是${}^{T_6}\boldsymbol{\Delta}$对$q_i$的偏导表达式，其元素是以偏导数形式呈现的，不含有$\mathrm{d}q_i\,(i=1,2,\cdots,6)$。

可以把式(5-92)推广至一般形式有

$$\frac{\partial \boldsymbol{T}_p}{\partial q_i}=\boldsymbol{T}_p\boldsymbol{\Delta}_{i,p} \tag{5-93}$$

式中，$\boldsymbol{\Delta}_{i,p}$是${}^{T_p}\boldsymbol{\Delta}$对$q_i$的偏导表达式，下标$p$是$T_p$的简化，代表$\boldsymbol{\Delta}_{i,p}$算子是基于$T_p$坐标系的。

再利用式(4-8)，同样可推得

$$\frac{\partial \boldsymbol{T}_p}{\partial q_i}=\boldsymbol{\Delta}_{i,0}\boldsymbol{T}_p \tag{5-94}$$

式中，$\boldsymbol{\Delta}_{i,0}$是$\boldsymbol{\Delta}$对$q_i$的偏导表达式，下标0代表$\boldsymbol{\Delta}_{i,0}$微分变换算子是基于基础坐标系的。

进一步由式(5-93)及式(5-94)可推得

$$\frac{\partial \boldsymbol{T}_{p,i-1}}{\partial q_i}=\boldsymbol{T}_{p,i-1}\boldsymbol{\Delta}_{i,p}=\boldsymbol{\Delta}_{i,i-1}\boldsymbol{T}_{p,i-1} \tag{5-95}$$

即

$$\boldsymbol{\Delta}_{i,p}=\boldsymbol{T}_{p,i-1}^{-1}\boldsymbol{\Delta}_{i,i-1}\boldsymbol{T}_{p,i-1} \tag{5-96}$$

式中

$$\boldsymbol{T}_{p,i-1}=(\boldsymbol{A}_i\boldsymbol{A}_{i+1}\cdots\boldsymbol{A}_p) \tag{5-97}$$

$\boldsymbol{\Delta}_{i,i-1}$是关节 i 微分运动时，基于 $i-1$ 坐标系的微分变换算子。由于 $i-1$ 坐标系恰好建立在关节 i 上，又因机器臂一般绕 z 轴旋转或沿 z 轴平移，因此，依式(4－14)中 $\boldsymbol{\Delta}$ 的结构，并注意 $\delta_z=\mathrm{d}q_i$，且 $\boldsymbol{\Delta}_{i,i-1}$ 应为偏导形式，所以有

对于旋转关节

$$\boldsymbol{\Delta}_{i,i-1}=\begin{bmatrix}0&-1&0&0\\1&0&0&0\\0&0&0&0\\0&0&0&0\end{bmatrix} \tag{5-98a}$$

对于移动关节

$$\boldsymbol{\Delta}_{i,i-1}=\begin{bmatrix}0&0&0&0\\0&0&0&0\\0&0&0&1\\0&0&0&0\end{bmatrix} \tag{5-98b}$$

依式(5－96)～式(5－98)可推出 $\boldsymbol{\Delta}_{i,p}$ 微分变换算子中的微分平移矢量和微分旋转矢量，具体表达如下：

(1) 对于旋转关节，关节 i 对 T_p 坐标系内的微分平移和微分旋转矢量可表达为

$$\left.\begin{aligned}\boldsymbol{d}_{i,p}&=d_{ix,p}\boldsymbol{i}+d_{iy,p}\boldsymbol{j}+d_{iz,p}\boldsymbol{k}\\\boldsymbol{\delta}_{i,p}&=\delta_{ix,p}\boldsymbol{i}+\delta_{iy,p}\boldsymbol{j}+\delta_{iz,p}\boldsymbol{k}\end{aligned}\right\} \tag{5-99}$$

式(5－99)中采用了下列缩写：把 $\boldsymbol{d}_{i,T_p}$ 写为 $\boldsymbol{d}_{i,p}$，等等。式中，$\boldsymbol{d}_{i,p}$ 各坐标分量按下式计算：

$$\left.\begin{aligned}d_{ix,p}&=-n_{px,i-1}p_{py,i-1}+n_{py,i-1}p_{px,i-1}\\d_{iy,p}&=-o_{px,i-1}p_{py,i-1}+o_{py,i-1}p_{px,i-1}\\d_{iz,p}&=-a_{px,i-1}p_{py,i-1}+a_{py,i-1}p_{px,i-1}\end{aligned}\right\} \tag{5-100}$$

而 $\boldsymbol{\delta}_{i,p}$ 矢量计算为

$$\boldsymbol{\delta}_{i,p}=n_{pz,i-1}\boldsymbol{i}+o_{pz,i-1}\boldsymbol{j}+a_{pz,i-1}\boldsymbol{k} \tag{5-101}$$

式(5－100)和式(5－101)中采用了下列缩写：把 $\boldsymbol{n}_{p,T_{i-1}}$ 写为 $\boldsymbol{n}_{p,i-1}$，等等。另 $\boldsymbol{n}_{p,i-1}$，$\boldsymbol{o}_{p,i-1}$，$\boldsymbol{a}_{p,i-1}$，$\boldsymbol{p}_{p,i-1}$ 均取自 $\boldsymbol{T}_{p,i-1}$。

(2) 对于移动关节，关节 i 对 T_p 坐标系内的微分平移和微分旋转矢量可表达为

$$\left.\begin{aligned}\boldsymbol{d}_{i,p}&=n_{pz,i-1}\boldsymbol{i}+o_{pz,i-1}\boldsymbol{j}+a_{pz,i-1}\boldsymbol{k}\\\boldsymbol{\delta}_{i,p}&=0\boldsymbol{i}+0\boldsymbol{j}+0\boldsymbol{k}\end{aligned}\right\} \tag{5-102}$$

另外需注意：所求得的 $\boldsymbol{d}_{i,p}$ 及 $\boldsymbol{\delta}_{i,p}$ 矢量均为为偏导形式，表达式中不含 $\mathrm{d}q_i\,(i=1,2,\cdots,6)$。

将式(5－93)代入式(5－88)得

$$D_{ij}=\sum_{p=\max i,j}^{6}\mathrm{Trace}(\boldsymbol{T}_p\boldsymbol{\Delta}_{j,p}\boldsymbol{J}_p\boldsymbol{\Delta}_{i,p}^{\mathrm{T}}\boldsymbol{T}_p^{\mathrm{T}}) \tag{5-103}$$

对式(5－103)中间三项展开得

$$D_{ij}=\sum_{p=\max i,j}^{6}\mathrm{Trace}\left(\boldsymbol{T}_p\begin{bmatrix}0&-\delta_{jz,p}&\delta_{jy,p}&d_{jx,p}\\\delta_{jz,p}&0&-\delta_{jx,p}&d_{jy,p}\\-\delta_{jy,p}&\delta_{jx,p}&0&d_{jz,p}\\0&0&0&0\end{bmatrix}\times\right.$$

$$\begin{bmatrix} \frac{-I_{pxx}+I_{pyy}+I_{pzz}}{2} & I_{pxy} & I_{pxz} & m_p\bar{x}_p \\ I_{pxy} & \frac{I_{pxx}-I_{pyy}+I_{pzz}}{2} & I_{pyz} & m_p\bar{y}_p \\ I_{pxz} & I_{pyz} & \frac{I_{pxx}+I_{pyy}-I_{pzz}}{2} & m_p\bar{z}_p \\ m_p\bar{x}_p & m_p\bar{y}_p & m_p\bar{z}_p & m_p \end{bmatrix} \times$$

$$\left. \begin{bmatrix} 0 & \delta_{iz,p} & -\delta_{iy,p} & 0 \\ -\delta_{iz,p} & 0 & \delta_{ix,p} & 0 \\ \delta_{iy,p} & -\delta_{ix,p} & 0 & 0 \\ d_{ix,p} & d_{iy,p} & d_{iz,p} & 0 \end{bmatrix} \boldsymbol{T}_p^{\mathrm{T}} \right) \tag{5-104}$$

由于中间三项相乘所得矩阵的底行及右列各元均为零，所以，当它们左乘 $\boldsymbol{T}_p$ 及右乘 $\boldsymbol{T}_p^{\mathrm{T}}$ 时，只用到 $\boldsymbol{T}_p$ 变换的旋转部分，在这种运算下，矩阵的迹不变。因此，只需要计算表达式中间三项的迹即可，式(5-104) 的简化矢量形式为

$$D_{ij}=\sum_{p=\max i,j}^{6} m_p\left[\boldsymbol{\delta}_{i,p}^{\mathrm{T}}\boldsymbol{k}_p\boldsymbol{\delta}_{j,p}+\boldsymbol{d}_{i,p}\cdot\boldsymbol{d}_{j,p}+\boldsymbol{r}_{pp}(\boldsymbol{d}_{i,p}\times\boldsymbol{\delta}_{j,p}+\boldsymbol{d}_{j,p}\times\boldsymbol{\delta}_{i,p})\right] \tag{5-105}$$

式中

$$\boldsymbol{k}_p=\begin{bmatrix} k_{pxx}^2 & -k_{pxy}^2 & -k_{pxz}^2 \\ -k_{pxy}^2 & k_{pyy}^2 & -k_{pyz}^2 \\ -k_{pxz}^2 & -k_{pyz}^2 & k_{pzz}^2 \end{bmatrix} \tag{5-106}$$

$\boldsymbol{r}_{pp}$ 为质心矢量，以及

$$m_pk_{pxx}^2=I_{pxx},\quad m_pk_{pyy}^2=I_{pyy},\quad m_pk_{pzz}^2=I_{pzz}$$
$$m_pk_{pxy}^2=I_{pxy},\quad m_pk_{pyz}^2=I_{pyz},\quad m_pk_{pxz}^2=I_{pxz}$$

按照 D-H 建立坐标系的方法，一般情况下，上式中非对角线各惯量项为零或者近似为零(取决于杆件的结构形状)，现假设其为零，那么式(5-105) 进一步简化为

$$\begin{aligned} D_{ij}=\sum_{p=\max i,j}^{6} m_p\{&[\delta_{ix,p}k_{pxx}^2\delta_{jx,p}+\delta_{iy,p}k_{pyy}^2\delta_{jy,p}+\delta_{iz,p}k_{pzz}^2\delta_{jz,p}]+\\ &[\boldsymbol{d}_{i,p}\cdot\boldsymbol{d}_{j,p}]+[\boldsymbol{r}_{pp}\cdot(\boldsymbol{d}_{i,p}\times\boldsymbol{\delta}_{j,p}+\boldsymbol{d}_{j,p}\times\boldsymbol{\delta}_{i,p})]\} \end{aligned} \tag{5-107}$$

由式(5-107) 可见，D_{ij} 表达式的每一元都是由三组构成。其第一组 $\delta_{ix,p}k_{pxx}^2\cdots$ 表示质量 m_p 在连杆 p 上的分布对耦合惯量的作用；第二组表示有效惯臂 $\boldsymbol{d}_{i,p}\cdot\boldsymbol{d}_{j,p}$ 对耦合惯量的作用；最后一组是由于连杆 p 质心偏离坐标系 T_p 原点而产生的对耦合惯量的作用。

当各连杆的质心彼此相距较大时，上述第二部分的项将起主要作用，第一组和第三组的影响可以忽略。

2. 有效惯量 D_{ii} 的简化

在式(5-107) 中，直接取 $j=i$，即可获得 D_{ii} 的计算式为

$$D_{ii}=\sum_{p=i}^{6}m_p\{[\delta_{ix,p}^2k_{pxx}^2+\delta_{iy,p}^2k_{pyy}^2+\delta_{iz,p}^2k_{pzz}^2]+[\boldsymbol{d}_{i,p}\cdot\boldsymbol{d}_{i,p}]+[2\boldsymbol{r}_{pp}\cdot(\boldsymbol{d}_{i,p}\times\boldsymbol{\delta}_{i,p})]\} \tag{5-108}$$

(1) 如果为旋转关节，将式(5-100) 和式(5-101) 代入式(5-108) 可得

$$D_{ii}=\sum_{p=i}^{6}m_p(\{n_{pz}^2k_{pxx}^2+o_{pz}^2k_{pyy}^2+a_{pz}^2k_{pzz}^2\}+$$
$$\{\bar{\boldsymbol{p}}_p\cdot\bar{\boldsymbol{p}}_p\}+\{2\boldsymbol{r}_{pp}\cdot[(\bar{\boldsymbol{p}}_p\cdot\boldsymbol{n}_p)\boldsymbol{i}+(\bar{\boldsymbol{p}}_p\cdot\boldsymbol{o}_p)\boldsymbol{j}+(\bar{\boldsymbol{p}}_p\cdot\boldsymbol{a}_p)\boldsymbol{k}]\}) \tag{5-109}$$

式中，$\boldsymbol{n}_p,\boldsymbol{o}_p,\boldsymbol{a}_p$ 和 $\boldsymbol{p}_p$ 为 $\boldsymbol{T}_{p,i-1}$ 的矢量，均简化了下标，另要注意

$$\bar{\boldsymbol{p}}_p=p_{px}\boldsymbol{i}+p_{py}\boldsymbol{j}+o\boldsymbol{k} \tag{5-110}$$

对比式(5-108)和式(5-109)中的对应项，可得

$$\delta_{ix,p}^2k_{pxx}^2+\delta_{iy,p}^2k_{pyy}^2+\delta_{iz,p}^2k_{pzz}^2=n_{pz}^2k_{pxx}^2+o_{pz}^2k_{pyy}^2+a_{pz}^2k_{pzz}^2 \tag{5-111a}$$

$$\boldsymbol{d}_{i,p}\cdot\boldsymbol{d}_{i,p}=\bar{\boldsymbol{p}}_p\cdot\bar{\boldsymbol{p}}_p \tag{5-111b}$$

$$\boldsymbol{d}_{i,p}\times\boldsymbol{\delta}_{i,p}=(\bar{\boldsymbol{p}}_p\cdot\boldsymbol{n}_p)\boldsymbol{i}+(\bar{\boldsymbol{p}}_p\cdot\boldsymbol{o}_p)\boldsymbol{j}+(\bar{\boldsymbol{p}}_p\cdot\boldsymbol{a}_p)\boldsymbol{k} \tag{5-111c}$$

同式(5-107)一样，D_{ii} 计算式的每个元也是由三组构成的。

(2) 如果为移动关节，$\boldsymbol{\delta}_{i,p}=\boldsymbol{0}$，$\boldsymbol{d}_{i,p}\cdot\boldsymbol{d}_{i,p}=1$，那么

$$D_{ii}=\sum_{p=i}^{6}m_p \tag{5-112}$$

3. 重力(矩)D_i 的简化

将式(5-93)代入式(5-90)，得

$$D_i=\sum_{p=i}^{6}-m_p\boldsymbol{g}^{\mathrm{T}}\boldsymbol{T}_p\boldsymbol{\Delta}_{i,p}\boldsymbol{r}_{pp} \tag{5-113}$$

把 $\boldsymbol{T}_p$ 分离为 $\boldsymbol{T}_{i-1}\boldsymbol{T}_{p,i-1}$，并用 $\boldsymbol{T}_{p,i-1}^{-1}\boldsymbol{T}_{p,i-1}$ 右乘 $\boldsymbol{\Delta}_{i,p}$，得

$$D_i=\sum_{p=i}^{6}-m_p\boldsymbol{g}^{\mathrm{T}}\boldsymbol{T}_{i-1}\boldsymbol{T}_{p,i-1}\boldsymbol{\Delta}_{i,p}\boldsymbol{T}_{p,i-1}^{-1}\boldsymbol{T}_{p,i-1}\boldsymbol{r}_{pp} \tag{5-114}$$

由式(5-96)推知

$$\boldsymbol{\Delta}_{i,i-1}=\boldsymbol{T}_{p,i-1}\boldsymbol{\Delta}_{i,p}\boldsymbol{T}_{p,i-1}^{-1} \tag{5-115}$$

又因

$$\boldsymbol{r}_{p,i-1}=\boldsymbol{T}_{p,i-1}\boldsymbol{r}_{pp} \tag{5-116}$$

式中，$\boldsymbol{r}_{p,i-1}$ 是杆件 p 的质心在 $i-1$ 坐标系中的位置矢量。将式(5-115)和式(5-116)代入式(5-114)中，进一步化简 D_i 为

$$D_i=-\boldsymbol{g}^{\mathrm{T}}\boldsymbol{T}_{i-1}\boldsymbol{\Delta}_{i,i-1}\sum_{p=i}^{6}m_p\boldsymbol{r}_{p,i-1} \tag{5-117}$$

定义

$$\boldsymbol{g}_{i-1}=-\boldsymbol{g}^{\mathrm{T}}\boldsymbol{T}_{i-1}\boldsymbol{\Delta}_{i,i-1} \tag{5-118}$$

则可写出

$$\boldsymbol{g}_{i-1}=-[g_x\quad g_y\quad g_z\quad 0]\begin{bmatrix}n_x & o_x & a_x & p_x\\ n_y & o_y & a_y & p_y\\ n_z & o_z & a_z & p_z\\ 0 & 0 & 0 & 1\end{bmatrix}\begin{bmatrix}0 & -\delta_z & \delta_y & d_x\\ \delta_z & 0 & -\delta_x & d_y\\ -\delta_y & \delta_x & 0 & d_z\\ 0 & 0 & 0 & 0\end{bmatrix} \tag{5-119a}$$

(1) 若为旋转关节，则依式(5-98a)和式(5-119a)可得

$$\boldsymbol{g}_{i-1}=-[g_x\quad g_y\quad g_z\quad 0]\begin{bmatrix}n_x & o_x & a_x & p_x\\ n_y & o_y & a_y & p_y\\ n_z & o_z & a_z & p_z\\ 0 & 0 & 0 & 1\end{bmatrix}\begin{bmatrix}0 & -1 & 0 & 0\\ 1 & 0 & 0 & 0\\ 0 & 0 & 0 & 0\\ 0 & 0 & 0 & 0\end{bmatrix}=[-\boldsymbol{g}\cdot\boldsymbol{o}\quad \boldsymbol{g}\cdot\boldsymbol{n}\quad 0\quad 0] \tag{5-119b}$$

(2) 若为移动关节，则依式(5－98b)和式(5－119a)可得

$$\boldsymbol{g}_{i-1}=-[g_x \quad g_y \quad g_z \quad 0]\begin{bmatrix} n_x & o_x & a_x & p_x \\ n_y & o_y & a_y & p_y \\ n_z & o_z & a_z & p_z \\ 0 & 0 & 0 & 1 \end{bmatrix}\begin{bmatrix} 0 & 0 & 0 & 0 \\ 0 & 0 & 0 & 0 \\ 0 & 0 & 0 & 1 \\ 0 & 0 & 0 & 0 \end{bmatrix}=[0 \quad 0 \quad 0 \quad -\boldsymbol{g}\cdot\boldsymbol{a}] \tag{5-119c}$$

最终 D_i 可写为

$$D_i=\boldsymbol{g}_{i-1}\sum_{p=i}^{6} m_p \boldsymbol{r}_{p,i-1} \tag{5-120}$$

5.4.3　动力学方程的应用

例 5－2　以本章例 5－1 讨论过的二连杆机器人系统为例，用 5.4.2 节中所述公式计算二连杆机器人有效惯量、耦合惯量及重力矩。

(1) 建立机器人坐标系，计算 $\boldsymbol{A}$ 矩阵和 $\boldsymbol{T}$ 矩阵。机器人坐标系建立如图 5－6 所示，表5－1为两连杆参数。

表 5－1　两连杆机器人的连杆参数

连　杆	变　量	$\alpha/(°)$	a	d	$\cos\alpha$	$\sin\alpha$
1	θ_1	0	l_1	0	1	0
2	θ_2	0	l_2	0	1	0

依参数计算 $\boldsymbol{A}$ 阵和 $\boldsymbol{T}$ 阵如下：

$$\boldsymbol{T}_{10}=\boldsymbol{A}_1=\begin{bmatrix} c_1 & -s_1 & 0 & l_1c_1 \\ s_1 & c_1 & 0 & l_1s_1 \\ 0 & 0 & 1 & 0 \\ 0 & 0 & 0 & 1 \end{bmatrix}$$

$$\boldsymbol{T}_{21}=\boldsymbol{A}_2=\begin{bmatrix} c_2 & -s_2 & 0 & l_2c_2 \\ s_2 & c_2 & 0 & l_2s_2 \\ 0 & 0 & 1 & 0 \\ 0 & 0 & 0 & 1 \end{bmatrix}$$

$$\boldsymbol{T}_{20}=\boldsymbol{A}_1\boldsymbol{A}_2=\begin{bmatrix} c_{12} & -s_{12} & 0 & l_1c_1+l_2c_{12} \\ s_{12} & c_{12} & 0 & l_1s_1+l_2s_{12} \\ 0 & 0 & 1 & 0 \\ 0 & 0 & 0 & 1 \end{bmatrix}$$

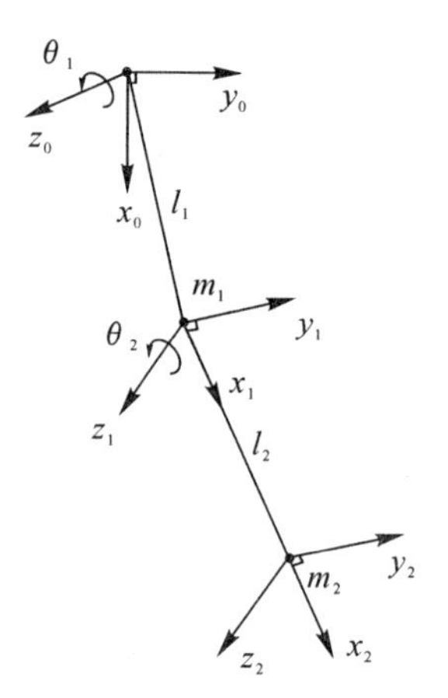

图 5－6　两连杆机器人坐标系

(2) 计算 $\boldsymbol{\Delta}_{i,p}$ 中的 $\boldsymbol{d}_{i,p}$ 和 $\boldsymbol{\delta}_{i,p}$。由于两关节均为旋转关节，所以，需根据式(5－100) 和式(5－101) 来计算 $\boldsymbol{\Delta}_{i,p}$ 中的 $\boldsymbol{d}_{i,p}$ 和 $\boldsymbol{\delta}_{i,p}$。可依次计算出

1) $i=1$ ，$p=1$，$\boldsymbol{T}_{p,i-1}=\boldsymbol{T}_{10}$

$$\boldsymbol{d}_{11}=d_{1x,1}\boldsymbol{i}+d_{1y,1}\boldsymbol{j}+d_{1z,1}\boldsymbol{k}=0\boldsymbol{i}+l_1\boldsymbol{j}+0\boldsymbol{k}$$

$$\boldsymbol{\delta}_{11}=\delta_{1x,1}\boldsymbol{i}+\delta_{1y,1}\boldsymbol{j}+\delta_{1z,1}\boldsymbol{k}=0\boldsymbol{i}+0\boldsymbol{j}+1\boldsymbol{k}$$

2) $i=1$ ，$p=2$，$\boldsymbol{T}_{p,i-1}=\boldsymbol{T}_{20}$

$$\boldsymbol{d}_{12}=d_{1x,2}\boldsymbol{i}+d_{1y,2}\boldsymbol{j}+d_{1z,2}\boldsymbol{k}=l_1s_2\boldsymbol{i}+(l_2+l_1c_2)\boldsymbol{j}+0\boldsymbol{k}$$

$$\boldsymbol{\delta}_{12}=\delta_{1x,2}\boldsymbol{i}+\delta_{1y,2}\boldsymbol{j}+\delta_{1z,2}\boldsymbol{k}=0\boldsymbol{i}+0\boldsymbol{j}+1\boldsymbol{k}$$

3) $i=2$ ，$p=2$，$\boldsymbol{T}_{p,i-1}=\boldsymbol{T}_{21}$

$$\boldsymbol{d}_{22}=d_{2x,2}\boldsymbol{i}+d_{2y,2}\boldsymbol{j}+d_{2z,2}\boldsymbol{k}=0\boldsymbol{i}+l_2\boldsymbol{j}+0\boldsymbol{k}$$

$$\boldsymbol{\delta}_{22}=\delta_{2x,2}\boldsymbol{i}+\delta_{2y,2}\boldsymbol{j}+\delta_{2z,2}\boldsymbol{k}=0\boldsymbol{i}+0\boldsymbol{j}+1\boldsymbol{k}$$

(3) 计算惯量项 D_{11}，D_{22} 和 D_{12}。对于这个简单的机器人，k^2_{pxx}，k^2_{pyy}，k^2_{pzz} 均为零，另 r_{11} 和 r_{22} 亦为零。因此，由式(5－109) 可得

$$D_{11}=\sum_{p=1}^{2}m_p[\bar{\boldsymbol{p}}_p\cdot\bar{\boldsymbol{p}}_p]=m_1[\bar{\boldsymbol{p}}_{1,0}\cdot\bar{\boldsymbol{p}}_{1,0}]+m_2[\bar{\boldsymbol{p}}_{2,0}\cdot\bar{\boldsymbol{p}}_{2,0}]=$$
$$m_1(p^2_{1x,0}+p^2_{1y,0})+m_2(p^2_{2x,0}+p^2_{2y,0})=m_1l_1^2+m_2(l_1^2+l_2^2+2c_2l_1l_2)=$$
$$(m_1+m_2)l_1^2+m_2l_2^2+2m_2l_1l_2c_2$$

$$D_{22}=\sum_{p=2}^{2}m_p[\bar{\boldsymbol{p}}_p\cdot\bar{\boldsymbol{p}}_p]=m_2(p^2_{2x,1}+p^2_{2y,1})=m_2l_2^2$$

再据式(5－107) 可求出

$$D_{12}=\sum_{p=\max i,j}^{2}m_p\{[\boldsymbol{d}_{1,p}\cdot\boldsymbol{d}_{2,p}]\}=m_2(\boldsymbol{d}_{12}\cdot\boldsymbol{d}_{22})=m_2(c_2l_1+l_2)l_2=m_2(c_2l_1l_2+l_2^2)$$

(4) 计算重力(矩)D_1 和 D_2。

1) 计算 $\boldsymbol{g}_0$ 和 $\boldsymbol{g}_1$。由式(5－119b) 可知

$$\boldsymbol{g}_{i-1}=[-\boldsymbol{g}\cdot\boldsymbol{o}\quad\boldsymbol{g}\cdot\boldsymbol{n}\quad 0\quad 0]$$

式中，$\boldsymbol{o}$ 和 $\boldsymbol{n}$ 为 $\boldsymbol{T}_{i-1}$ 矩阵中的矢量，$\boldsymbol{T}_{i-1}$ 矩阵表达式为

$$i=1,\qquad \boldsymbol{T}_0=\begin{bmatrix}1&0&0&0\\0&1&0&0\\0&0&1&0\\0&0&0&1\end{bmatrix}$$

$$i=2,\qquad \boldsymbol{T}_{10}=\begin{bmatrix}c_1&-s_1&0&l_1c_1\\s_1&c_1&0&l_1s_1\\0&0&1&0\\0&0&0&1\end{bmatrix}$$

另外，在图 5 - 6 所示基础坐标系中，有

$$\boldsymbol{g}=[g\quad 0\quad 0\quad 0]^{\mathrm{T}}$$

因此可计算出

$$\boldsymbol{g}_0=[0\quad g\quad 0\quad 0]$$

$$\boldsymbol{g}_1=[gs_1\quad gc_1\quad 0\quad 0]$$

2）求各质心矢量 $\boldsymbol{r}_{p,i-1}$。

$$\boldsymbol{r}_{p,i-1}=\boldsymbol{T}_{p,i-1}\boldsymbol{r}_{pp}$$

当 $i=1$，$p=1$ 时，有

$$\boldsymbol{r}_{11}=\begin{bmatrix}0\\0\\0\\1\end{bmatrix},\quad \boldsymbol{r}_{10}=\boldsymbol{T}_{10}\boldsymbol{r}_{11}=\begin{bmatrix}c_1l_1\\s_1l_1\\0\\1\end{bmatrix}$$

当 $i=1$，$p=2$ 时，有

$$\boldsymbol{r}_{22}=\begin{bmatrix}0\\0\\0\\1\end{bmatrix},\quad \boldsymbol{r}_{20}=\boldsymbol{T}_{20}\boldsymbol{r}_{22}=\begin{bmatrix}c_1l_1+c_{12}l_2\\s_1l_1+s_{12}l_2\\0\\1\end{bmatrix}$$

当 $i=2$，$p=2$ 时，有

$$\boldsymbol{r}_{22}=\begin{bmatrix}0\\0\\0\\1\end{bmatrix},\quad \boldsymbol{r}_{21}=\boldsymbol{T}_{21}\boldsymbol{r}_{22}=\begin{bmatrix}c_2l_2\\s_2l_2\\0\\1\end{bmatrix}$$

3）计算 D_1 和 D_2。据式(5 - 120) 可求得

$$D_1=\boldsymbol{g}_0\sum_{p=1}^{2}m_p\boldsymbol{r}_{p,0}=m_1\boldsymbol{g}_0\cdot\boldsymbol{r}_{10}+m_2\boldsymbol{g}_0\cdot\boldsymbol{r}_{20}=m_1gs_1l_1+m_2g(s_1l_1+s_{12}l_2)$$

$$D_2=\boldsymbol{g}_1\sum_{p=2}^{2}m_p\boldsymbol{r}_{p,1}=m_2\boldsymbol{g}_1\cdot\boldsymbol{r}_{21}=m_2g(s_1c_2+c_1s_2)l_2=m_2gl_2s_{12}$$

将以上所求各项与 5.3.3 节中的 D_{11}，D_{22}，D_{12}，D_1 和 D_2 加以比较，可看出其计算结果是相同的。

习　题　5

5.1　简述牛顿-欧拉方程。

5.2　简述虚位移原理及动力学普遍方程。

5.3　简述拉格朗日方程的推导步骤。

5.4　分别用拉格朗日动力学及牛顿力学推导图 5-7 所示单自由度系统力和加速度的关系。忽略车轮惯量，X 方向为小车的运动方向。

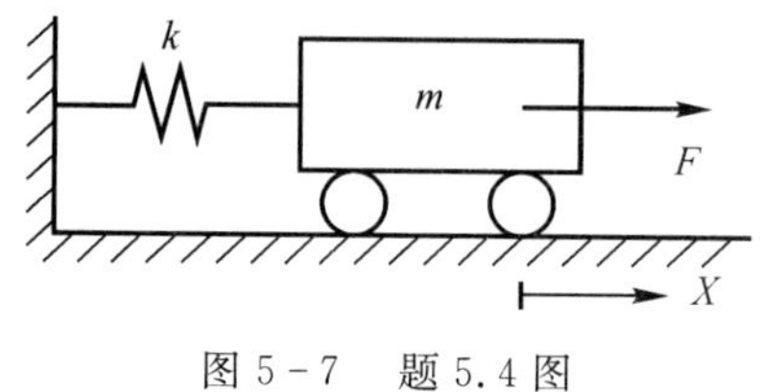

图 5-7　题 5.4 图

5.5　用拉格朗日法及基于 A 变换法推导图 5-8 所示两自由度机器人手臂的动力学方程。连杆质心位于连杆中心，两连杆长分别为 l_1 和 l_2，其转动惯量分别为 I_1 和 I_2。

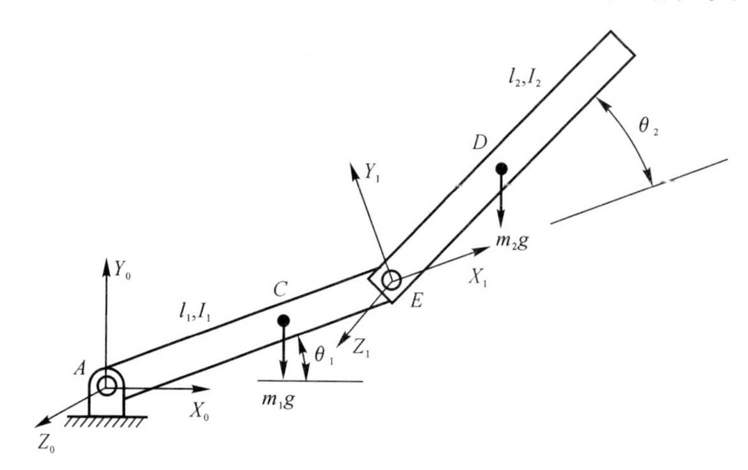

图 5-8　题 5.5 图

第6章　经典控制方法

控制系统的主要目标是在硬件级获取必要的输入，以产生期望的运动。本章将介绍经典控制方法。

6.1　概　　述

在机器人上使用控制器的目的如下。

(1)实际中硬件最终会直接控制力、能量、功率等，而我们通常关心的是位置和速度等。控制器将在两者之间实现映射。

(2)测量装置可用于测量系统的实时状态，从而抑制干扰，甚至可以采用适当的方式改变系统动态性能。

(3)系统的模型可用来详细描述所需的运动，图6-1给出了一个通用控制器框图，它描述了大部分控制器系统的结构形式。

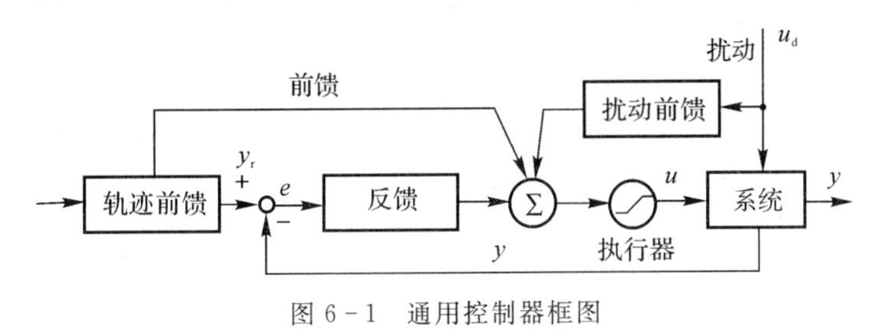

图6-1　通用控制器框图

6.1.1　控制器信号

在图6-1中，y_r被称为参考信号。它表示受控系统本应做什么，而输出信号y表示它正在做什么。信号u是控制器能够控制的系统输入分量，而u_d表示扰动控制器不能控制的系统扰动分量。例如摩擦和风阻就是扰动。

驱动系统的执行器可以施加力或力矩等，但是无论怎样都将改变系统的运动状态。执行器符号中的限制曲线用于表示其具有以某种方式在幅度上受限的输出。

误差$e=y_r-y$被称为误差信号。请注意公式中两个量的顺序。控制系统中的符号若是相反将有可能造成灾难性的后果，因此，必须采用正确的符号和采取必要的安全措施。

6.1.2 控制器元件

当控制器的参考输入相对于时间是恒定时，称为设定值，控制器称为调节器。跟随时变参考输入的控制器称为伺服控制器。

反馈控制是指测量系统的响应并主动补偿与期望行为偏差的一类控制方法。使用反馈控制有很多原因，在大多数甚至几乎全部的应用系统中都被使用。总的来说，反馈可以减少以下行为对系统的负面影响：

(1)参数更改；

(2)建模误差；

(3)多余的输入(干扰)。

反馈还可以修改系统的瞬态行为，甚至可以用于减少测量噪声的影响。

其他两个分量是前馈分量。前馈是预测系统对输入或测量出的干扰响应的预测元素，然后使用这些预测来改善系统行为。下面将通过框图详细说明标记反馈与前馈的区别。

受控变量就是参考信号。在机器人中，被控量可以用来表示改变机器人身体状态或是与身体运动相关的关节。关节变量包括肩关节角度和速度、肘关节角度和速度、腕关节角度和速度、车轮速度、转向角、制动器等，这种控制可以依赖于运动内部的预测或反馈。移动变量包括整个机器人的位姿和速度，这种控制可以依赖于身体运动的预测或反馈。

6.1.3 控制器的层次结构

复杂系统中大多数控制器具有层次结构。对于机器人来说，可以定义控制问题的层次结构。虽然没有明确的层次结构，但一个层次结构就包含了如图 6-2 所示的相关内容。层次结构中的每一层通过向下一层提供参考信号(命令)来实现，并且通常每层都为上一层生成反馈。

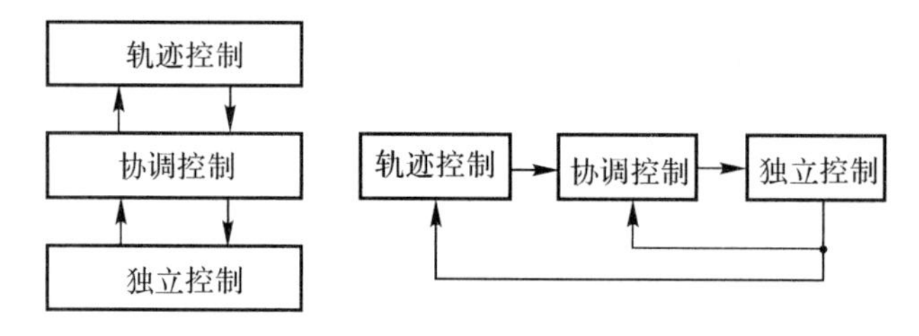

图 6-2 控制器层次结构图

(1)独立控制。独立控制级也被称为单输入单输出(SISO)级，它指导单自由度机器人运动，且依赖于对该单自由度机器人的检测，但是它通常在不知道其他自由度可能做什么的情况下完成控制。此外，该层通常会简单地对当前(和过去)误差信号做出反应，但对于计算出的误差导数并不能做出任何预测。

该级控制器直接连接到执行器，如关节舵机、关节电机、关节液压马达、关节液压缸等，可将基本的运动变换累加起来实现坐标的转换。一般情况下，采用经典控制方法即可实现。

(2)协调控制。协调控制级也被称为多输入多输出(MIMO)级或多变量控制。该层级实现对整个机器人瞬时控制时,可将整个机器人视为一个整体。协调控制试图使多个独立控制关节保持一致和同步,从而实现协调目标动作。它的反馈是从多个组件中生成的合成反馈,并且执行多个命令与反馈的变换。一般情况下,采用现代控制理论中的状态空间法即可。

如对多自由度机械臂的速度(见图6-3)来控制机械臂的线速度与角速度。来自多自由度的反馈在状态误差向量产生之前被转换为线速度与角速度的反馈。控制多自由度关节以产生期望的线速度和角速度。每个关节速度伺服系统都是独立运行的。

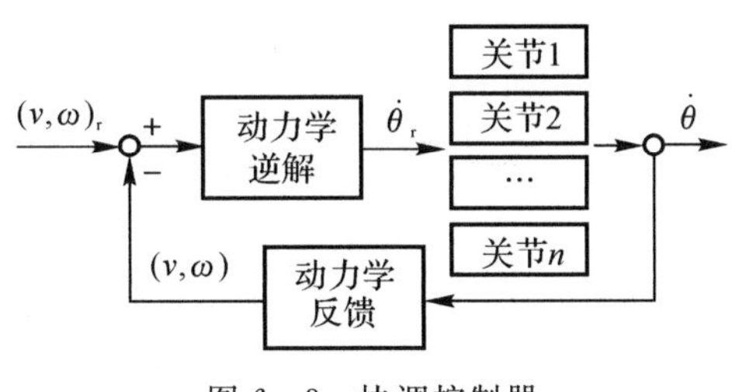

图6-3　协调控制器

(3)轨迹控制。轨迹控制级考虑的是一段时间内的整个轨迹并且使机器人遵循该轨迹。它通常将依赖于机器人相对于环境运动的测量和/或预测。例如驱动机器人至目标位姿,令机器人沿着指定的路径,亦或是通过具有感知功能的系统得到一个目标位置而得出的路径运动。在该层中通常使用前馈与最优控制法。轨迹控制的上级层级中,使用感知功能来判断环境的层级将被认为属于自主感知。

6.1.4　控制器要求

不同的控制问题可能需要不同的要求,这使得控制器的设计也各有不同。如果需要移动精确距离或移动到精确位置,则位置控制是最好的控制方法,但有时实现精确的终点又是至关重要的。对于降低机动性或高度约束的一些问题,却不能控制路径,因为最终状态预先确定了路径。

速度控制通常用于实现静止位置之间的总运动。然而,在诸如机械加工等取决于速度精确控制的情况下,速度控制也是十分重要的。

6.2　虚拟弹簧阻尼器

一个简单的例子是使用施加的力来控制质量块的位置。该运动由下面的微分方程控制:

$$\ddot{y}=u(t) \tag{6-1}$$

图6-4所示的阻尼-质量-弹簧系统的优点是在系统的稳态响应和所施加的输入之间存在明确的映射。对于无约束的质量块,没有明确的方式来确定驱动系统到某个期望的最终状态 y_{ss} 的输入 $u(t)$ 的控制(时间的函数)。

一个办法是引入质量块的位置 $y(t)$ 和速度 $\dot{y}(t)$ 的测量值,并创建人为约束。给定测量值,可以计算出输入为

$$u(t)=\frac{f}{m}-\frac{c_c}{m}\dot{y}-\frac{k_c}{m}y \tag{6-2}$$

式中引入了弹簧 k_c 和阻尼 c_c。将其代入方程式(6－1)，可得阻尼-质量-弹簧系统方程为

$$\ddot{y}+\frac{c_c}{m}\dot{y}+\frac{k_c}{m}y=\frac{f}{m} \tag{6-3}$$

该系统如图 6－4 所示。添加传感器以测量系统状态的过程被称为反馈控制。通常还将式(6－1)称为开环系统，将式(6－3)称为闭环系统。

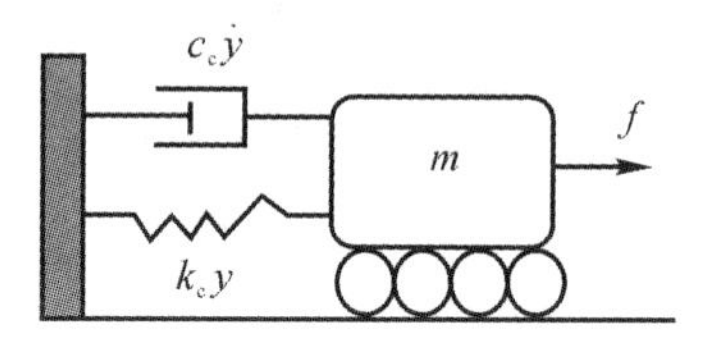

图 6－4　阻尼质量-弹簧系统

这个闭环系统的状态完全类似于阻尼质量-弹簧系统，并且将在最终状态 f/k 处稳定。最初，由于 y 与 $\dot{y}$ 都很小，f/m 项将超过其他两项，但随着系统开始移动，虚拟阻尼器开始将“制动器”打开，并且虚拟弹簧将越来越抑制与偏离原点的运动。在瞬变完成后，阻尼器将不施加力。然后，虚拟弹簧的力和施加的力将在一个特定的平衡位置处平衡。

6.2.1　稳定性

上述系统的极点与真实系统的极点相同，有

$$s=\omega_0(-\zeta\pm\sqrt{\zeta^2-1})$$

其根通常是复数，并且相关的解通常为指数形式。根的虚部产生振荡，并且实部根据其符号确定正负，以随着时间的推移而上下调制振幅。因此，非强制系统的解通常是阻尼正弦波。如果根具有负实部，则振荡将随着时间消逝，这样的系统称为稳定系统。否则，振荡将在无约束的情况下增加幅度，这样的系统称为不稳定系统。

对于虚拟阻尼质量-弹簧系统，稳定性条件要求 $\zeta\omega_0>0$，也就是说机械系统阻尼系数 c 的符号为正。

6.2.2　极点配置

现在考虑想要改变实际阻尼弹簧系统的行为的情况：

$$\ddot{y}+\frac{c}{m}\dot{y}+\frac{k}{m}y=u(t) \tag{6-4}$$

与上述类似，添加位置和速度传感器，则控制方程变为

$$u(t)=\frac{f}{m}-\frac{c_c}{m}\dot{y}-\frac{k_c}{m}y \tag{6-5}$$

代入微分方程，有

$$\ddot{y}+\frac{(c+c_c)}{m}\dot{y}+\frac{(k+k_c)}{m}y=\frac{f}{m} \tag{6-6}$$

看到可以通过调整反馈控制系统中的增益使系统具有期望的任意系数。有的常数会使响应缓慢的系统变快，或快速的系统变慢，甚至使不稳定的系统变稳定。

6.2.3　误差坐标和动力学

在式(6-3)中，y 坐标定义为与原点的偏差，以便与真实弹簧的情况一致。然而，通常将坐标变换为期望状态显式偏离的坐标更方便。将误差信号定义为参考位置 y_r 和当前位置之间的差，即

$$e(t)=y_r(t)-y(t)$$

代入式(6-3)中的当前位置及其导数，有

$$[\ddot{y}_r-\ddot{e}]+\frac{c_c}{m}[\dot{y}_r-\dot{e}]+\frac{k_c}{m}[y_r-e]=\frac{f_r}{m}$$

式中，f_r 表示为实现稳定位置 y_r 而施加的力。对于恒定的理想输入 $\ddot{y}_r=\dot{y}_r=0$ 。将期望位置移动到右侧，有

$$[-\ddot{e}]+\frac{c_c}{m}[-\dot{e}]+\frac{k_c}{m}[-e]=\frac{f_r}{m}-\frac{k_c}{m}[y_r]$$

根据式(6-4)，对于恒量输入，$f_r-k_c y_r=0$，因此右侧消失，然后左侧可以乘以-1以获得

$$\ddot{e}+\frac{c_c}{m}\dot{e}+\frac{k_c}{m}e=0$$

因此，对于恒定输入，误差坐标的微分方程与系统阻尼振荡相同。这表明在误差坐标中计算的控制将具有与在式(6-5)中计算的控制相同的效果。考虑

$$u(t)=\frac{c_c}{m}\dot{e}+\frac{k_c}{m}e \tag{6-7}$$

将式(6-7)代入式(6-1)有

$$\ddot{y}=\frac{c_c}{m}\dot{e}+\frac{k_c}{m}e=\frac{c_c}{m}[\dot{y}_r-\dot{y}]+\frac{k_c}{m}[y_r-y]$$

而 $\dot{y}_r=0$ 且 $k_c y_r=f_r$，因此变为

$$\ddot{y}+\frac{c_c}{m}\dot{y}+\frac{k_c}{m}y=\frac{f_r}{m} \tag{6-8}$$

这就是式(6-3)。已经表明，位置和速度的测量可用于在误差坐标中实现控制，以使非约束质量体表现为阻尼振荡。

6.3　反馈控制

式(6-7)用通用的表达式表示为

$$u(t)=k_d\dot{e}+k_p e \tag{6-9}$$

常数 k_d 被称为微分增益，与其相关的控制项作为虚拟阻尼器。常数 k_p 被称为比例增益，并且其相关的控制项用作虚拟弹簧。该控制器的期望位置是 y_r，并且使用测量方法来计算误差信号及其导数。对恒定输入的响应是将系统驱动到期望位置 y_r。

这种情况可用图 6-5 表示:该系统可以看作是一个具有虚拟弹簧与阻尼的阻尼振荡器。其阶跃输入的稳态响应是 y_r。

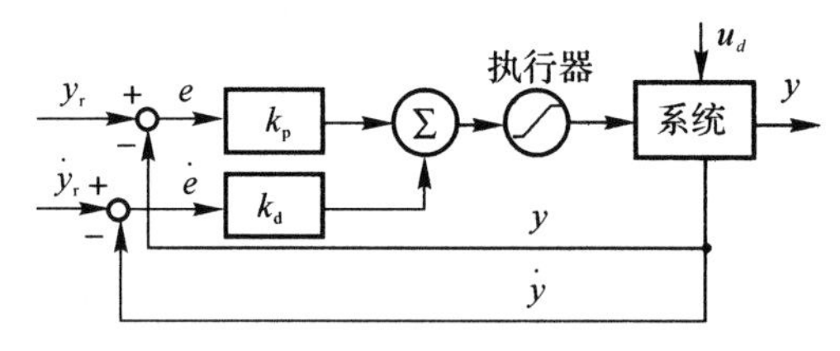

图 6-5　PD 控制框图

图 6-5 中标明系统具体第二个输入,即期望的状态导数$\dot{y}_r$,其用于形成误差导数。如果该信号可以测量,则需要该信号。另一种替代方案由 $y(t)$的测量值计算出误差信号 $e(t)$,再进行微分。

该系统的频域等效框图如图 6-6 所示。

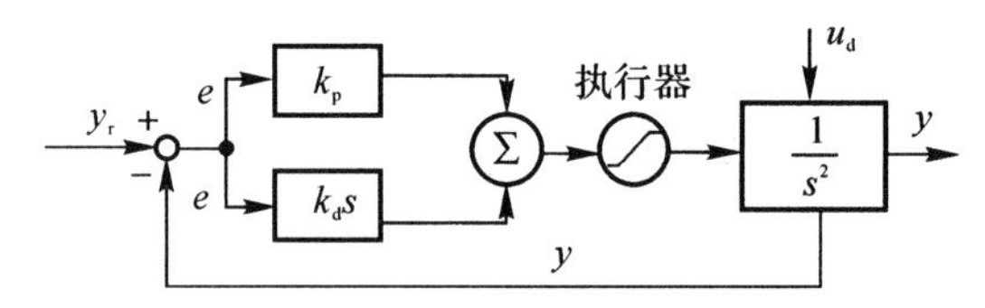

图 6-6　频域中的 PD 控制框图

闭环传递函数为

$$T(s)=\frac{H}{1+GH}=\frac{(1/s^2)(k_d s+k_p)}{1+(1/s^2)(k_d s+k_p)}=\frac{k_d s+k_p}{s^2+k_d s+k_p}$$

根据式(6-7),对于单位质量

$$k_d=2\zeta\omega_0,\quad k_p=\omega_0^2$$

因此,相关增益的振荡器的参数如下:

$$\omega_0=\sqrt{k_p},\quad \zeta=\frac{k_d}{2\sqrt{k_p}} \tag{6-10}$$

闭环极点为

$$s=-\zeta\omega_0\pm\omega_0\sqrt{\zeta^2-1}=-\frac{k_d}{2}\pm\frac{1}{2}\sqrt{k_d^2-4k_p} \tag{6-11}$$

当 $\zeta=1$(即当 $k_p=1,k_d=2$)时,系统具有临界阻尼。在这种情况下,在 $x=-1$ 处存在重叠的实数极点,质量块将在约 5 s 内移动到期望位置。微分增益像阻尼器一样作用。太小时会使得发生振荡;太大时又会减缓响应速度。

已经看到,极点决定着振荡的频率和阻尼的大小。它们还控制着系统的稳定性或不稳定性。此外,可以注意到虽然存在试图以特定方式驱动系统的显式输入。用工程术语来描述,输入力可以控制系统在哪里结束,但是弹簧和阻尼器决定着如何结束。

6.3.1　根轨迹

给定极点的显式公式,当微分增益 k_d 变化时,可以绘制其在复平面中的轨迹。如图 6-7

所示，当 $k_d = 0$ 时，它们在虚轴上的 ± 1 处开始。此时，由于缺少阻尼，系统是纯振荡的。随着 k_d 增加，虚部(振荡频率)减小，实部越来越负，表示增加的阻尼。当 $k_d = 2$ 时，它们在实轴上的 -1 处相遇。这是临界阻尼点。此后，随着微分增益的增加，它们在实轴上沿相反方向移动。向右移动的一个根只有当 $k_d = \infty$ 时才到达原点。图中轨迹线表示两个系统的轨迹随着微分增益不同而变化。

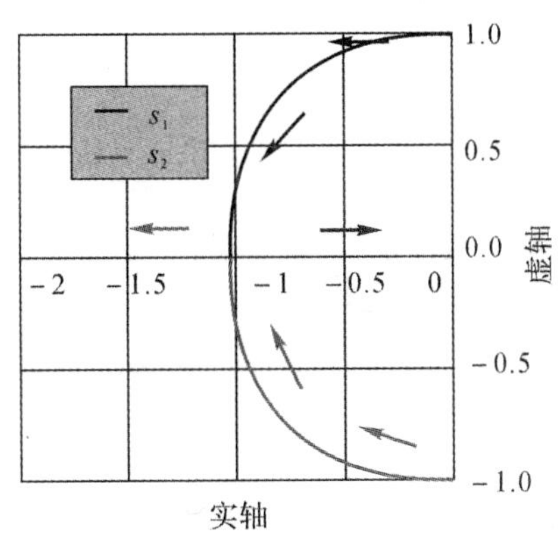

图 6-7　PD 根轨迹图

6.3.2　系统响应特性

对于阶跃输入，受控系统响应的几个特性定义如下。

(1)90%上升时间是指达到最终值 90%所需的时间。时间常数是指 63%上升时间。

(2)超调量百分比是指超调的幅度除以最终值，转换为百分比。第一个响应为 45.7%，其他响应为零。

(3)2%调节时间是指系统稳定在其最终值的 2%以内所需的时间。通常这与 4 倍时间常数相关。

(4)稳态误差是所有瞬变消失后的剩余误差。

6.3.3　微分项问题

微分项将放大噪声，并且如果误差信号的信噪比低，则可能导致不稳定。在这种情况下，应当对导数信号进行低通滤波以去除超出实际系统容量产生的频率。在图 6-5 中，如果系统有速度测量传感器，则不必需要微分误差信号，且会使实际控制更加简便。由于

$$e(t) = y_r(t) - y(t)$$

则

$$\dot{e}(t) = \dot{y}_r(t) - \dot{y}(t)$$

因此，如果速度输入与位置一致(即它真的是参考位置的导数)，并且假设传感器能够测量速度，则速度误差就是位置误差的导数。

6.3.4 PID 控制

PID 控制器中的比例项用于对误差信号的当前值做出反应。同样，导数项用于对预测出的未来误差做出反应，因为正的误差率意味着误差在增大。考虑到对当前误差与将来误差的关系，很自然地联想到过去的误差是否具有影响。事实证明，它非常有用，从而应用到 PID 控制器，PID 控制器是工业自动化的主力。它不需要系统模型，因为它只是由误差信号形成一个控制，即

$$u(t)=k_{\mathrm{d}}\dot{e}+k_{\mathrm{p}}e+k_{\mathrm{i}}\int e(t)\mathrm{d}t$$

上式表明了闭环系统状态是如何取决于受控系统的。称常数 k_{i} 为积分增益。积分增益是消除稳态误差的有力手段。

假设质量块放置在粗糙表面上，有少量静摩擦 f_{s} 存在，则式(6-8)变为

$$\ddot{y}+\frac{c_{\mathrm{c}}}{m}\dot{y}+\frac{k_{\mathrm{c}}}{m}y=\frac{f_{\mathrm{r}}+f_{\mathrm{s}}}{m} \tag{6-12}$$

所施加的力将抵抗摩擦力。稳态解为

$$y_{\mathrm{ss}}=\left(\frac{f_{\mathrm{r}}+f_{\mathrm{s}}}{k_{\mathrm{c}}}\right)$$

如图 6-8 所示，令 f_{s} 对于单位质量块设置为 0.5，且 $y_{\mathrm{d}}=1$。对没有积分的闭环控制系统的临界阻尼使用 $k_{\mathrm{p}}=1$ 和 $k_{\mathrm{d}}=2$。如果 $k_{\mathrm{i}}=0$，系统稳定到 $y_{\mathrm{ss}}=1.05$ 的位置。然而，当 $k_{\mathrm{i}}=0.2$ 时，系统稳定到 $y_{\mathrm{ss}}=1.0$ 处。具体解释为：符号不变的误差造成积分项继续随时间增长，直到它最终产生足够的控制效应以克服摩擦。系统中的摩擦会阻止 PID 控制器收敛到正确的稳态值，但控制器中的积分项就可以解决这个问题。

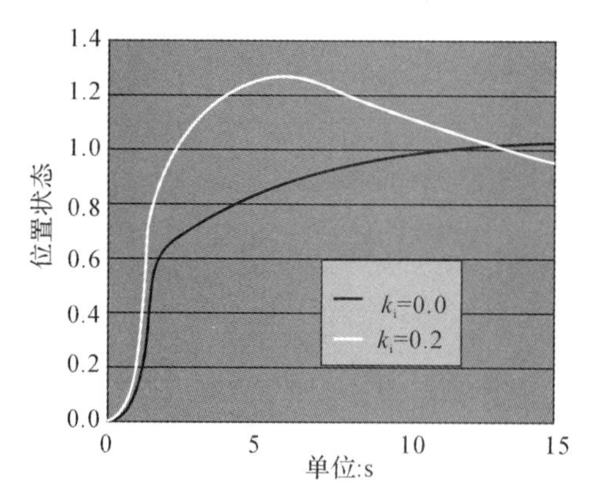

图 6-8　具有平面摩擦的 PID 控制器

在这种情况下，$k_{\mathrm{i}}=0.2$ 的系统将在 5 s 内上升到期望的输出，与 PID 回路相同。PID 控制器加上了一个积分项。这个 PID 控制器就可以去除稳态误差，如图 6-9 所示。

该系统的等效框图如图 6-10 所示。

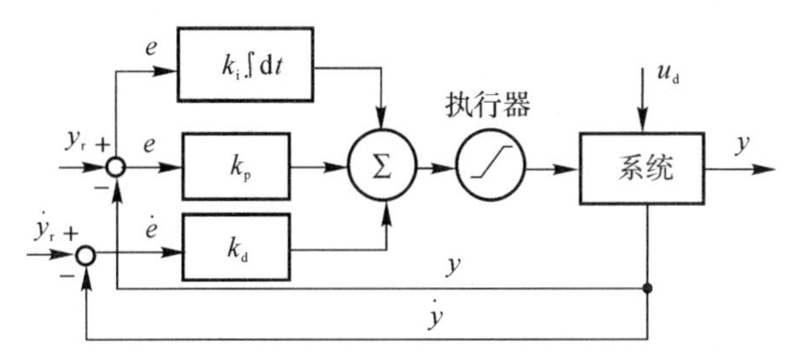

图 6-9　PID 控制器框图

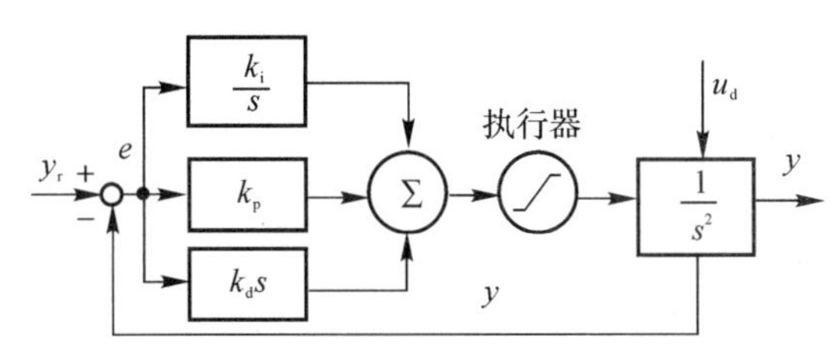

图 6-10　频域中的 PID 控制器框图

闭环传递函数为

$$T(s)=\frac{H}{1+GH}=\frac{(1/s^2)(k_d s+k_p+k_i/s)}{1+(1/s^2)(k_d s+k_p+k_i/s)}=\frac{k_d s^2+k_p s+k_i}{s^3+k_d s^2+k_p s+k_i}$$

6.3.5　积分项问题

积分项的增长极限被称为积分饱和。通常建议限制其增长，因为它具有在较长时间内应用最大控制力的能力。例如，若连接反馈传感器出现故障，由于根本无法测量输出量，则可能引起积分器的值无限增长，将出现无限地应用最大控制量情况，导致系统失控。实际上，PID 控制器的三个参数都应该设置大小阈值，从而实现有效的监测功能，它可以用于通过在故障的情况下切断执行器来检测非命令运动并关闭系统。

6.3.6　串级控制

另一种典型的控制结构是串级控制。一个简单的例子就是串级的位置-速度回路（见图 6-11），位置回路的输出是速度回路的输入。有时用户不得不接触这种结构，因为被控制的设备在进行基本设计时就包含了速度环。通常，内部速度环路比外部位置环路运行快得多，但这并非是必需的。当能通过比消去位置误差更快地消去速度误差时，该结构是可行的。

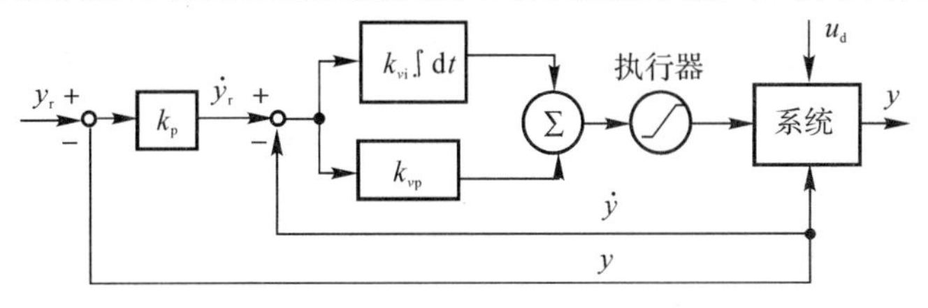

图 6-11　串级位置-速度控制器

内部速度回路的闭环传递函数为

$$T_v(s)=\frac{H_v}{1+G_vH_v}=\frac{(1/s^2)(k_{vp}s+k_{vi})}{1+(1/s^2)(k_{vp}s+k_{vi})}=\frac{k_{vp}s+k_{vi}}{s^2+k_{vp}s+k_{vi}}$$

因此，外部位置回路的闭环传递函数为

$$T(s)=\frac{H}{1+GH}=\frac{(1/s)k_{\mathrm{p}}T_v(s)}{1+(1/s)k_{\mathrm{p}}T_v(s)}=\frac{k_{\mathrm{p}}(k_{vp}s+k_{vi})}{s^3+k_{vp}s^2+(k_{vi}+k_{\mathrm{p}}k_{vp})s+k_{\mathrm{p}}k_{vi}}$$

对于$k_{vi}=0$，则有

$$T(s)=\frac{k_{\mathrm{p}}k_{vp}}{s^2+k_{vp}s+k_{\mathrm{p}}k_{vp}}$$

对于$k_{vp}=2, k_{\mathrm{p}}=0.5$，在$-1$处存在重叠的实数极点：

$$s=\frac{-k_{vp}\pm\sqrt{k_{vp}^2-4k_{\mathrm{p}}k_{vp}}}{2}=\frac{-2\pm\sqrt{4-4}}{2}=-1$$

因此，这个系统具有临界阻尼，它与前面讨论过的 PD 和 PID 回路一样都能到达目标位置。

对于上述任意的控制器，实现目标的速度主要取决于施加到质量块上的力的最大值。对于上面使用的增益，施加的最大力就是一个单位大小。当然，如果增益变大，施加的力也将按比例增大，质量块将按比例加快或减速，将更快地接近目标。

许多机器人的控制系统都是串级的，因为串级是回路中的一种层次结构。层次结构就是由多台计算机组成的实际系统的自然结构，这些计算机以不同的速率运行着多种算法。

6.4 模型参考和前馈控制

上述介绍的控制器的缺点是对阶跃输入由于大的误差将产生剧烈的初始响应。该响应将产生一定的冲力，这种冲力可能会导致超调量产生。这似乎只能通过减小增益和减缓响应速度来消除。但要注意的是，阶跃输入中的瞬时大的变化对于任意受到有限作用力的有限质量块来说都是不可能实现的。

6.4.1 模型参考控制

阶跃输入可以明确系统的终止状态，但它是不可实现的，因此无法获知它是如何到达终止状态的。当参考轨迹包含这种不可实现的运动时，可以使用新的参考，这个新参考里的运动都是可实现的，或是至少包含的运动为“较可实现”的。

另外，如果系统以一个较可实现的轨迹到达目标，对于评价系统性能来说也会变得更为有利。在这种情况下，可以增大增益，同时也提高了响应曲线的质量。如图 6-12 所示为模型参考控制器，该控制器试图追踪一个在 2 s 内直接驶向目标的理想化系统的响应。用到了比例速度控制(仅当 $k_{\mathrm{d}}=10$ 非零)。响应速度是 PID 控制的两倍。

在这种形式的控制中，相对于新的参考轨迹，计算出了反馈回路中的误差。在下面的示例中，参考轨迹是以固定速度直接移动到目标位置的。虽然这也是不可实现的，但它比阶跃信号不可实现的程度要小。

常用的参考模型是梯形速度分布。当加速度和速度都有最大限制时，可以使用这种参考模型。

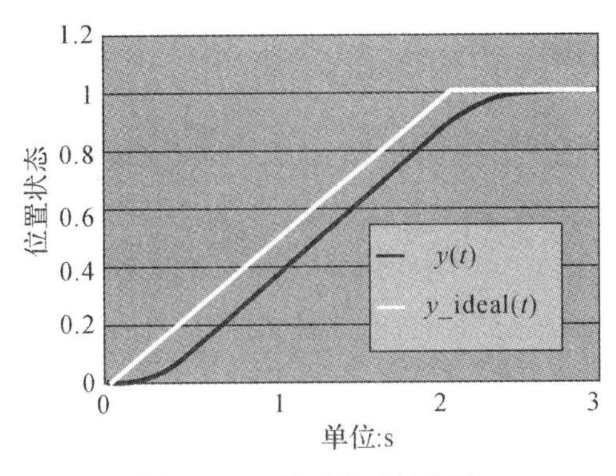

图 6－12 模型参考控制器

6.4.2 纯反馈控制的局限性

尽管 PID 控制和串级控制的结构是大多数系统使用的，但仅使用反馈将会产生以下局限。

(1)对误差的延迟响应。即使预测反馈控制系统中的许多误差都是可以实现的，但纯反馈系统必须等到它们发生后才能对其进行响应。以伺服系统为例，参考输入变大，控制信号若不能立即变大，则会使系统输出在后续的迭代中过低。

(2)通过误差反馈来计算对干扰(以及建模误差和噪声)的响应以及对参考信号的响应。正如在模型参考控制中所见的那样，将参考响应与误差响应独立地处理，是非常有效的。在之前的例子中，斜坡函数是对阶跃输入的响应，比例速度伺服是对误差的响应。

6.4.3 前馈控制

引入前馈控制的概念是为了将其与反馈区分开。在控制器的输出信号中出现，但该控制器并不涉及任何受控系统的测量值，这就是前馈。前馈术语可能涉及其他信号的测量值，例如干扰，或者可能涉及系统模型，并且根本不使用任何测量值。

显然，与反馈控制相比，参考轨迹是较快的。例如，开环控制可以很容易地将质量块移动到目标位置(实际上在 2 s 内而不是 5 s)。此外，可以在完成的过程中使超调量为零。

在前面的单位质量块的实例中，对于零初始条件和恒定的施加力，位置由下式给出：

$$y(t)=\frac{1}{2}\left(\frac{f}{m}\right)t^2$$

如果可以施加的最大力为 $f_{\max}$，则到位置 y_r 所需的时间为

$$t=\sqrt{2\frac{m}{f_{\max}}y_r}$$

然而，如果在整个持续时间内都施加最大力，则质量块在参考位置处将具有高速度，并且将发生超调。为了在参考位置停止，施加力必须在轨迹中点反向，则有

$$t_{mid}=\sqrt{\frac{m}{f_{max}}y_r}$$

对于单位质量块和相同的最大值$f_{max}=1$，限制了前述实例中的反馈控制器，可以简单地得出 $t_{mid}=1$。完整的控制如下：

$$u_{bb}(t)=\begin{cases}f_{max}, & t<t_{mid}\\ -f_{max}, & t_{mid}<t<2t_{mid}\\ 0, & 其他\end{cases} \tag{6-13}$$

该控制器的响应如图 6-13 所示，该控制器提供了最大的正方向的力以及最大的反方向的力，使得响应在无超调量的同时尽可能快地到达目标。

由上述分析看，反馈表现不佳，不能快速消除误差，并且潜在地不稳定，需要额外的传感器。那么，为什么还要反馈控制呢？答案是反馈也有其作用。反馈确实消除了前馈不能消除的误差。例如，如果用于上述控制的质量值稍微不正确，或者如果系统中存在(未建模)与施加的力反向的摩擦力，上述结果将变为在目标位置之前或之后停止并停留在那里。

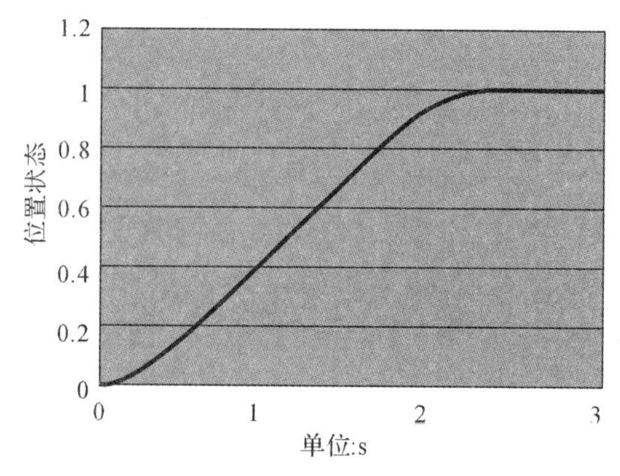

图 6-13　Bang-Bang 控制器的响应

6.4.4　带反馈的前馈

在理想情况下，控制器反馈部分的输出应该尽可能得小，它们的功能应该仅仅用于除去相对于预期响应轨迹的误差。相反，前馈应该预先计算输入，使得系统根据可用的最佳模型精确地遵循参考轨迹。实现这些目标包括以下 3 个步骤：

(1)重新配置控制器以生成参考轨迹；

(2)按该轨迹执行；

(3)消除反馈发生的任何错误。

请注意，模型参考的控制示例是恒定速度参考轨迹。执行器是有执行力的，因此该轨迹在稳态下不需要前馈力。一般来说，需要前馈控制来引导沿着参考轨迹运动而不需要反馈。这样的前馈控制器有两个组件：

(1)轨迹生成器产生参考轨迹；

(2)参考模型跟随器产生沿着参考轨迹运动的前馈输入。通常，这样做涉及计算参考轨迹的导数。

例如,最佳参考轨迹[与式(6-13)指定的输入相关]计算为

$$y_r(t)=\int_0^t\int_0^t u_{bb}(t)\mathrm{d}t\mathrm{d}t \tag{6-14}$$

这可以被馈送到反馈控制器,以便控制器测量与参考值之间的偏差,作为实际的跟踪误差。但是,要注意的是如果仅仅这样做,这个PD控制器变为

$$e(t)=y_r(t)-y(t)$$
$$u(t)=u_{fb}(t)=k_p e(t)+k_d\dot{e}(t)$$

式中,$u_{fb}(t)$表示从反馈导出的输入。在$t=0$时,误差为零,因此控制为零,系统根本不会运动。该控制器仅在跟踪非零误差时才产生信号,因此无法执行参考轨迹。

为了在参考轨迹中产生运动,需要添加一个与误差无关的$u_{bb}(t)$前馈项。该项将仅仅基于时间推动系统:

$$u(t)=u_{bb}(t)+u_{fb}(t)=\begin{cases}f_{max}, & t<t_{mid}\\ -f_{max}, & t_{mid}<t<2t_{mid}+k_i\int_0^t e(t)\mathrm{d}t+k_d\dot{e}(t)\\ 0, & 其他\end{cases} \tag{6-15}$$

请注意,前馈项$u_{bb}(t)$并不依赖于测量值或误差(取决于测量值),因此无论系统的状态如何,都会产生项$u_{bb}(t)$。是反馈项监视着系统的状态,并尝试清除跟踪误差。在存在摩擦力的情况下,该控制器的响应等于施加力的10%,如图6-14所示,该控制器增加了一个相同的开环(前馈)项,用以克服明显的摩擦。

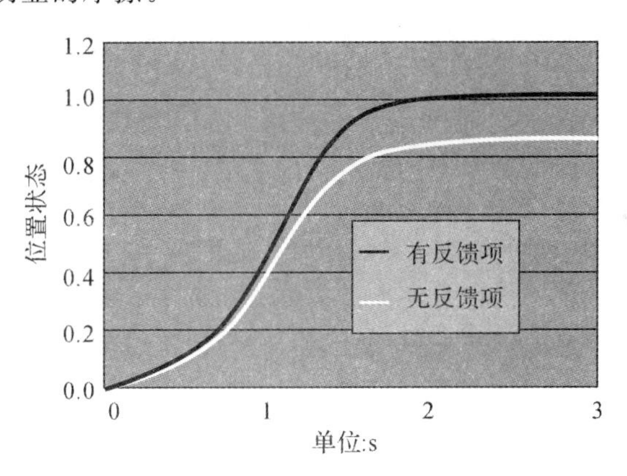

图6-14 具有反馈项的Bang-Bang控制器的响应

6.4.5 参考模型的轨迹生成

由参考模型计算预期响应轨迹的问题涉及反向模型动力学。例如,将质量块驱动到特定位置可以用生成输入轨迹$u(t)$来表示,即当积分两次时,将质量块置于具有零速度和加速度的最终的目标状态y_r。也就是说,对于输入轨迹$u(t)$和终点时间t_f,假定零初始条件,要求解

$$\left.\begin{aligned}y_r(t_f)&=\int_0^{t_f}\int_0^{t_f}\ddot{y}[u(t),t]\mathrm{d}t\mathrm{d}t=y_f\\ \dot{y}_r(t_f)&=\ddot{y}_r(t_f)=0\end{aligned}\right\} \tag{6-16}$$

这个问题被称为轨迹生成，并且任何满足模型的轨迹都被认为是可实现的。请注意，如果将 y，$\dot{y}$，$\ddot{y}$ 中的任一个称为时间函数，则可以通过微分或积分生成另外两个，一旦知道全部三个，则可从系统模型中找到输入 $u(t)$。之后将在反向控制的背景下，讨论解决轨迹生成问题的方法。

6.4.6 反馈与前馈

现在可以完整地呈现出反馈和前馈的相对优点。如表 6－1 所示，两种控制方法是互补的。

表 6－1 反馈与前馈

	反馈	前馈
消除不可预测的误差和干扰	(+) 是	(−) 否
消除可预测的误差和干扰	(−) 否	(+) 是
消除误差和干扰发生之前消除它们	(−) 否	(+) 是
需要系统模型	(+) 否	(−) 是
影响系统的稳定性	(−) 是	(+) 否

习 题 6

6.1 计算弹簧和阻尼器。用你最喜欢的编程环境，实现单位质量块 m 响应于施加力 $u(t)$ 的运动的一维有限差分模型。模型从 $u(t)$ 生成的 $y(t)$ 的模型只是一个双积分。现在将输入改为式(6－2) 中描述的输入。重新运行仿真并再现图 6－8。讨论如何使用反馈改变系统的动态。

6.2 稳定性。用式(6－11) 证明当 $k_p \geqslant 0$ 时，阻尼振荡器 PD 回路在 $k_d \geqslant 0$ 时是稳定的。当 $k_p < 0$ 时会发生什么呢？

6.3 根轨迹。根据图 6－8 的计算过程，绘出当 $k_d = 1$ 时，k_p 从 0 ～ 2 变化的根轨迹图。

6.4 串级控制器的传递函数。提供图 6－13 所示的串级控制器的传递函数推导的细节。

第7章　状态空间控制

对于机器人控制系统而言,不论是采用经典控制理论还是现代控制理论,反馈都是最主要的控制结构。在基于传递函数描述的控制系统设计中,只能用输出量进行反馈。而现代控制理论由于采用系统内部状态变量来描述系统的物理特性,除输出反馈外,还常用状态反馈。由于状态反馈能够提供比输出反馈更多的信息,能够较为方便地形成更为有效的控制规律,因而获得了广泛的应用。

为了利用状态进行反馈,必须测量状态信息,但并不是所有状态变量都可以直接测量,于是引出了状态观测器的相关概念和方法。因此,状态反馈与状态观测器的设计便成了用状态空间法设计机器人控制系统的主要内容。本章将重点讨论机器人的状态空间控制方法。

7.1　方法概述

状态空间方程的线性形式为

$$\left.\begin{aligned}\dot{\underline{\boldsymbol{x}}}(t)&=\boldsymbol{F}(t)\underline{\boldsymbol{x}}(t)+\boldsymbol{G}(t)\underline{\boldsymbol{u}}(t)\\ \underline{\boldsymbol{y}}(t)&=\boldsymbol{H}(t)\underline{\boldsymbol{x}}(t)+\boldsymbol{M}(t)\underline{\boldsymbol{u}}(t)\end{aligned}\right\} \tag{7-1}$$

令 $\underline{\boldsymbol{x}}$ 为 $n\times 1$ 阶矩阵,$\underline{\boldsymbol{u}}$ 为 $r\times 1$ 阶矩阵,$\underline{\boldsymbol{y}}$ 为 $m\times 1$ 阶矩阵,矩阵乘法运算规则将所有矩阵的大小固定。当从控制角度来看这些方程时,将讨论的是什么样的输入 $\underline{\boldsymbol{u}}(t)$ 将产生所希望的行为的问题。

7.1.1　可控性

在任何控制系统中,核心的问题是可控。如果任何初始状态 $\underline{\boldsymbol{x}}(t_1)$,存在控制函数 $\underline{\boldsymbol{u}}(t)$ 在有限时间内将系统驱动到最终状态 $\underline{\boldsymbol{x}}(t_2)$,则该系统被认为是较完全可控的。如果时间间隔 t_2-t_1 可以对于任意 t_1 都是所希望的值,则该系统被认为是完全可控的。

对于矩阵 $\boldsymbol{F}$ 和 $\boldsymbol{G}$ 不依赖于时间的时不变系统来说,$\boldsymbol{F}$ 是 $n\times n$ 阶矩阵,$\boldsymbol{G}$ 是 $n\times r$ 阶矩阵,当且仅当 $n\times nr$ 阶矩阵

$$\boldsymbol{Q}=[\boldsymbol{G}\,|\,\boldsymbol{FG}\,|\,\boldsymbol{FFG}\,|\,\cdots\boldsymbol{F}^{n-1}\boldsymbol{G}]$$

是满秩时,系统完全可控。该条件也包含了若 $\boldsymbol{Q}$ 仅在时间的孤立点上缺秩,矩阵 $\boldsymbol{F}(t)$ 和 $\boldsymbol{G}(t)$ 确实依赖于时间的情况。

7.1.2　可观性

如果对于任何初始状态 $\underline{\boldsymbol{x}}(t_1)$,根据系统输入 $\underline{\boldsymbol{u}}(t)$ 和输出函数 $\underline{\boldsymbol{y}}(t)$,在有限的时间间隔

$[t_1,t_2]$(其中 $t_1 < t_2$)中,完全确定初始状态,则这类系统是较完全可观的。如果时间间隔 $t_2 - t_1$ 对于任意 t_1 都可以根据需要设定得较小,则该系统被认为是完全可观的。

对于矩阵 $\boldsymbol{F}$ 和 $\boldsymbol{H}$ 不依赖于时间的时不变系统,$\boldsymbol{F}$ 是 $n \times n$ 阶矩阵且 $\boldsymbol{H}$ 是 $m \times n$ 阶矩阵,则当且仅当 $mn \times n$ 阶矩阵

$$\boldsymbol{P} = \begin{bmatrix} \boldsymbol{H} \\ \boldsymbol{HF} \\ \boldsymbol{HFF} \\ \vdots \\ \boldsymbol{HF}^{n-1} \end{bmatrix}$$

为满秩时,是完全可观的。该条件也包含了若 $\boldsymbol{P}$ 仅在时间的孤立点上缺秩,矩阵 $\boldsymbol{F}(t)$ 和 $\boldsymbol{H}(t)$ 确实依赖于时间的情况。

7.2 状态空间反馈控制

状态空间反馈控制规则有两种:第一种是使用系统状态,称为状态反馈;第二种是使用输出,称为输出反馈。可以说,只有后者与实际应用相关,因为只有输出可以通过定义访问。然而,有时可以测量整个状态或重建它,因此全状态反馈仍然是一个重要的特殊情况。

7.2.1 状态反馈

状态反馈控制律的形式为

$$\underline{\boldsymbol{u}}(t) = \boldsymbol{W}\underline{\boldsymbol{v}}(t) - \boldsymbol{K}\underline{\boldsymbol{x}}(t)$$

式中,$\underline{\boldsymbol{v}}(t)$ 是前馈模型 $\boldsymbol{W}$ 起作用的闭环系统新的参考输入(假设至少包含与 $\underline{\boldsymbol{u}}$ 一样多的行)。假定增益矩阵 $\boldsymbol{K}$ 是恒定的。

替换后,新的线性系统变为

$$\dot{\underline{\boldsymbol{x}}} = (\boldsymbol{F} - \boldsymbol{GK})\underline{\boldsymbol{x}} + \boldsymbol{GW}\underline{\boldsymbol{v}}$$

$$\underline{\boldsymbol{y}} = (\boldsymbol{H} - \boldsymbol{MK})\underline{\boldsymbol{x}} + \boldsymbol{MW}\underline{\boldsymbol{v}}$$

这与原始系统的形式相同,当然,所有的矩阵都已经改变了(见图 7-1),反馈状态与前馈项组合以产生系统的新输入。如果 $\boldsymbol{W}$ 满秩,很容易证明系统的可控性是不变的。如果 $\boldsymbol{H} = \boldsymbol{MK}$,可观测性可能会发生变化,甚至可能完全丧失。

7.2.2 状态反馈的特征值分配

在状态空间中,极点的位置问题被称为特征值分配。稳定性问题和系统行为一般依赖于新的动力学矩阵 $\boldsymbol{F}-\boldsymbol{GK}$ 的特征值。新特征方程为

$$\det(\lambda \boldsymbol{I} - \boldsymbol{F} + \boldsymbol{GK}) = 0$$

可以看出,只要原始系统是可控的,系统的特征值可以使用一些恒定的实值增益矩阵 $\boldsymbol{K}$ 任意放置。这与之前讨论的阻尼振荡器相似。如果增益可以独立地确定特征多项式的每个系

数,则可以得出任意多项式,因此可以得到任意特征根。

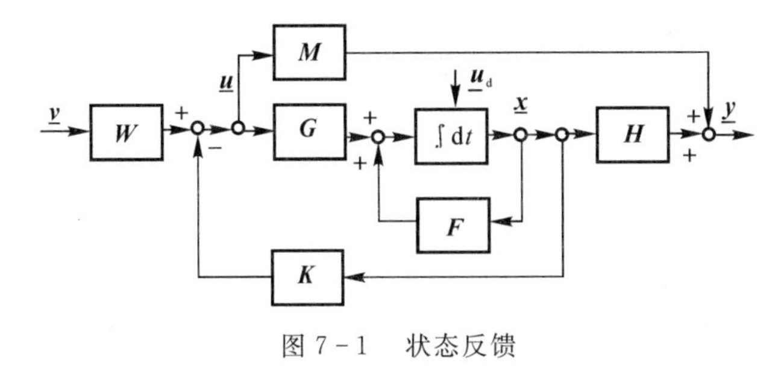

图7-1　状态反馈

7.2.3　输出反馈

输出反馈控制律的形式为

$$\underline{u}(t)=W\underline{v}(t)-K\underline{y}(t)$$

式中,$\underline{v}(t)$是前馈模型W起作用的闭环系统新的参考输入(假设至少包含与$\underline{u}$一样多的行),如图7-2所示,反馈的输出与前馈项组合以产生系统的新输入。假设增益矩阵K是恒定的。

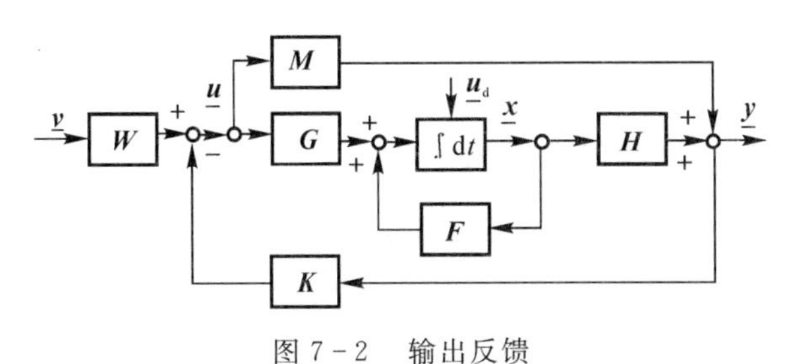

图7-2　输出反馈

输出方程为

$$\underline{y}=H\underline{x}+M\underline{u}$$
$$\underline{y}=H\underline{x}+M(W\underline{v}-K\underline{y})$$
$$\underline{y}(I_m+MK)=H\underline{x}+MW\underline{v}$$
$$\underline{y}=(I_m+MK)^{-1}(H\underline{x}+MW\underline{v})$$

式中,I_m是$m\times m$阶单位阵。

状态方程为

$$\dot{\underline{x}}=F\underline{x}+G(W\underline{v}-K\underline{y})$$
$$\dot{\underline{x}}=F\underline{x}+G[W\underline{v}-K(I_m+MK)^{-1}(H\underline{x}+MW\underline{v})]$$
$$\dot{\underline{x}}=[F-GK(I_m+MK)^{-1}H]\underline{x}+G[I_r-K(I_m+MK)^{-1}M]W\underline{v}$$
$$\dot{\underline{x}}=[F-GK(I_m+MK)^{-1}H]\underline{x}+G(I_r+KM)^{-1}W\underline{v}$$

式中,I_r为$r\times r$阶单位阵。最后一步使用矩阵求逆,得

$$I_r-K(I_m+MK)^{-1}M=(I_r+KM)^{-1}$$

总之,新的线性系统变为

$$\dot{\underline{x}} = [\boldsymbol{F} - \boldsymbol{GK}(\boldsymbol{I}_m + \boldsymbol{MK})^{-1}\boldsymbol{H}]\underline{\boldsymbol{x}} + \boldsymbol{G}(\boldsymbol{I}_r + \boldsymbol{KM})^{-1}\boldsymbol{W}\underline{\boldsymbol{v}}$$

$$\underline{\boldsymbol{y}} = (\boldsymbol{I}_m + \boldsymbol{MK})^{-1}(\boldsymbol{H}\underline{\boldsymbol{x}} + \boldsymbol{MW}\underline{\boldsymbol{v}})$$

这与原始系统具有相同的形式，当然，所有的矩阵都已经改变了。如果 $\boldsymbol{W}$ 满秩，且 $(\boldsymbol{I}_r + \boldsymbol{KM})^{-1}$ 满秩，则很容易证明系统的可控性是不变的。与状态反馈不同，可观性得以保留。

7.2.4 输出反馈的特征值分配

稳定性问题和系统行为一般取决于新的动力学矩阵 $\boldsymbol{F} - \boldsymbol{GK}(\boldsymbol{I}_m + \boldsymbol{MK})^{-1}\boldsymbol{H}$ 的特征值。可以看出，只要原系统是完全可控的，并且 $\boldsymbol{H}$ 满秩，则只有 m 个系统的特征值可以随意放置，其中 m 是 $\underline{\boldsymbol{y}}$ 的长度。

7.2.5 观测器

如果开环系统是可观的，则输出反馈系统是可观的。在这种条件下，可以从输出重建状态向量。重建状态的系统称为观测器，如图 7-3 所示，观测器用于重建状态并将输出反馈转换为状态反馈。

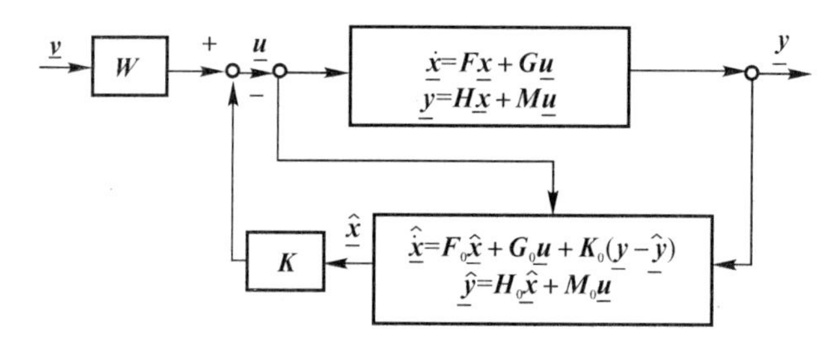

图 7-3 重建状态反馈

观测器是一种对系统的复制，但可知系统的动态情况并具有输入和输出。令观测器根据其对状态的估计值产生输出的估计值，有

$$\hat{\underline{\boldsymbol{y}}} = \boldsymbol{H}_0\hat{\underline{\boldsymbol{x}}} + \boldsymbol{M}_0\underline{\boldsymbol{u}}$$

观测器动态由一个额外的输入-输出预测误差来决定，即

$$\frac{\mathrm{d}}{\mathrm{d}t}\hat{\underline{\boldsymbol{x}}} = \boldsymbol{F}_0\hat{\underline{\boldsymbol{x}}} + \boldsymbol{G}_0\underline{\boldsymbol{u}} + \boldsymbol{K}_0(\underline{\boldsymbol{y}} - \hat{\underline{\boldsymbol{y}}})$$

其中，$\boldsymbol{K}_0$ 是一些尚待确定的增益矩阵。如果观测器的动力学矩阵 $\boldsymbol{F}_0$ 和 $\boldsymbol{G}_0$ 与系统的动力学矩阵完全相同，那么可以从实际系统动力学中减去上述结果得

$$\frac{\mathrm{d}}{\mathrm{d}t}(\underline{\boldsymbol{x}} - \hat{\underline{\boldsymbol{x}}}) = \boldsymbol{F}_0(\underline{\boldsymbol{x}} - \hat{\underline{\boldsymbol{x}}}) - \boldsymbol{K}_0(\underline{\boldsymbol{y}} - \hat{\underline{\boldsymbol{y}}})$$

这显然是线性系统的形式，其“状态”是重建状态中的误差，其“输出”是输出中的误差。输出中的误差是已知的，因为 $\hat{\underline{\boldsymbol{y}}}$ 是根据预测的状态被预测的，$\underline{\boldsymbol{y}}$ 是来自传感器的信号。

显然，观测器与控制器具有相同的数学形式，我们可以知道 $\hat{\underline{\boldsymbol{x}}}$ 中的误差是否“可控”。当它完全可控时，理论上是可以在任意短时间内做出与状态本身一致的状态估计的。在实践中，不能连续地进行测量，并且测量和矩阵都不是完全知道的，因此解收敛得更慢，且并不完美。

许多机器人不时地使用重建的状态反馈，因为并不是所有状态都是可测量的。例如，位置和方向状态有时只能通过积分线速度和角速度来获得。卡尔曼滤波器就是一种观测器。

7.2.6　非线性状态空间系统的控制

鉴于大多数机器人是非线性系统，读者或许想知道这与线性系统理论究竟有什么关系。正如在数值方法和状态估计中看到的那样，一旦非线性系统被线性化而得出线性模型就会变得非常方便。

带有反馈的前馈控制也被称为两自由度的设计。前馈用于产生使系统沿着参考轨迹执行的开环控制，反馈用于补偿干扰等。该技术可以应用于非线性系统，有

$$\underline{\dot{\boldsymbol{x}}}(t) = \underline{\boldsymbol{f}}[\underline{\boldsymbol{x}}(t), \underline{\boldsymbol{u}}(t)]$$

$$\underline{\boldsymbol{y}}(t) = \underline{\boldsymbol{h}}[\underline{\boldsymbol{x}}(t), \underline{\boldsymbol{u}}(t)]$$

上述系统可以关于参考轨迹 $\underline{\boldsymbol{x}}_r(t)$ 线性化，以产生线性化的误差动力学，即

$$\delta\underline{\dot{\boldsymbol{x}}}(t) = \boldsymbol{F}(t)\delta\underline{\boldsymbol{x}}(t) + \boldsymbol{G}(t)\delta\underline{\boldsymbol{u}}(t)$$

$$\delta\underline{\boldsymbol{y}}(t) = \boldsymbol{H}(t)\delta\underline{\boldsymbol{x}}(t) + \boldsymbol{M}(t)\delta\underline{\boldsymbol{u}}(t))$$

式中，$\boldsymbol{F}$，$\boldsymbol{G}$，$\boldsymbol{H}$，$\boldsymbol{M}$ 都是合适的雅可比矩阵。

假设一些轨迹的生成过程可以产生输入 $\underline{\boldsymbol{u}}_r(t)$，以生成可行的参考轨迹（满足非线性系统动力学的轨迹）。在这种情况下，状态空间控制器可以被配置为基于线性化的误差动态来执行反馈补偿。

7.3　示例：机器人轨迹跟踪

本节将状态空间控制概念应用于使机器人沿着指定路径运动的问题。

7.3.1　机器人轨迹的表示

将机器人的整个运动表示为连续矢量值信号是很有必要的。为了避免重复，本节给出两个适用于不同情况的选项。

令在二维空间中移动的机器人的状态向量为 $\underline{\boldsymbol{x}} = [x \quad y \quad \psi]^{\mathrm{T}}$，则状态空间轨迹将为一个矢量值函数 $\underline{\boldsymbol{x}}(t)$。假设输入机器人的 $\underline{\boldsymbol{u}} = [\kappa \quad v]^{\mathrm{T}}$ 是速度和曲率。因为轨迹跟随输入，这就是表示轨迹的第一种方法。假设速度在车体坐标系中总是指向前，我们已经知道系统的非线性状态空间模型的微分与积分形式分别为

$$\frac{\mathrm{d}}{\mathrm{d}t}\begin{bmatrix} x \\ y \\ \psi \end{bmatrix} = \begin{bmatrix} \cos\psi \\ \sin\psi \\ \kappa \end{bmatrix} v, \quad \begin{bmatrix} x(t) \\ y(t) \\ \psi(t) \end{bmatrix} = \begin{bmatrix} x(0) \\ y(0) \\ \psi(0) \end{bmatrix} + \int_0^t \begin{bmatrix} \cos\psi \\ \sin\psi \\ \kappa \end{bmatrix} v\mathrm{d}t \tag{7-2}$$

速度被分解为微分形式中右侧的元素。可以通过距离对时间的导数除以速度来改变自

变量：

$$\frac{\mathrm{d}\underline{\boldsymbol{x}}}{\mathrm{d}t}\Big/v=\frac{\mathrm{d}\underline{\boldsymbol{x}}}{\mathrm{d}t}\Big/\frac{\mathrm{d}s}{\mathrm{d}t}=\frac{\mathrm{d}\underline{\boldsymbol{x}}}{\mathrm{d}t} \tag{7-3}$$

现在可以用以下形式写出系统的动态形式，有

$$\frac{\mathrm{d}}{\mathrm{d}t}\begin{bmatrix}x\\y\\\psi\end{bmatrix}=\begin{bmatrix}\cos\psi\\\sin\psi\\\kappa\end{bmatrix},\quad \begin{bmatrix}x(s)\\y(s)\\\psi(s)\end{bmatrix}=\begin{bmatrix}x(0)\\y(0)\\\psi(0)\end{bmatrix}+\int_0^t\begin{bmatrix}\cos\psi\\\sin\psi\\\kappa\end{bmatrix}\mathrm{d}s \tag{7-4}$$

这是第二种形式 —— 其中速度输入被消去了。这是一个曲线的隐函数形式，其形状由单个输入 —— 曲率确定。这就是平面曲线的基本定理。曲率被认为是距离的指定函数。

如果时间轨迹上的速度为零，则在计算机中距离对时间导数的显式转换可能是有问题的。然而，在机器人再次移动前避免计算，可以消除奇异点。

7.3.2 示例：机器人轨迹跟踪

假设轨迹发生器产生了参考轨迹$[\underline{\boldsymbol{u}}_{\mathrm{r}}(t)\quad \underline{\boldsymbol{x}}_{\mathrm{r}}(t)]$。假设系统输出等于状态(即假设可以测量$[x\quad y\quad \psi]^{\mathrm{T}}$)，因此可以忽略输出方程。

(1) 线性化和可控性。基于线性化方程式(7－2)的线性化动力学方程形式如下：

$$\frac{\mathrm{d}}{\mathrm{d}t}\begin{bmatrix}\delta x\\\delta y\\\delta\psi\end{bmatrix}=\begin{bmatrix}0&0&-v\mathrm{s}\psi\\0&0&v\mathrm{c}\psi\\0&0&0\end{bmatrix}\begin{bmatrix}\delta x\\\delta y\\\delta\psi\end{bmatrix}+\begin{bmatrix}\mathrm{c}\psi&0\\\mathrm{s}\psi&0\\0&1\end{bmatrix}\begin{bmatrix}\delta v\\\delta\kappa\end{bmatrix} \tag{7-5}$$

如图7－4所示，在机器人的平面运动中，全状态反馈意味着测量x和y以及航向误差。将坐标转换到机器人机体坐标系将简化推导。用旋转矩阵乘以方程式(7－5)将坐标从世界坐标系转换到机体坐标系中：

$$\left.\begin{aligned}&\begin{bmatrix}\mathrm{c}\psi&\mathrm{s}\psi&0\\-\mathrm{s}\psi&\mathrm{c}\psi&0\\0&0&1\end{bmatrix}\begin{bmatrix}\delta\dot{x}\\\delta\dot{y}\\\delta\dot{\psi}\end{bmatrix}=\begin{bmatrix}\mathrm{c}\psi&\mathrm{s}\psi&0\\-\mathrm{s}\psi&\mathrm{c}\psi&0\\0&0&1\end{bmatrix}\begin{bmatrix}0&0&-v\mathrm{s}\psi\\0&0&v\mathrm{c}\psi\\0&0&0\end{bmatrix}\begin{bmatrix}\delta x\\\delta y\\\delta\psi\end{bmatrix}+\begin{bmatrix}\mathrm{c}\psi&\mathrm{s}\psi&0\\-\mathrm{s}\psi&\mathrm{c}\psi&0\\0&0&1\end{bmatrix}\begin{bmatrix}\mathrm{c}\psi&0\\\mathrm{s}\psi&0\\0&1\end{bmatrix}\begin{bmatrix}\delta v\\\delta\kappa\end{bmatrix}\\&\begin{bmatrix}\mathrm{c}\psi&\mathrm{s}\psi&0\\-\mathrm{s}\psi&\mathrm{c}\psi&0\\0&0&1\end{bmatrix}\begin{bmatrix}\delta\dot{x}\\\delta\dot{y}\\\delta\dot{\psi}\end{bmatrix}=\begin{bmatrix}0&0&0\\0&0&v\\0&0&1\end{bmatrix}\begin{bmatrix}\delta x\\\delta y\\\delta\psi\end{bmatrix}+\begin{bmatrix}1&0\\0&0\\0&1\end{bmatrix}\begin{bmatrix}\delta v\\\delta\kappa\end{bmatrix}\end{aligned}\right\} \tag{7-6}$$

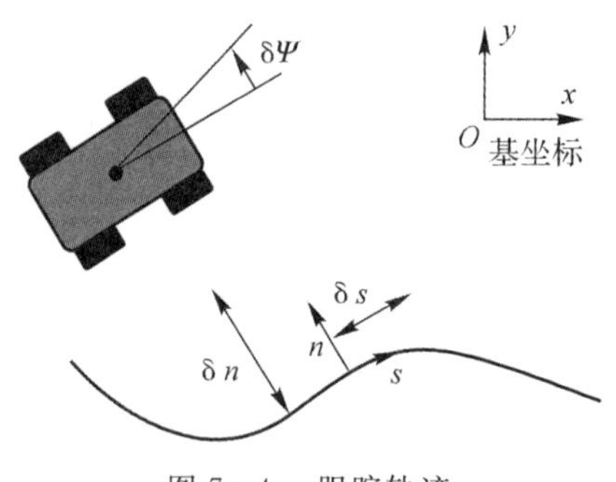

图7－4　跟踪轨迹

现在,定义机体坐标系中的扰动位置和速度,有

$$\delta\underline{\boldsymbol{x}}(t)=\boldsymbol{R}\delta\underline{\boldsymbol{s}}(t)=\begin{bmatrix}c\psi & -s\psi & 0\\ s\psi & c\psi & 0\\ 0 & 0 & 1\end{bmatrix}\begin{bmatrix}\delta s\\ \delta n\\ \delta\psi\end{bmatrix}\quad \delta\dot{\underline{\boldsymbol{x}}}(t)=\boldsymbol{R}\delta\dot{\underline{\boldsymbol{s}}}(t)=\begin{bmatrix}c\psi & -s\psi & 0\\ s\psi & c\psi & 0\\ 0 & 0 & 1\end{bmatrix}\begin{bmatrix}\delta\dot{s}\\ \delta\dot{n}\\ \delta\dot{\psi}\end{bmatrix}$$

式中,δs 和 δn 是当下的行进方向(沿轨迹)以及与其正交的(偏航)的误差。将其代入方程式(7-6)得出

$$\begin{bmatrix}\delta\dot{s}\\ \delta\dot{n}\\ \delta\dot{\psi}\end{bmatrix}=\begin{bmatrix}0 & 0 & 0\\ 0 & 0 & v\\ 0 & 0 & 0\end{bmatrix}\begin{bmatrix}\delta s\\ \delta n\\ \delta\psi\end{bmatrix}+\begin{bmatrix}1 & 0\\ 0 & 0\\ 0 & 1\end{bmatrix}\begin{bmatrix}\delta v\\ \delta\kappa\end{bmatrix} \tag{7-7}$$

因为旋转矩阵彼此抵消成为单位矩阵。由航向误差 $\delta\theta$ 引起的交叉误差率 $\delta\dot{n}$ 与速度成正比,则会出现速度 v。该系统是线性的,当速度恒定时甚至是时不变的。此结果的形式如下:

$$\delta\dot{\underline{\boldsymbol{s}}}(t)=\boldsymbol{F}(t)\delta\underline{\boldsymbol{s}}(t)+\boldsymbol{G}(t)\delta\underline{\boldsymbol{u}}(t)$$

式中

$$\underline{\boldsymbol{s}}=[s\quad n\quad \psi]^{\mathrm{T}}$$

可控性测试基于矩阵 $\boldsymbol{Q}=[\boldsymbol{G}|\boldsymbol{FG}|\boldsymbol{FFG}|]$。在这些新坐标中

$$\boldsymbol{Q}=\begin{bmatrix}1 & 0 & 0 & 0 & 0 & 0\\ 0 & 0 & 0 & v & 0 & 0\\ 0 & 1 & 0 & 0 & 0 & 0\end{bmatrix}$$

有三个非零列,它们明确地指向不同的方向,该系统是可控的。

(2) 状态反馈控制律。状态反馈控制律的形式为

$$\delta\underline{\boldsymbol{u}}(t)=-\boldsymbol{K}\delta\underline{\boldsymbol{s}}(t)$$

其中,$\boldsymbol{K}$ 为 2×3 阶矩阵。为了简化推导,让我们选择三个非零增益,其中转向可以消除偏航和方位误差,速度可以消除跟踪误差。从而

$$\boldsymbol{K}=\begin{bmatrix}k_s & 0 & 0\\ 0 & k_n & k_\theta\end{bmatrix}$$

则控制为

$$\begin{bmatrix}\delta v\\ \delta\kappa\end{bmatrix}=\begin{bmatrix}k_s & 0 & 0\\ 0 & k_n & k_\psi\end{bmatrix}\begin{bmatrix}\delta s\\ \delta n\\ \delta\psi\end{bmatrix}=\begin{bmatrix}k_s(\delta s)\\ k_n(\delta n)+k_\psi(\delta\psi)\end{bmatrix}$$

总控制既包括前馈项又包括反馈项:

$$\underline{\boldsymbol{u}}(t)=\underline{\boldsymbol{u}}_{\mathrm{r}}(t)+\delta\underline{\boldsymbol{u}}(t)=\underline{\boldsymbol{u}}_{\mathrm{r}}(t)-\begin{bmatrix}k_s & 0 & 0\\ 0 & k_n & k_\psi\end{bmatrix}\begin{bmatrix}\delta s\\ \delta n\\ \delta\psi\end{bmatrix} \tag{7-8}$$

根据方程式(7-7),由于方向误差会导致偏航的增加或减少,航向误差基本上都是偏航误差率。在这种解释下,控制相当于对跟踪误差的比例控制和对于偏航误差的 PID 控制。

(3) 行为。可以通过当添加不同的项时,检测控制器的行为来理解该控制器的操作。首先,开环控制器简单地执行参考曲率轨迹。如图 7-5 所示,说明了三种情况。(左) 开环不补偿误差。(中) 航向补偿修正了航向,但无法修正位置误差。(右) 姿势补偿尝试去除所有的误

差。初始姿态误差将无法去除，但跟随的路径仍可能具有正确的形状。

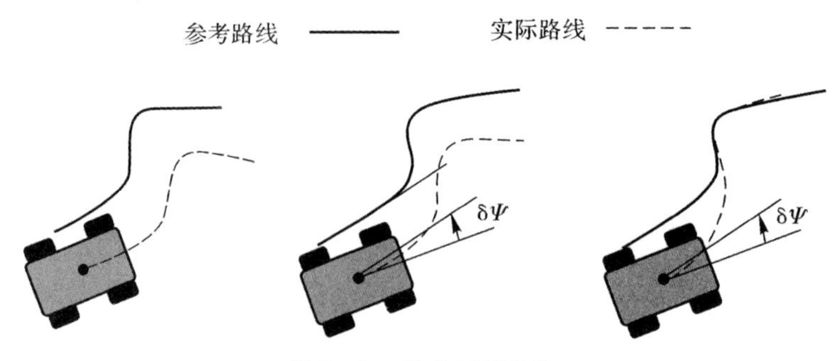

图 7-5　路径跟随行为

当机器人滞后于其期望位置时，速度反馈项可以简单地进行加速控制。也可以省略该项，则系统将存在速度误差，同时试图去除其他误差。如果是这样，根据测量进行重新设计参考轨迹是一个好思路，即

$$\underline{u}_{\mathrm{r}}(s)=\boldsymbol{\kappa}(s_{\mathrm{measured}})$$

这使得即使机器人滞后或提前于计划，控制都尝试在路径上的当前位置获得期望的曲率。

如果仅包含航向反馈项，则实际路径将根据需要改变以实现正确的航向，但偏航误差不会被置零。增加偏航误差项将导致所有误差被去除。

(4) 配置特征值。闭环扰动系统动力学矩阵为

$$\boldsymbol{F}-\boldsymbol{GK}=\begin{bmatrix}0&0&0\\0&0&v\\0&0&0\end{bmatrix}-\begin{bmatrix}1&0\\0&0\\0&1\end{bmatrix}\begin{bmatrix}k_s&0&0\\0&k_n&k_\psi\end{bmatrix}=-\begin{bmatrix}k_s&0&0\\0&0&-v\\0&k_n&k_\psi\end{bmatrix}$$

特征多项式为

$$\det(\lambda\boldsymbol{I}-\boldsymbol{F}+\boldsymbol{GK})=\begin{bmatrix}\lambda+k_s&0&0\\0&\lambda&-v\\0&k_n&\lambda+k_\psi\end{bmatrix}$$

$$\det(\lambda\boldsymbol{I}-\boldsymbol{F}+\boldsymbol{GK})=(\lambda+k_s)\lambda(\lambda+k_\psi)+k_nv(\lambda+k_s)$$

$$\det(\lambda\boldsymbol{I}-\boldsymbol{F}+\boldsymbol{GK})=(\lambda+k_s)(\lambda^2+\lambda k_\psi+k_nv)$$

$$\det(\lambda\boldsymbol{I}-\boldsymbol{F}+\boldsymbol{GK})=\lambda^3+\lambda^2(k_\psi+k_s)+\lambda(k_nv+k_sk_\psi)+k_sk_nv$$

因为特征值取决于系数，并且可以通过改变增益来独立地调整所有系数，所以特征值可以配置在任意需要的地方。

(5) 增益。曲率控制既用于消除偏航误差也用于消除航向误差。速度控制用于消除跟踪误差。可以将两个曲率增益与特征长度 L 相关联

$$k_n=\frac{2}{L^2},\quad k_\psi=\frac{1}{L}$$

由于 $\kappa=\mathrm{d}\psi/\mathrm{d}s$ 的定义，控制项 $\delta\kappa_\psi=k_\theta(\delta\psi)=\delta\psi/L$ 是在行驶距离 L 后消除航向误差的持续曲率。此外，由于旋转而在距离 L 处的横向移动是 $\delta n=L\mathrm{d}\psi$，所以控制项 $\delta\kappa_n=k_n(\delta n)=2\delta n/L^2$ 在 L 的距离上旋转大小为 $2\delta n/L$ 的角度，以便消除偏航误差。因为这段时间的平均航

向只是总变化的一半，所以引入了“2”这个系数。增益k_s试图在$\tau_s=1/k_s$的时间段之后去除速度误差。这些可用于设定合理的增益。

这个简单的例子也说明了对某些移动机器人应用中观测器的典型需求。用于计算路径跟随误差的测量值并不容易获得。线速度和角速度的测量是比较常见的，但位置和方向的测量需要做更多的工作。

获得它们的一种方法是通过航位推算来整合线速度和角速度。获得它们的另一种方法是使用卫星导航系统的无线信号接收器。

7.4　基于感知的控制

视觉伺服是基于感知控制的一个实例——使用感知传感器在控制回路中产生误差信号。它是移动机器人的一个非常重要的技术，因为它是生成系统位姿误差的高质量反馈手段。它可以被用于操作手抓取物体。它可以在移动机器人上使用，以便在例如对电池充电的电源插座之类这些物体允许的范围之内移动。

在某些情况下，传感器正在移动，就像在叉车前面的传感器一样。在其他情况下，传感器是静止的，并且它观察机器人的运动。一个例子是用于定位移动机器人的相机。在某些情况下，相机和对象都在移动。例如包括跟随人运动的移动机器人，或跟踪道路上的其他车辆，或者用于精确定位操作手安装的传感器。在所有情况下，最重要的因素是可以测量误差，并且可以控制某些运动的自由度以减少误差。

7.4.1　误差坐标

如图 7 - 6 所示，这是机械手的移动传感器构型。传感器是相机，且误差是在图像空间中形成的。一种方法是通过将当前图像（无论是颜色、强度或范围）与机器人在正确构型中看到的参考图像进行比较来形成图像空间中的误差。

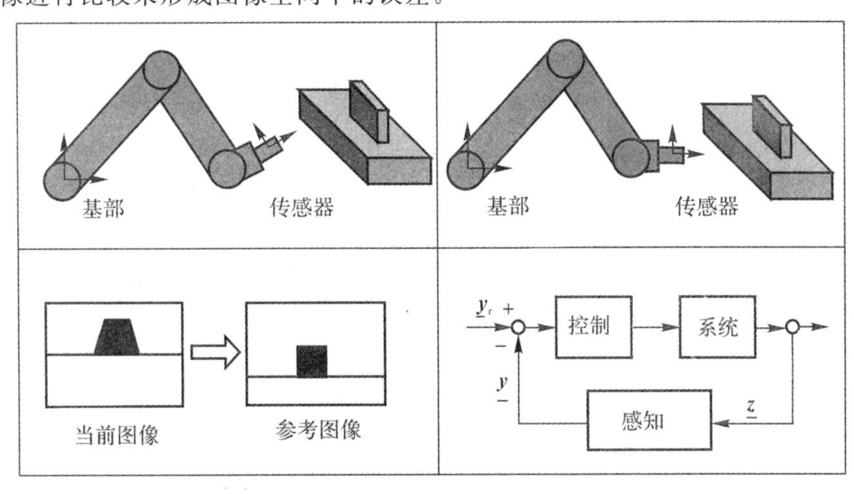

图 7 - 6　基于图像的视觉伺服

在某些情况下，可以将当前图像中的像素直接与参考图像中的像素进行比较。在实践中更可能的是，仅仅将图像中各种特征的坐标(如角或线段)与视图中的对象的模型进行比较，以形成误差。

另一种方式是使用图像来明确计算传感器相对于物体的位姿，如图 7-7 所示，这是移动机器人的移动传感器构型。传感器可以是激光雷达，并且在位姿空间中形成误差。然后在位姿坐标中计算误差，位姿坐标直接反映了传感器在哪里以及应该在哪里的差异。对于机械手，可以使用逆运动学来计算确定所需的关节角度。对于移动机器人，可以使用轨迹发生器来产生控制器需要遵循的参考轨迹。

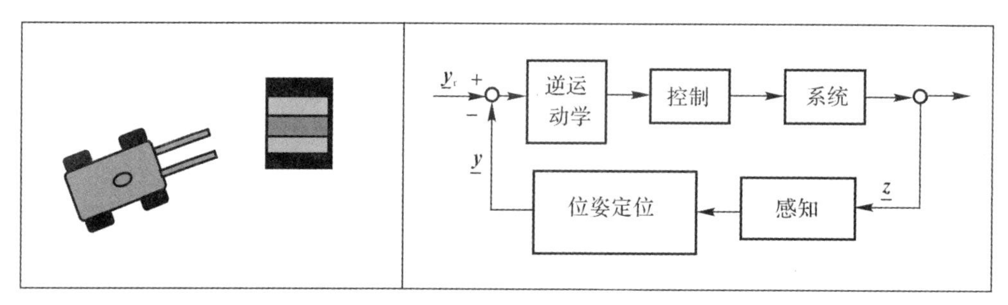

图 7-7　基于姿势的视觉伺服

当然，具体实现时可以在调用轨迹生成之前将传感器位姿误差转换为机器人位姿误差。

7.4.2　视觉伺服

本节将介绍基于特征的视觉伺服的一些细节，它忽略了系统的具体动态情况，并提出了基本的几何方法。

无论用于表示误差的坐标如何，如果使用基于特征的方法，则必须使参考中的特征与图像中的特征保持对应关系。因此，传感器的运动将产生嵌入的视觉跟踪问题——图像坐标系中特征的运动跟踪问题。特征对应是图像中的点与模型或参考图像中的对应点之间的配对。正确的特征对应是该方法的基本假设。

7.4.3　图像构成的模型

令 $\underline{z}$ 表示特征坐标中 $m\times 1$ 的矢量(可能在相机图像中的 $n/2$ 点处)。令 $\underline{x}$ 为对象 $n\times 1$ 维的位姿，其中 $n\leqslant 6$。可观察的特征 $\underline{z}$ 很大程度取决于目标对象(特征所在的位置)相对于传感器的位姿，这种是可以预测的方式[基于相机投影模型 $\boldsymbol{h}(\_)$]：

$$\underline{z}=\underline{\boldsymbol{h}}[\underline{x}(t)] \tag{7-9}$$

我们将要求 $\underline{\boldsymbol{h}}$ 对 $\underline{x}$ 施加至少 n 个独立约束。因此 $m\geqslant n$ 且 $\boldsymbol{h}$ 的雅可比矩阵将被假定为非奇异的。

参考图像或特征向量 $\underline{z}_r$ 必须手动指定或从记录的参考图像中导出。系统的目标是使特征误差$\underline{z}_r - \underline{z}$为零，以使系统获取与参考图像相关的参考位姿（移动机器人）或构型（机械手）$\underline{x}_r$。

7.4.4　控制器设计

式(7 - 9)的时间导数为

$$\dot{\underline{z}} = \left(\frac{\partial \boldsymbol{h}}{\partial \underline{\boldsymbol{x}}}\right)\left|\frac{\partial x}{\partial t}\right| = \boldsymbol{H}(t)\underline{\boldsymbol{v}}(t) \tag{7-10}$$

式中，测量雅可比矩阵 $\boldsymbol{H}$ 在这种情况下被称为交互矩阵。它将传感器-物体速度（位姿元素的导数）与图像中特征的速度相关联。根据定义，它还涉及位姿的小变化与特征位置的小变化，即

$$\Delta \underline{z} = \boldsymbol{H}\Delta \underline{\boldsymbol{x}} \tag{7-11}$$

例如，这种关系可以用左伪逆 $\boldsymbol{H}^+$ 来求解，即

$$\Delta \underline{\boldsymbol{x}} = \boldsymbol{H}^+ \Delta \underline{z}$$

如果此时将 $\Delta \underline{z}$ 解释为特征误差向量，则

$$\Delta \underline{\boldsymbol{x}} = \boldsymbol{H}^+ [\underline{z}_r - \underline{z}]$$

除以很小的 Δt 并通过极限产生

$$\underline{\boldsymbol{v}} = \boldsymbol{H}^+ \frac{\mathrm{d}}{\mathrm{d}t}[\underline{z}_r - \underline{z}] \tag{7-12}$$

这就是位姿误差率和特征误差率之间的关系，可用于使系统去除位姿误差。假设希望命令速度 $\underline{\boldsymbol{v}}$ 与 τ（$1/\lambda$ 的倒数）秒中趋于零的误差一致。然后，可以将特征误差率设置为

$$\frac{\mathrm{d}}{\mathrm{d}t}[\underline{z}_r - \underline{z}] = \frac{[\underline{z}_r - \underline{z}]}{\tau} = -\lambda[\underline{z}_r - \underline{z}]$$

将其代入式(7 - 12)，并重新整理得

$$\underline{\boldsymbol{v}}_c = -\lambda \boldsymbol{H}^+ [\underline{z}_r - \underline{z}] \tag{7-13}$$

这只是一个增益为 $K_p = \lambda = 1/\tau$ 的比例控制器，这使观测到的特征误差以指数形式趋于零。

返回式(7 - 10)并代换控制给出闭环系统的动力学方程，有

$$\dot{\underline{z}} = \boldsymbol{H}\underline{\boldsymbol{v}}_c(t) = -\lambda \boldsymbol{H}\boldsymbol{H}^+ [\underline{z}_r - \underline{z}] \tag{7-14}$$

此时由于特征误差是 $\underline{\boldsymbol{e}} = \underline{z}_r - \underline{z}$，对于常量参考图像则有

$$\dot{\underline{\boldsymbol{e}}} = \frac{\mathrm{d}}{\mathrm{d}t}[\underline{z}_r - \underline{z}] = \dot{\underline{z}}$$

将其代入式(7 - 14)产生系统误差动力学方程，有

$$\dot{\underline{\boldsymbol{e}}} = \dot{\underline{z}} = -\lambda \boldsymbol{H}(t)\boldsymbol{H}(t)^+ [\underline{z}_r - \underline{z}] = \boldsymbol{A}(t)\underline{\boldsymbol{e}}$$

式中，$\underline{\boldsymbol{e}}$ 为特征误差向量，$\boldsymbol{A}$ 为系统动力学矩阵。正如前面所见的那样，稳定性取决于该时变矩阵的特征值。所有特征值的实部在整个轨迹上必须是负的，以便系统收敛到一个解。要注意的是，由于伪逆存在，所以 $\boldsymbol{H}^{\mathrm{T}}\boldsymbol{H}$ 不能变为奇异矩阵。

7.5 转向轨迹的生成

本节提供了一种相对简单的方法来得到移动机器人的参考轨迹。因为要得到转向函数，我们经常需要考虑这个问题，但是这其实是得到速度函数的等价(更容易)的问题。本节将重点介绍转向轨迹生成问题。

精确的开环控制的能力需要高速启动，如图7-8所示，在正确的航向和曲率上重新获取路径后，在高速路径中修正轨迹[见图7-8(a)]。为了拿起托盘，机器人必须精确地到达正确的位置并以零曲率方向前进[见图7-8(b)]。之前已经知道，可以为控制器提供可行的参考信号，以便将实际的误差响应从预期的运动中分离出来。大多数四轮移动机器人都是欠驱动的，因此通常无法使其“一般朝着”一些目标位置运动。随着四轮移动机器人轨迹显示，不完整约束可能意味着四轮移动机器人必须通过右转开始，以便最终实现向左的目标姿势。

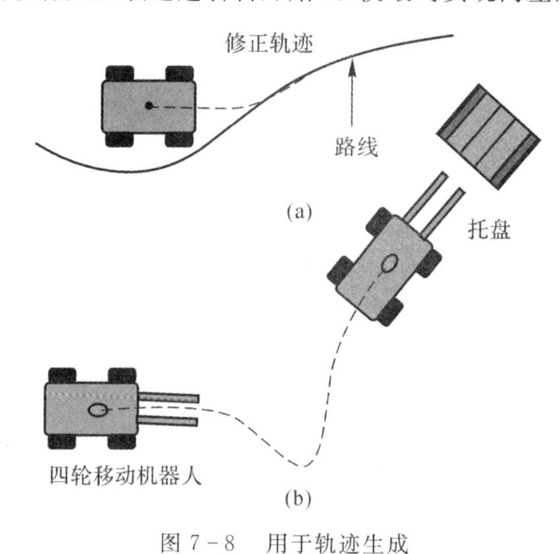

图7-8　用于轨迹生成

7.5.1 问题

通过轨迹生成，我们提出了得到一个完整控制函数 $\underline{\boldsymbol{u}}(t)$ 的问题，这个控制函数也与一些期望状态轨迹 $\underline{\boldsymbol{x}}(t)$ 相对应。通常，路径与轨迹是一个意思，但我们将其区分。这里，路径仅指以几何形状描述的运动，并不表明运动的速度。

轨迹生成问题可以看作是两点边界值的问题。边界条件通常是最关心的约束：特别是在某处开始与在某处结束，如图7-9所示，给出了初始和最终状态。问题是找到与所有这些约束一致的输入，以及系统的动态和输入的界限：

$$\underline{\boldsymbol{x}}(t_0)=\underline{\boldsymbol{x}}_0\underline{\boldsymbol{x}}(t_f)=\underline{\boldsymbol{x}}_f \tag{7-15}$$

系统动力学也是一种约束，即

$$\dot{\underline{\boldsymbol{x}}}=\boldsymbol{f}(\underline{\boldsymbol{x}},\underline{\boldsymbol{u}}) \tag{7-16}$$

虽然每个 $\underline{\boldsymbol{u}}(t)$ 都产生一些 $\underline{\boldsymbol{x}}(t)$（通过积分动力学方程来获得），但仍有许多 $\underline{\boldsymbol{x}}(t)$ 并没有 $\underline{\boldsymbol{u}}(t)$ 可以相对应。这种情况的发生是由于数学原因、物理原因或一些实际的控制原因。对于给定的 $\underline{\boldsymbol{x}}(t)$ 若不存在 $\underline{\boldsymbol{u}}(t)$，则状态轨迹被称为不可行。

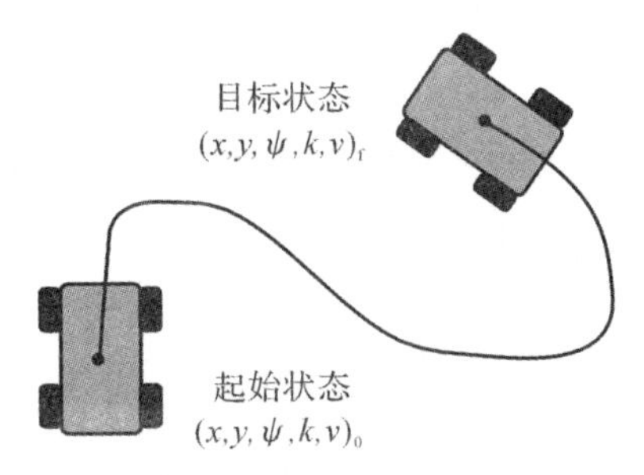

图 7－9　轨迹生成问题

令轨迹表示的运动限制于某个时间间隔内。这可以是状态向量（状态轨迹）在间隔 $\{\underline{\boldsymbol{x}}(t)\,|\,(t_0<t<t_f)\}$ 中的要求，也可以是间隔 $\{\underline{\boldsymbol{u}}(t)\,|\,(t_0<t<t_f)\}$ 内的输入（输入轨迹）的要求。

这两种形式都可以被视为在一些空间中向量的尖端的轨迹。在前馈控制系统中，第一种是反馈控制器的参考轨迹，第二种是直接传递给输出的前馈控制信号。

7.5.2　求根问题方程

搜索所有可能的输入信号 $\underline{\boldsymbol{u}}(t)$ 在计算机中是不可行的。实际操作必须在某种程度上与这种搜索方式近似。这里提供了一种有效的方法 —— 参数化。

假设所有的输入函数 $\underline{\boldsymbol{u}}(t)$ 空间可以表示为取决于某些参数的一簇函数，有

$$\underline{\boldsymbol{u}}(t)\rightarrow\underline{\tilde{\boldsymbol{u}}}(\underline{\boldsymbol{p}},t) \tag{7-17}$$

这是一种合理的方法，因为它可以很好地近似我们选择的任意函数，例如，通过参数的选择可以使它非常好地近似取前 n 项的泰勒级数。因此，泰勒系数中所有的向量空间是对所有连续函数空间的良好近似。

现在，由于输入完全由参数决定，状态完全由输入决定，动力学方程变为

$$\dot{\underline{\boldsymbol{x}}}(t)=\underline{\boldsymbol{f}}[\underline{\boldsymbol{x}}(\underline{\boldsymbol{p}},t),\underline{\tilde{\boldsymbol{u}}}(\underline{\boldsymbol{p}},t),t]=\underline{\tilde{\boldsymbol{f}}}(\underline{\boldsymbol{p}},t) \tag{7-18}$$

边界条件成为

$$\boldsymbol{g}(\underline{\boldsymbol{p}},t_0,t_f)=\underline{\boldsymbol{x}}(t_0)+\int_{t_0}^{t_f}\underline{\tilde{\boldsymbol{f}}}(\underline{\boldsymbol{p}},t)\mathrm{d}t=\underline{\boldsymbol{x}}_b \tag{7-19}$$

这通常写成

$$\underline{\boldsymbol{c}}(\underline{\boldsymbol{p}},t_0,t_f)=\underline{\boldsymbol{g}}(\underline{\boldsymbol{p}},t_0,t_f)-\underline{\boldsymbol{x}}_b=0 \tag{7-20}$$

换句话说，即使是非线性状态空间系统的动力学逆问题也可以很容易地转换成有限参数向量的寻根问题。

7.5.3　控制轨迹的生成

现在来看看产生控制轨迹的具体问题。对于这个问题，根据用距离 s 的函数表示的曲率

$u(\underline{\boldsymbol{p}},s) \rightarrow \kappa(\underline{\boldsymbol{p}},s)$ 来表示轨迹是非常方便的。也可以令初始距离为 0。则未知数将减少为

$$\underline{\boldsymbol{q}} = [\underline{\boldsymbol{p}}^{\mathrm{T}} \quad s_{\mathrm{f}}]^{\mathrm{T}}$$

其中，s_{f} 是最终距离，也被认为是未知的。

应该清楚的是，如果输入 $\kappa(\underline{\boldsymbol{p}},s)$ 具有 n 个参数，可以改变它们以满足最多 n 个约束。在具有参数的所有可能的函数中，多项式曲率函数在移动机器人中普遍使用，最简单的多项式是常数。计算通过一确定点的唯一的恒定曲率弧 $\kappa(s)=a$ 并不难，如图 7-10 所示，通过想象一条从车辆出发的弧线，可以很清楚地看到，必须通过一点才能够唯一确定这条弧。

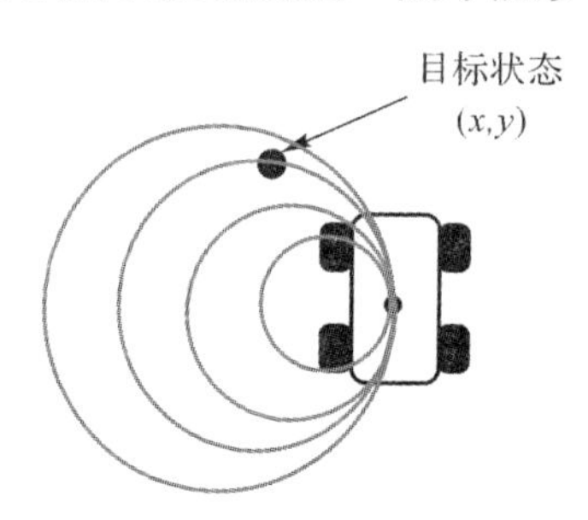

图 7-10 弧轨迹的生成

注意，一旦 a 和 s_{f} 被选定的目标点固定，会使得方向和曲率取决于最终位置，并超出控制。如果要将两个弧合在一起并要求它们具有相同的半径，则可以通过 3 个参数(a,s_1,s_2) 这 3 个约束达到目的。这样的轨迹被称为原始型 s 曲线。

还有一类曾经非常流行的曲线是回旋曲线，其形式如下：

$$\kappa(s)=a+bs \tag{7-21}$$

对于回旋曲线，曲率只是距离的线性函数。它在复平面中被称为 Cornu Spiral（科纽卷线）。

一个回旋曲线具有 3 个自由度(a,b,s_{f})。这对大多数移动机器人轨迹来说仍然是不够的。令状态矢量由位置、方向和曲率组成。为了达到最终的姿态，仍然必须满足 5 个约束条件。初始位置和方向可以映射到原点，则剩余的约束包括初始曲率 $\kappa(0)=\kappa_0$ 和完整的最终状态 $\underline{\boldsymbol{x}}s_{\mathrm{f}}=[x_{\mathrm{f}} \quad y_{\mathrm{f}} \quad \psi_{\mathrm{f}} \quad \kappa_{\mathrm{f}}]$。

因此除了回旋曲线的参数外，还需要至少两个参数，以满足 5 个约束条件。可以将两个回旋曲线连在一起。然而具有 5 个自由度(a,b,c,d,s_{f}) 的一条曲线是一个三次曲率多项式，即

$$\kappa(s)=a+bs+cs^2+ds^3 \tag{7-22}$$

这类函数（其中特殊情况包括弧和回旋曲线）被称为多项式螺线。这是表示轨迹的一个好方法，因为它非常紧凑并且具有一般性。通过泰勒余项定理，足够长的多项式可以表示成需要的任何输入。

也可以以封闭形式计算给定曲率，有

$$\psi(s)=as+\frac{b}{2}s^2+\frac{c}{3}s^2+\frac{d}{4}s^4+\psi_0 \tag{7-23}$$

7.5.4 数值方程

满足$(\kappa_0,x_{\mathrm{f}},y_{\mathrm{f}},\psi_{\mathrm{f}},\kappa_{\mathrm{f}})$ 有 5 个约束。初始曲率的约束可以通过设置 $a=\kappa_0$ 来满足。剩下的

4 个参数表示为

$$\underline{q}=[b \quad c \quad d \quad s_f]^T \tag{7-24}$$

现在有 4 个方程来满足剩下的 4 个参数：

$$\left.\begin{aligned}
\kappa(\underline{q}) &= \kappa_0 + bs_f + cs_f^2 + ds_f^3 = \kappa_f \\
\psi(\underline{q}) &= \kappa_0 s_f + \frac{b}{2}s_f^2 + \frac{c}{3}s_f^3 + \frac{d}{4}s_f^4 = \psi_f \\
x(\underline{q}) &= \int_0^{s_f} \cos\left(\kappa_0 s + \frac{b}{2}s^2 + \frac{c}{3}s^3 + \frac{d}{4}s^4\right) ds = x_f \\
y(\underline{q}) &= \int_0^{s_f} \sin\left(\kappa_0 s + \frac{b}{2}s^2 + \frac{c}{3}s^3 + \frac{d}{4}s^4\right) ds = y_f
\end{aligned}\right\} \tag{7-25}$$

求根形式的轨迹生成。令移动机器人到达最终状态的基本问题归结为通过求解这些积分代数方程获得所需的参数 $\underline{q}=[b \quad c \quad d \quad s_f]^T$。

其中一些是积分，不能以封闭形式解决。然而，这仍是非线性方程形式中的一组：

$$\underline{c}(\underline{q}) = \underline{g}(\underline{q}) = \underline{x}_b = 0 \tag{7-26}$$

其中，$\underline{x}_b=[x_f \quad y_f \quad \psi_f \quad \kappa_f]$。显然，这是一个求根问题，可以用牛顿法求解。参数 $\underline{q}$ 为未知数的方程式为

$$\Delta\underline{q} = -\underline{c}_{\underline{q}}^{-1}\underline{c}(\underline{q}) = -\underline{c}_{\underline{q}}^{-1}[\underline{g}(\underline{q}) - \underline{x}_b] \tag{7-27}$$

迭代该式直到收敛以产生所需的轨迹参数。有特殊的方法来得到雅可比矩阵，但数值微分法通常是足够的，甚至是首选的。此时，重要的是确保积分足够准确，以便在导数的分子中计算的变化是由于参数扰动产生的而不是由于舍入产生的。

7.5.5　缩放问题

雅可比矩阵的缩放是一个实际的问题。系数 s 具有较高幂次的雅可比矩阵一般较大，反之则较小。其中一个方法是缩放曲线，使 $s \approx 1$，在单位圆上解决问题，然后再将解缩放回去。

另一个方法是重新定义参数。对于 4 个参数矢量 $\underline{q}=[b \quad c \quad d \quad s_f]^T$，可以定义一组新的参数，即在路径上均匀分布的曲率，有

$$\begin{aligned}
\kappa_1 &= \kappa_0 + b\left(\frac{s_f}{3}\right) + c\left(\frac{s_f}{3}\right)^2 + d\left(\frac{s_f}{3}\right)^3 \\
\kappa_2 &= \kappa_0 + b\left(\frac{2s_f}{3}\right) + c\left(\frac{2s_f}{3}\right)^2 + d\left(\frac{2s_f}{3}\right)^3 \\
\kappa_3 &= \kappa_0 + b(s_f) + c(s_f)^2 + d(s_f)^3
\end{aligned}$$

这 3 个方程可以以封闭形式求逆。在更一般的情况下，该方法将曲率与原始参数相关联的一组方程表示为

$$\underline{k} = \begin{bmatrix}\kappa_1\\ \kappa_2\\ \kappa_3\\ s_f\end{bmatrix} = \begin{bmatrix}\kappa_0\\ \kappa_0\\ \kappa_0\\ 0\end{bmatrix} + \begin{bmatrix}\left(\frac{s_f}{3}\right) & \left(\frac{s_f}{3}\right)^2 & \left(\frac{s_f}{3}\right)^3 & 0\\ \left(\frac{2s_f}{3}\right) & \left(\frac{2s_f}{3}\right)^2 & \left(\frac{2s_f}{3}\right)^3 & 0\\ (s_f) & (s_f)^2 & (s_f)^3 & 0\\ 0 & 0 & 0 & 1\end{bmatrix}\begin{bmatrix}b\\ c\\ d\\ s_f\end{bmatrix} = \underline{\boldsymbol{\kappa}}_0 + \boldsymbol{S}\underline{q}$$

矩阵可以进行数值求逆。在牛顿法中，可以简单替换：

$$\underline{c}_{\underline{\kappa}}=\frac{\partial c}{\partial \underline{\kappa}}=\frac{\partial c}{\partial \underline{q}}\frac{\partial q}{\partial \underline{\kappa}}=\frac{\partial c}{\partial \underline{\kappa}}S^{-1}$$

然后按照新的参数 $\underline{\kappa}$ 继续进行计算。

7.5.6 轨迹生成

上述公式是相当普遍的 —— 基于系统逆动力学。如果动力学模型是三维地面跟踪模型，则该算法将按照新的动力学模型工作。在没有干扰和建模误差的情况下，它将使移动机器人行驶在连绵起伏的山丘上并精确地在期望的最终状态中结束。在实践中，地面可能并没有进行分析表示，这意味着动力学模型必然包含数值积分。

将多个轨迹连接起来是非常简单的，这就加上了连续性约束，并且解出了与复合参数向量相关的方程组。当轨迹的长度超过数值稳定性的极限时，该方法将非常有用。考虑移动机器人速度如何随着输入和地形改变的模型，可以用类似的方式生成速度轨迹。

习　题　7

7.1　弧和回旋曲线轨迹的生成。假设移动机器人控制器仅提供弧形轨迹。它将使车以提供的曲率运动一定的距离，然后停下来。写出曲率公式(左转为正) 和带有符号的运动距离(向后为负)，要求沿弧线移动到一点(提示：想一个不在原点处的圆的方程，并回想角度测量的弧度定义)。考虑极限的情况和奇点。试想汽车的转向轮在倒车时是如何诠释曲率符号的。如果转向轮角度相同，无论是向前还是向后，曲率符号都是不变的。试做出表格，以表示曲率符号和长度符号随点的坐标(x,y) 符号而变化(所有 4 种) 的情况。

7.2　回旋曲线轨迹的正向解。圆弧轨迹是常数形式的平凡曲率“多项式”：

$$\kappa=a$$

在实践中使用弧通常需要假设轨迹从停止位置开始，使得车辆可以在其开始移动之前改变曲率。要注意的是，使用弧线时，终点处的方向是不可控的 —— 它由位置预先设定。一种用来添加另一个参数生成这个缺失方向自由度的方法是使用“回旋曲线” 轨迹，其形式为

$$\kappa=a+bs$$

假设机器人在轨迹的起点和终点都停止，则不需要限制初始或终点的曲率(即当机器人停止以改变曲率时可以转动车轮)。在这样的假设下，该曲线在变为了一定程度上的实际轨迹。

写出满足条件的一个多项式和两个积分方程，以获得最终的位姿(位置和方向)。许多知名数学家的观点是，这些积分不能以封闭形式积分，因此需要多花一点时间解决。一旦放弃，要注意，对曲率(从弧到回旋曲线) 多添加一项后会使问题由平凡解变为不可能解出。该问题必须以数值形式求解。

第 8 章　最优控制和模型预测控制

本章从变分优化的理论出发，得出了本书其余大部分内容的理论基础。反馈控制的基础在前面的章节中有介绍。我们知道了一个可行的参考轨迹的重要性，也知道了生成它们的一种方法。如果参考轨迹发生器在线运行，它通常会产生一个当前解，并预测未来有限范围内的状态轨迹。就像干扰前馈一样，预测可以在误差发生之前消除误差，因为可以预测到干扰，且有自由选择预测产生所需输出的输入。

除了 bang - bang 控制的一般情况外，早期对控制的讨论也没有解决如何产生出最佳参考输入的问题。得到控制问题最佳输入的方法是存在的。当预测和最优控制相结合时，某种意义上的智能系统便产生了，它可以仔细地考虑行为的后果并做出最佳的判断。

8.1 变　分　法

变分优化是对参数优化的一般概括，其中的问题是解出完整的未知函数，通常是时间的函数。当注意到移动机器人的运动是时间的函数时，则与移动机器人的关系就非常明确了。在引入更多的问题时，就能看到这一类问题与参数优化问题的目标是相同的。而解函数可能必须满足被认为可行的约束，并且目标函数可以是也可以不是凸函数。如果它不是凸函数，解将不得不考虑局部最小值，且更难求出全局最小值了。可以根据优化问题来建立特殊功能。考虑优化问题：

$$\left.\begin{aligned} &\min \quad J[\underline{\boldsymbol{x}}, t_{\mathrm{f}}] = \phi[\underline{\boldsymbol{x}}(t_{\mathrm{f}})] + \int_{t_0}^{t_{\mathrm{f}}} L(\underline{\boldsymbol{x}}, \underline{\dot{\boldsymbol{x}}}, t)\,\mathrm{d}t \\ &\text{s.t.} \quad \underline{\boldsymbol{x}}(t_0) = \underline{\boldsymbol{x}}_0; \quad \underline{\boldsymbol{x}}(t_{\mathrm{f}}) = \underline{\boldsymbol{x}}_{\mathrm{f}} \end{aligned}\right\} \tag{8-1}$$

式(8-1)可以有很多变形，其中一个重要的变形是将时间 t 替换为弧长 s，并且它指定的搜索是最佳路径而不是轨迹。

目标函数由两部分组成，终点成本函数 $\phi[\boldsymbol{x}(t_{\mathrm{f}})]$ 将成本与终点状态相关，而积分项(拉格朗日项)计算整个轨迹的成本。第二行指定边界条件，如果终点状态被指定为边界条件，则终点成本是恒定的，并且不需要知道。在某些与机器人相关的例子中，两个都不需要知道。

标量值目标函数 $J[\underline{\boldsymbol{x}}, t_{\mathrm{f}}]$ 实际上并不是函数。它只具有函数的功能，即泛函。符号 $J[\underline{\boldsymbol{x}}, t_{\mathrm{f}}]$ 中的方括号有时用于定义泛函。J 就是一个泛函，因为它基于一个定积分。

对于 t_0 和 t_{f} 的指定值，被积函数 $L(x)=\sin(x)$ 将产生一些数字，而 $L(x)=ax^2+bx+c+1$ 将产生不同的数字。实际上，即使 $L(x)=ax^2+bx+c+1$ 产生不同的数字，J 依旧取决于指定函数 L 的参数。

8.1.1 欧拉-拉格朗日方程

提出优化问题是为了得到未知函数。事实证明，问题的任意解都必须满足一个明确定义未知函数的微分方程。

假设已经找到了解 $\underline{x}^*(t)$，为了了解泛函在解附近的行为，考虑在解中增加一个小的扰动 $\delta\underline{x}(t)$。在这种扰动函数下对 J 进行评估，则有

$$J[\underline{x}^*+\delta\underline{x}]=\phi[\underline{x}^*(t_f)]+\int_{t_0}^{t_f}L(\underline{x}^*+\delta\underline{x},\dot{\underline{x}}^*+\delta\dot{\underline{x}},t)\mathrm{d}t$$

假设 ϕ 不存在，要求满足初始和终端边界的约束，可得

$$\underline{x}^*(t_0)+\delta\underline{x}(t_0)=\underline{x}_0,\quad \underline{x}^*(t_f)+\delta\underline{x}(t_f)=\underline{x}_f$$

这意味着扰动必须在终点消失，则必须具有

$$\delta\underline{x}(t_0)=\boldsymbol{O},\quad \delta\underline{x}(t_f)=\boldsymbol{O}$$

如果目标中存在 ϕ，则第二组条件将不存在。此时，可以通过包含 $\underline{x}$ 和 $\dot{\underline{x}}$ 的 L 的一阶泰勒级数来近似 L：

$$L(\underline{x}^*+\delta\underline{x},\dot{\underline{x}}^*+\delta\dot{\underline{x}},t)\approx L(\underline{x}^*,\dot{\underline{x}}^*,t)+L_{\underline{x}}(\underline{x}^*,\dot{\underline{x}}^*,t)\delta\underline{x}+L_{\dot{\underline{x}}}(\underline{x}^*,\dot{\underline{x}}^*,t)\delta\dot{\underline{x}}$$

扰动的目标函数变成

$$J[\underline{x}^*+\delta\underline{x}]=\phi[\underline{x}^*(t_f)]+\int_{t_0}^{t_f}[L(\cdot)+L_{\underline{x}}(\cdot)\delta\underline{x}+L_{\dot{\underline{x}}}(\cdot)\delta\dot{\underline{x}}]\mathrm{d}t$$

其中使用了速记$(\cdot)=(\underline{x}^*,\dot{\underline{x}}^*,t)$。请注意，第三项可以由下式构成：

$$\int_{t_0}^{t_f}(L_{\dot{\underline{x}}}(\cdot)\delta\dot{\underline{x}})\mathrm{d}t=L_{\dot{\underline{x}}}(\cdot)\delta\underline{x}\Big|_{t_0}^{t_f}-\int_{t_0}^{t_f}\left[\frac{\mathrm{d}}{\mathrm{d}t}L_{\dot{\underline{x}}}(\cdot)\delta\underline{x}\right]\mathrm{d}t$$

根据边界条件，第一部分为零。现在可以写出扰动的目标函数[忽略小项 $L(\cdot)\delta t$] 为

$$J[\underline{x}^*+\delta\underline{x}]=\phi[\underline{x}^*(t_f)]+\int_{t_0}^{t_f}L(\cdot)\mathrm{d}t+\int_{t_0}^{t_f}\left[L_{\underline{x}}(\cdot)-\frac{\mathrm{d}}{\mathrm{d}t}L_{\dot{\underline{x}}}(\cdot)\right]\delta\underline{x}\mathrm{d}t$$

值得注意的是，$\delta\underline{x}$ 是第二个被积项中常见的因子。这与式(8-2) 相同：

$$J[\underline{x}^*+\delta\underline{x}]=J[\underline{x}^*]+\int_{t_0}^{t_f}\left[L_{\underline{x}}(\cdot)-\frac{\mathrm{d}}{\mathrm{d}t}L_{\dot{\underline{x}}}(\cdot)\right]\delta\underline{x}\mathrm{d}t \tag{8-2}$$

此时，在函数空间 $\underline{x}^*$ 中 $J[\underline{x}^*]$ 在某“点”处为局部最小值时，方程式(8-2) 中的积分必须消除变为一阶。因为 $\delta\underline{x}(t)$ 是时间的任意可行函数，则消除积分的唯一方法为

$$L_{\underline{x}}(\cdot)-\frac{\mathrm{d}}{\mathrm{d}t}L_{\dot{\underline{x}}}(\cdot)=0 \tag{8-3}$$

必须通过方程式(8-1) 中提出的优化问题的任意解来满足该向量的微分方程(必要条件)。该方程解出了边界条件 $\underline{x}(t_0)=\underline{x}_0$ 和 $\underline{x}(t_f)=\underline{x}_f$\{其中 $\phi[\underline{x}(t_f)]$ 不存在目标函数中\}。

8.1.2 边界条件

对于机器人中的许多问题来说，t_f 并不受限。此外，一般来说问题是根据弧长 s 的导数来描述的，但径长 s_f 是不受限的。在这些情况下，也必须加上相对于 t_f(或 s_f) 的 J 的稳定性条件。这些量是参数而不是函数，因此直接参数的导数提供了必要条件：

$$\frac{\mathrm{d}}{\mathrm{d}t_{\mathrm{f}}}J[\underline{\boldsymbol{x}},t_{\mathrm{f}}]=\{\dot{\phi}[\underline{\boldsymbol{x}}(t)]+L(\underline{\boldsymbol{x}},\dot{\underline{\boldsymbol{x}}},t)\}_{t=t_{\mathrm{f}}}=0 \tag{8-4}$$

这被称为边界条件。

8.1.3　示例：拉格朗日动力学

拉格朗日动力学被表达为搜索最小动作的轨迹。系统的动作定义为(物理的)拉格朗日时间积分，则其定义为

$$L(\underline{\boldsymbol{x}},\dot{\underline{\boldsymbol{x}}},t)=T-U$$

式中，T 是动能，U 是势能。欧拉-拉格朗日方程为

$$\frac{\mathrm{d}}{\mathrm{d}t}L_{\dot{\underline{x}}}(\underline{\boldsymbol{x}},\dot{\underline{\boldsymbol{x}}},t)=L_{\underline{x}}(\underline{\boldsymbol{x}},\dot{\underline{\boldsymbol{x}}},t)$$

对于在空间中移动的物体，动能为

$$T=\frac{1}{2}\dot{\underline{\boldsymbol{x}}}^{\mathrm{T}}m\dot{\underline{\boldsymbol{x}}}$$

重力势能为

$$U=-m\underline{\boldsymbol{g}}^{\mathrm{T}}\underline{\boldsymbol{x}}$$

假设没有势能，拉格朗日偏导数为

$$L_{\dot{\underline{x}}}(\underline{\boldsymbol{x}},\dot{\underline{\boldsymbol{x}}},t)=m\dot{\underline{\boldsymbol{x}}},\quad L_{\underline{x}}(\underline{\boldsymbol{x}},\dot{\underline{\boldsymbol{x}}},t)=m\underline{\boldsymbol{g}}$$

因此，欧拉-拉格朗日方程为

$$m\ddot{\underline{\boldsymbol{x}}}=m\underline{\boldsymbol{g}}$$

这是牛顿第二运动规律，它表明物体会落在重力场的中心。

8.2　最优控制

最优控制问题是变分法的一般性概括。在这里，拉格朗日不取决于状态 $\underline{\boldsymbol{x}}$ 及其时间导数 $\dot{\underline{\boldsymbol{x}}}$，而是取决于状态 $\underline{\boldsymbol{x}}$ 和输入 $\underline{\boldsymbol{u}}$ 的向量。假设对输入值有一定程度的控制，因此可以一定程度地控制系统的行为。状态与输入之间的关系是我们熟悉的系统状态空间模型。

为了达到目的，根据博尔查的研究成果，最优控制问题可以用式(8-5)表达：

$$\left.\begin{aligned}&\min\quad J[\underline{\boldsymbol{x}},\underline{\boldsymbol{u}},t_{\mathrm{f}}]=\phi[\underline{\boldsymbol{x}}(t_{\mathrm{f}})]+\int_{t_0}^{t_{\mathrm{f}}}L(\underline{\boldsymbol{x}},\underline{\boldsymbol{u}})\mathrm{d}t\\&\text{s. t.}\quad\begin{cases}\dot{\underline{\boldsymbol{x}}}=f(\underline{\boldsymbol{x}},\underline{\boldsymbol{u}});\quad\underline{\boldsymbol{u}}\in\boldsymbol{U}\\\underline{\boldsymbol{x}}(t_0)=\underline{\boldsymbol{x}}_0;\quad\underline{\boldsymbol{x}}(t_{\mathrm{f}})=\underline{\boldsymbol{x}}_{\mathrm{f}};t_{\mathrm{f}}\text{ 取任意值}\end{cases}\end{aligned}\right\} \tag{8-5}$$

式(8-5)为博尔查形式的最优控制问题，在许多方面，机器人不得不面对的基本问题——决定去哪里以及如何到达，都可以归结为这一点。

状态和输入都是时间的函数。目标函数由两部分组成，终点成本函数 $\phi[\underline{\boldsymbol{x}}(t_{\mathrm{f}})]$ 将成本与终端状态相关联，而积分项(又称拉格朗日项)计算达到最终状态轨迹的成本。第二行和第三行是约束。这些至少要包括系统状态空间的动力学和边界条件。有时，最终状态被约束在状态空间中一些可达区域。如果最终状态被指定为边界条件，则终点成本是恒定的，不需要知

道。在某些与机器人相关的情况下，两者都不需要知道。同样，输入 $\underline{\boldsymbol{u}}(t)$ 有时被限制在允许输入 $\boldsymbol{U}$ 的一组集合中。

8.2.1 最小原理

一种可用于解决最优控制问题的方法是由 Pontryagin 及其同事提出的最小(或最大)原理。与解决约束参数优化问题的方式类似，可以定义标量值的哈密尔顿函数：

$$H(\underline{\boldsymbol{\lambda}},\underline{\boldsymbol{x}},\underline{\boldsymbol{u}})=L(\underline{\boldsymbol{x}},\underline{\boldsymbol{u}})+\underline{\boldsymbol{\lambda}}^{\mathrm{T}}f(\underline{\boldsymbol{x}},\underline{\boldsymbol{u}}) \tag{8-6}$$

时变向量 $\underline{\boldsymbol{\lambda}}(t)$ 被称为共态向量，如符号所示，其函数类似于拉格朗日乘数的函数。最小原理指出，在最小成本轨迹上，哈密尔顿函数可以在任何有效控制下达到最小的可能值：

$$H(\underline{\boldsymbol{\lambda}}^{*},\underline{\boldsymbol{x}}^{*},\underline{\boldsymbol{u}}^{*})\leqslant H(\underline{\boldsymbol{\lambda}}^{*},\underline{\boldsymbol{x}}^{*},\underline{\boldsymbol{u}})\ ;\ \underline{\boldsymbol{u}}\in \boldsymbol{U} \tag{8-7}$$

当 $\underline{\boldsymbol{u}}$ 不受限制时，这个全局最优(充分必要)条件可以由局部(必要)条件替代，这要求哈密尔顿函数是固定的。基于类似上述欧拉-拉格朗日方程式的推导，可以推导出一阶最优条件。在最小原理下，最优解($\underline{\boldsymbol{x}}^{*}$，$\underline{\boldsymbol{u}}^{*}$)的必要条件为

$$\left.\begin{aligned}
&\dot{\underline{\boldsymbol{x}}}=\frac{\partial H}{\partial \underline{\boldsymbol{\lambda}}}=f(\underline{\boldsymbol{x}},\underline{\boldsymbol{u}})\\
&\dot{\underline{\boldsymbol{\lambda}}}^{\mathrm{T}}=\frac{\partial H}{\partial \underline{\boldsymbol{x}}}=-L_{\underline{x}}(\underline{\boldsymbol{x}},\underline{\boldsymbol{u}})-\underline{\boldsymbol{\lambda}}^{\mathrm{T}}f_{\underline{x}}(\underline{\boldsymbol{x}},\underline{\boldsymbol{u}})\\
&\frac{\partial}{\partial u}H(\underline{\boldsymbol{\lambda}},\underline{\boldsymbol{x}},\underline{\boldsymbol{u}})=\underline{\boldsymbol{O}}\\
&\underline{\boldsymbol{x}}(t_0)=\underline{\boldsymbol{x}}_0,\quad \underline{\boldsymbol{x}}(t_{\mathrm{f}})=\underline{\boldsymbol{x}}_{\mathrm{f}},\quad \underline{\boldsymbol{\lambda}}(t_{\mathrm{f}})=\phi_{\underline{x}}[\underline{\boldsymbol{x}}(t_{\mathrm{f}})]
\end{aligned}\right\} \tag{8-8}$$

最优控制的欧拉-拉格朗日方程是之前描述过的最优控制问题的必要条件的欧拉-拉格朗日方程形式。在这种情况下，依然应用欧拉-拉格朗日方程。对于自由的终止时间来说，边界条件为

$$\frac{\mathrm{d}}{\mathrm{d}t_{\mathrm{f}}}J[\underline{\boldsymbol{x}},t_{\mathrm{f}}]=\{\dot{\phi}[\underline{\boldsymbol{x}}(t)]+\underline{\boldsymbol{\lambda}}^{\mathrm{T}}f(\underline{\boldsymbol{x}},\underline{\boldsymbol{u}})+L(\underline{\boldsymbol{x}},\dot{\underline{\boldsymbol{x}}})\}_{t=t_{\mathrm{f}}}=0 \tag{8-9}$$

最小原理产生了一组可以使用各种数值方法求解的同步耦合微分方程。初始状态和最终的共态值在边界条件下受到限制，因此这是 2 点边界值问题。

8.2.2 动态规划

动态规划是运筹学的一个重要分支，与最优控制问题的观点略有不同。它不是试图找到状态轨迹，而是得到所有可能初始条件下成本函数的最优值。它的基础是最优原则，贝尔曼的动态规划方法是基于最优原则的，其中规定：最优政策的属性在于，无论初始状态和初始决策如何，余下的决策必须构成第一个决定所产生的状态的最优策略。

这是非常明显的事实陈述，即整个问题的最优解必须由第一步以及余下问题的最优解组成。

8.2.3　值函数

定义一个值函数，也称其为最优成本或最优返回函数 $V[\underline{x}(t_0),t_0]$，也就是从 $\underline{x}(t_0)$ 到期望的最终状态的最优路径成本，即

$$V[\underline{x}(t_0),t_0]=J^*[\underline{x},\underline{u}]=\min_{\underline{u}}\{J[\underline{x},\underline{u}]\}=\min_{\underline{u}}\left\{\phi[x(t_f)]+\int_{t_0}^{t_f}L(\underline{x},\underline{u},t)\mathrm{d}t\right\}\tag{8-10}$$

稍后会看到，最优控制 $\underline{u}^*(t)$ 可以从值函数中得到，当然这取决于初始状态。得到的控制 $\underline{u}^*(\underline{x},t)$ 则以反馈控制律的形式表达。相比之下，由最小原理计算出的解是只有在系统没有偏离指定轨迹时才是最优的开环控制。

8.2.4　哈密顿-雅可比-贝尔曼方程

对于连续优化问题，由优化理论可以得出最优轨迹所满足的微分方程。考虑在最优路径开始时的短时间 Δt 内应当应用什么控制的问题。按照最优原则，必须有

$$V[\underline{x}(t),t]=\min_{\underline{u}}\{V[\underline{x}(t+\Delta t),t]+L(\underline{x},\underline{u},t)\Delta t\}\tag{8-11}$$

换句话说，时间 t 的值函数必须等于其在时间 $t+\Delta t$ 处的值加上从 $\underline{x}(t)$ 移动到 $\underline{x}(t+\Delta t)$ 的成本，此时处于两者之和最小的控制下。等式右侧可以使用泰勒级数重新写为

$$V[\underline{x}(t+\Delta t),t+\Delta t]=V[\underline{x}(t),t]+V_{\underline{x}}[\underline{x}(t)]\Delta\underline{x}+\dot{V}[\underline{x}(t),t]\Delta t$$

$$V[\underline{x}(t+\Delta t),t+\Delta t]=V[\underline{x}(t),t]+V_{\underline{x}}f(\underline{x},\underline{u},t)\Delta t+\dot{V}[\underline{x}(t),t]\Delta t$$

将其代入等式(8-11)得到

$$V[\underline{x}(t),t]=\min_{\underline{u}}\{V[\underline{x}(t),t]+V_{\underline{x}}f(\underline{x},\underline{u},t)\Delta t+\dot{V}[\underline{x}(t),t]\Delta t+L(\underline{x},\underline{u},t)\Delta t\}$$

此时，根据定义 $V[\underline{x}(t),t]$ 并不取决于 $\underline{u}$，因此 $\dot{V}$ 也不取决于 $\underline{u}$。可以不对它们进行最小化，因此 $V[\underline{x}(t),t]$ 从两边取消，并且在所有剩余项中消去 Δt，则有

$$\dot{V}[\underline{x}(t),t]=\min_{\underline{u}}\{V_{\underline{x}}f(\underline{x},\underline{u},t)+L(\underline{x},\underline{u},t)\}\tag{8-12}$$

哈密顿-雅可比-贝尔曼方程表达了时间连续时的最优化原则。它的右侧是目标函数，当最小化时，它将产生值函数的时间导数。运动规划中的所有算法都将基于该等式的离散时间形式，有时，将被最小化的目标函数用哈密顿形式表示是非常方便的，有

$$H(\underline{x},\underline{u},V,t)=V_{\underline{x}}f(\underline{x},\underline{u},t)+L(\underline{x},\underline{u},t)$$

显然，量 V_x 在变分法中起着共态的作用，这并不是偶然的，因为在最优轨迹上，有

$$V_{\underline{x}}[\underline{x}^*(t),t]=\underline{\boldsymbol{\lambda}}^*(t)$$

当 $\underline{u}$ 不受限制时，可以将目标函数相对于 $\underline{u}$ 微分，以产生以下微分方程：

$$H_{\underline{u}}(\underline{x},\underline{u},V,t)=V_{\underline{x}}f_{\underline{u}}(\underline{x},\underline{u},t)+L_{\underline{u}}(\underline{x},\underline{u},t)=0\tag{8-13}$$

由式(8-5)可得出边界条件为

$$V[\underline{x}(t_f),t_f]=\phi[\underline{x}(t_f)]\tag{8-14}$$

8.2.5　示例：LQR 控制

最优控制中一个非常著名的例子是控制线性系统以优化二次目标函数。必须通过允许的

控制并且沿着路径保持允许的状态幅度来将系统驱动到零终止状态的附近。考虑线性系统：

$$\dot{\underline{\boldsymbol{x}}}=F(t)\underline{\boldsymbol{x}}+G(t)\underline{\boldsymbol{u}}$$

它最初处于状态$\underline{\boldsymbol{x}}_0$，目标是驱动系统在终止时间接近状态 $\underline{\boldsymbol{x}}_f=\underline{\boldsymbol{O}}$。二次目标函数可以表示为

$$J[\underline{\boldsymbol{x}},\underline{\boldsymbol{u}},t_f]=\frac{1}{2}\underline{\boldsymbol{x}}^{\mathrm{T}}(t_f)\boldsymbol{S}_f\underline{\boldsymbol{x}}(t_f)+\frac{1}{2}\int_{t_0}^{t_f}[\underline{\boldsymbol{x}}^{\mathrm{T}}\boldsymbol{Q}(t)\underline{\boldsymbol{x}}+\underline{\boldsymbol{u}}^{\mathrm{T}}\boldsymbol{R}(t)\underline{\boldsymbol{u}}]\mathrm{d}t \tag{8-15}$$

式中，$\boldsymbol{S}_f$ 和 $\boldsymbol{Q}(t)$ 是半正定的，$\boldsymbol{R}(t)$ 是正定的。去掉哈密顿公式中取决于时间的部分，即

$$\boldsymbol{H}=\frac{1}{2}(\underline{\boldsymbol{x}}^{\mathrm{T}}\boldsymbol{Q}\underline{\boldsymbol{x}}+\underline{\boldsymbol{u}}^{\mathrm{T}}\boldsymbol{R}\underline{\boldsymbol{u}})+\underline{\boldsymbol{\lambda}}^{\mathrm{T}}(\boldsymbol{F}\underline{\boldsymbol{x}}+\boldsymbol{G}\underline{\boldsymbol{u}})$$

由式(8－8) 可知欧拉-拉格朗日方程为

$$\dot{\underline{\boldsymbol{\lambda}}}=\frac{\partial \boldsymbol{H}}{\partial \underline{\boldsymbol{x}}}^{\mathrm{T}}=-\boldsymbol{Q}\underline{\boldsymbol{x}}-\boldsymbol{F}^{\mathrm{T}}\underline{\boldsymbol{\lambda}}$$

$$\frac{\partial}{\partial \underline{\boldsymbol{u}}}\boldsymbol{H}(\underline{\boldsymbol{\lambda}},\underline{\boldsymbol{x}},\underline{\boldsymbol{u}})=\boldsymbol{R}\underline{\boldsymbol{u}}+\boldsymbol{G}^{\mathrm{T}}\underline{\boldsymbol{\lambda}}=\underline{\boldsymbol{O}}$$

则

$$\underline{\boldsymbol{u}}=-\boldsymbol{R}^{-1}\boldsymbol{G}^{\mathrm{T}}\underline{\boldsymbol{\lambda}} \tag{8-16}$$

将其代入状态空间模型并加上欧拉-拉格朗日方程

$$\begin{bmatrix}\dot{\underline{\boldsymbol{x}}}\\ \dot{\underline{\boldsymbol{\lambda}}}\end{bmatrix}=\begin{bmatrix}\boldsymbol{F} & -\boldsymbol{G}\boldsymbol{R}^{-1}\boldsymbol{G}^{\mathrm{T}}\\ -\boldsymbol{Q} & -\boldsymbol{F}^{\mathrm{T}}\end{bmatrix}\begin{bmatrix}\underline{\boldsymbol{x}}\\ \underline{\boldsymbol{\lambda}}\end{bmatrix} \tag{8-17}$$

边界条件为

$$\underline{\boldsymbol{x}}(t_0)=\underline{\boldsymbol{x}}_0,\quad \underline{\boldsymbol{\lambda}}(t_f)=\phi_{\boldsymbol{x}}[\underline{\boldsymbol{x}}(t_f)]=\boldsymbol{S}_f\underline{\boldsymbol{x}}(t_f)$$

因此，欧拉-拉格朗日方程简化为线性两点边界值问题。卡尔曼使用了被称为 sweep 的方法解决了这个问题。终端边界约束必须保持 t_f 的任何值，因此它必须始终保持该值。由此可得

$$\underline{\boldsymbol{\lambda}}(t)=\boldsymbol{S}(t)\underline{\boldsymbol{x}}(t) \tag{8-18}$$

将其代入式(8－17) 得到

$$\dot{\underline{\boldsymbol{\lambda}}}=\dot{\boldsymbol{S}}\underline{\boldsymbol{x}}+\boldsymbol{S}\dot{\underline{\boldsymbol{x}}}=-\boldsymbol{Q}\underline{\boldsymbol{x}}-\boldsymbol{F}^{\mathrm{T}}\boldsymbol{S}\underline{\boldsymbol{x}}$$

现在，从式(8－17) 中替换 $\dot{\underline{\boldsymbol{x}}}$，并重新使用式(8－18) 可得

$$\dot{\boldsymbol{S}}\underline{\boldsymbol{x}}+\boldsymbol{S}(\boldsymbol{F}\underline{\boldsymbol{x}}-\boldsymbol{G}\boldsymbol{R}^{-1}\boldsymbol{G}^{\mathrm{T}}\underline{\boldsymbol{\lambda}})=-\boldsymbol{Q}\underline{\boldsymbol{x}}-\boldsymbol{F}^{\mathrm{T}}\boldsymbol{S}\underline{\boldsymbol{x}}$$

$$\dot{\boldsymbol{S}}\underline{\boldsymbol{x}}+\boldsymbol{S}(\boldsymbol{F}\underline{\boldsymbol{x}}-\boldsymbol{G}\boldsymbol{R}^{-1}\boldsymbol{G}^{\mathrm{T}}\boldsymbol{S}\underline{\boldsymbol{x}})=-\boldsymbol{Q}\underline{\boldsymbol{x}}-\boldsymbol{F}^{\mathrm{T}}\boldsymbol{S}\underline{\boldsymbol{x}}$$

$$(\dot{\boldsymbol{S}}+\boldsymbol{S}\boldsymbol{F}+\boldsymbol{F}^{\mathrm{T}}\boldsymbol{S}-\boldsymbol{S}\boldsymbol{G}\boldsymbol{R}^{-1}\boldsymbol{G}^{\mathrm{T}}\boldsymbol{S}+\boldsymbol{Q})\underline{\boldsymbol{x}}=\underline{\boldsymbol{O}}$$

因为 $\underline{\boldsymbol{x}}(t)\neq\underline{\boldsymbol{O}}$，所以可以得出以下结论：

$$-\dot{\boldsymbol{S}}=\boldsymbol{S}\boldsymbol{F}+\boldsymbol{F}^{\mathrm{T}}\boldsymbol{S}-\boldsymbol{S}\boldsymbol{G}\boldsymbol{R}^{-1}\boldsymbol{G}^{\mathrm{T}}\boldsymbol{S}+\boldsymbol{Q} \tag{8-19}$$

该矩阵的微分方程被称为黎卡提方程。我们已经见过了它的离散时间形式，也就是卡尔曼滤波器中 $\boldsymbol{P}$ 的不确定度传播方程。因为所有的矩阵都是已知的，所以它可以从终端的边界约束 $\boldsymbol{S}(t_f)=\boldsymbol{S}_f$ 在时间上的反向积分，以计算矩阵 $\boldsymbol{S}$。一旦已知 $\boldsymbol{S}(t_0)$，可以根据 $\underline{\boldsymbol{\lambda}}(t_0)=\boldsymbol{S}(t_0)\underline{\boldsymbol{x}}(t_0)$，由初始状态 $\underline{\boldsymbol{x}}(t_0)$ 确定初始共态 $\underline{\boldsymbol{\lambda}}(t_0)$，然后状态轨迹可以通过对耦合欧拉-拉格朗日方程的正向积分解出。

通常，我们对这里得出的最优状态反馈控制感兴趣。一旦知道 $\boldsymbol{S}(t)$，可将式(8－18) 中的

$\underline{\boldsymbol{\lambda}}$ 替换以得到最优控制：

$$\underline{\boldsymbol{u}} = -\boldsymbol{R}^{-1}\boldsymbol{G}^{\mathrm{T}}\underline{\boldsymbol{\lambda}} = \boldsymbol{R}^{-1}\boldsymbol{G}^{\mathrm{T}}\boldsymbol{S}\underline{\boldsymbol{x}} \tag{8-20}$$

LQR 问题的最优控制，是在状态和控制的二次成本下将系统驱动到终端状态的最优方式。

尽管将系统驱动到零状态看起来是无关紧要的，但是用上述解法在任意处都很容易驱动它。此外，LQR 解法适用于反馈修正，可向其提供最优线性化反馈以增强非线性系统的开环控制。

8.3　模型预测控制

如我们了解到的，机器人基本都需要预测模型进行路径规划。当这些模型合适时，它们也可用于预测控制。基于使用系统模型来预测输入结果的控制方法被称为模型预测控制法。通常，预测仅在被称为预测时域的短时间内执行，并且通常在该有限范围内计算最优解。这种方法的一个优点是，可以在线更改模型，从而改变控制器，以适应不同的条件。

8.3.1　滚动时域控制

在滚动时域控制中，可以迭代地求解最优控制问题。在每个步骤中，从时间 t_k 开始，控制 $\underline{\boldsymbol{u}}^*(\cdot)$ 在控制时域这一短时间内被执行，接着从状态 $\underline{\boldsymbol{x}}(t_{k+1})$ 开始求解一个新的最优控制问题，而状态则由上一个输入的执行结果中得到。

滚动时域控制已经在过程控制领域成功地用于控制相对较慢的过程。然而，当系统动力学相对较快，或者非线性与稳定性非常重要时，这种控制方法就难以使用了。滚动时域控制与机器人的障碍物规避十分相关，其中感知感测的有限范围与机器人速度相结合形成了有效的时间和空间范围，而并不需要了解知之甚少的环境状况。

反向最优控制的一个重要结果表明，在某些条件下，形式 $\underline{\boldsymbol{u}} = K\underline{\boldsymbol{x}}$ 的任何状态反馈控制都可以通过选择适当形式的滚动时域控制器的成本函数来实现，即

$$J[\underline{\boldsymbol{x}}, \underline{\boldsymbol{u}}, t_{\mathrm{f}}] = \frac{1}{2}\underline{\boldsymbol{x}}^{\mathrm{T}}(t_{\mathrm{f}})\boldsymbol{S}_{\mathrm{f}}\underline{\boldsymbol{x}}(t_{\mathrm{f}}) + \frac{1}{2}\int_{t_0}^{t_{\mathrm{f}}}[\underline{\boldsymbol{x}}^{\mathrm{T}}\boldsymbol{Q}(t)\underline{\boldsymbol{x}} + \underline{\boldsymbol{u}}^{\mathrm{T}}\boldsymbol{R}(t)\underline{\boldsymbol{u}}]\mathrm{d}t$$

在更一般的情况下，成本函数可以写为

$$J[\underline{\boldsymbol{x}}, \underline{\boldsymbol{u}}, t_{\mathrm{f}}] = V(\underline{\boldsymbol{x}}_{\mathrm{f}}, \underline{\boldsymbol{u}}) + \frac{1}{2}\int_{t_0}^{t_{\mathrm{f}}} L(\underline{\boldsymbol{x}}, \underline{\boldsymbol{u}})\mathrm{d}t$$

已知滚动时域控制系统的稳定性在很大程度上取决于时间范围 $t_{\mathrm{f}} - t_0$ 的长度以及最终成本 $V(\underline{\boldsymbol{x}}_{\mathrm{f}}, \underline{\boldsymbol{u}})$ 的属性。理想情况下，最终成本是无限时域问题的值函数，在这种情况下，可以保证一定的稳定性。

8.3.2　模型预测路径跟踪

因为当前误差已经产生，所以直接消除它们仅仅在误差还没产生时有用。7.3.2 节中提

到的反馈控制器的一个问题是，移动机器人可能会左转，因为控制器只有路径的右侧才能发现路径即将向右转。在这种情况下，向左转将会增加偏航距。显然，在这种情况下，对未发生误差进行预测是一个很好的策略。

在路径跟踪时，通过路径形状的显式表达总是可以以预测的方式计算校正曲率。也就是说，可以预测将来某个时刻的位置误差，并且现在可以发出校正曲率命令来防止它。

1. 以偏航距为目标，无模型

模型预测控制的最简单形式是在移动机器人前方的单点$\underline{\boldsymbol{x}}_{\mathrm{f}}$计算目标：

$$J[\underline{\boldsymbol{x}},\underline{\boldsymbol{u}},t_{\mathrm{f}}]=V(\underline{\boldsymbol{x}}_{\mathrm{f}},\underline{\boldsymbol{u}})=[x(t_{\mathrm{f}})-x_{\mathrm{f}}]^2+[y(t_{\mathrm{f}})-y_{\mathrm{f}}]^2$$

$$t_{\mathrm{f}}=L/v$$

式中，v 是当前移动机器人速度；$(x_{\mathrm{f}},y_{\mathrm{f}})$ 是到达预测的最终状态路径上的最近点；L 是到该最终状态线段的长度，如图 8-1 所示，在所有可能的恒定曲率轨迹中，满足水平距离路径的轨迹最佳。

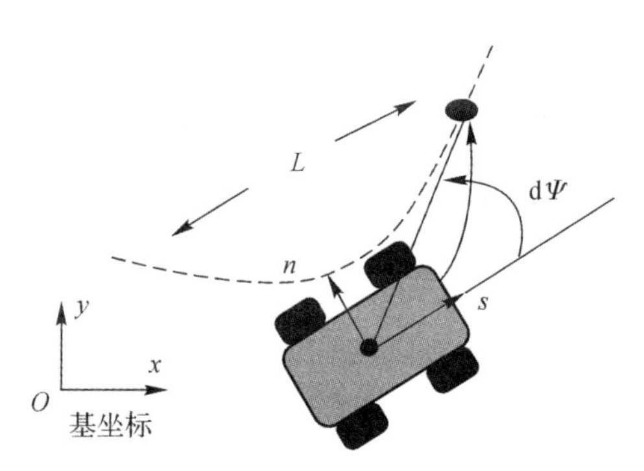

图 8-1　只追求路径跟随

如果控制被限制在恒定曲率弧 $u_{\kappa}(t)=\mathrm{const}$ 内，则最佳控制是曲率 u_{κ}，该曲率令移动机器人旋转角度 $\delta\psi$，该角度就是当前移动机器人行驶路线与路径上的前视点连线之间的夹角，有

$$u_{\kappa}^{*}=\delta\psi/L \tag{8-21}$$

式中，$1/L$ 起比例增益的作用，控制器也可以看作是一种反馈控制器，其中校正方向的变化 $\delta\psi$ 被认为是当前航向的误差。实际上，调整前视距离 L 可能很困难。当它太大时，系统很容易变得非常不稳定，当它太小时又很难进行跟踪。

2. 以偏航距为目标，模型预测轨迹生成

导致不稳定的一个原因是当给转向控制器一个不可实现的参考时，它产生了过度补偿。通过切换到能够根据延迟和速率限制获取转向控制响应的模型预测方法，可以提高上述控制器的稳定性，如图8-2所示，转向响应模拟器用于选取能够得到最小偏航距的输出。一个简单的方法是对所有可能的曲率空间进行采样，并模拟转向控制如何响应。然后，选择最小化目标样本。

3. 以位姿误差为目标，模型预测轨迹生成

使用偏航距作为目标时，移动机器人也有可能以错误行进方向到达正确的前视点，因此在此之后立即会产生跟随误差。解决这个问题的一个方法是使用轨迹发生器，为具有正确最终航向和曲率的前视点生成可行轨迹。这种方法如图 8-3 所示，转向响应模拟器用于选取能够得到最小偏航距的输出。

这个问题可以用两种方式表达。如果可以使用轨迹发生器来精确地实现前视状态$\underline{\boldsymbol{x}}_{\mathrm{f}}$，则系统是前馈滚动时域控制器。对于系统动态不能及时地获取前视状态的情况，可以进行鲁棒控制。在这种情况下，系统是一个具有目标的滚动时域控制器：

$$J[\underline{\boldsymbol{x}},\underline{\boldsymbol{u}},t_{\mathrm{f}}]=V(\underline{\boldsymbol{x}}_{\mathrm{f}},\underline{\boldsymbol{u}})=\delta\underline{\boldsymbol{x}}_{\mathrm{f}}\boldsymbol{S}\delta\underline{\boldsymbol{x}}_{\mathrm{f}}$$

$$\delta\underline{\boldsymbol{x}}_{\mathrm{f}}=\underline{\boldsymbol{x}}(t_{\mathrm{f}})-\underline{\boldsymbol{x}}_{\mathrm{f}}$$

$$t_{\mathrm{f}}=L/v$$

即使这种方法也有一些问题。最明显的是它会去掉拐角，因为它不关心在前视点之前发生的任何预测性误差。通过向目标添加一个整数项可以改善这个问题。

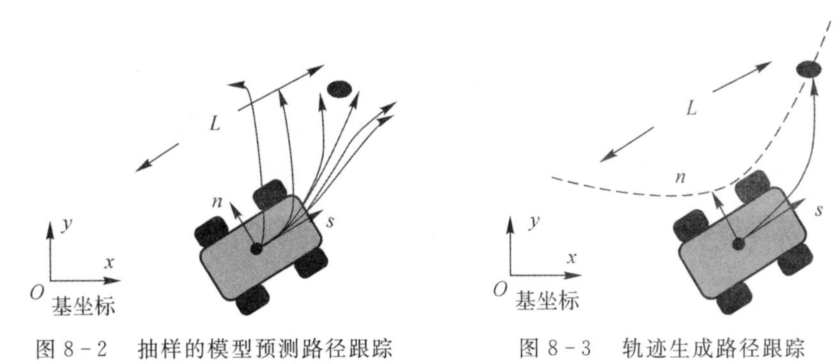

图 8-2　抽样的模型预测路径跟踪　　图 8-3　轨迹生成路径跟踪

8.4　求解最优控制问题的方法

求解最优控制问题的一种方法是使用动态规划。在这种情况下，生成最优的返回函数，然后可以通过跟随其从起始状态到最终状态的梯度来找到最优轨迹。在实践中，通常对哈密顿-雅可比-贝尔曼方程的离散形式（被称为贝尔曼方程）进行积分以确定最优返回函数。动态规划问题往往通过反向归纳来解决，从最终状态，在时间上进行反向移动，最后回到起始状态。

接下来讨论到的运动规划中的大部分内容都是基于动态规划公式的，因此将在用得到的地方讨论。本节的其余部分仅限于求解基于目标与约束的最优控制问题。有两种基本方法可用。它们与解决参数优化问题的两种基本方法类似。可以将目标直接最小化，也可以通过找到一个固定点间接地实现。

8.4.1　函数空间优化

1. 抽样和希尔伯特空间

最佳控制问题是对未知功能进行求解。函数空间是给定类型的所有可能函数的集合。典型的控制是$u:R\rightarrow R^{m}$的形式，因为它们将标量时间t映射到实值m向量$\underline{\boldsymbol{u}}$上。事实证明，在某些条件下，函数空间中的函数可以与被称为希尔伯特空间的无限维向量空间中的点相关，如图 8-4 所示，时间跨度R^{3}上的任意函数的 3 个样本。n个样本将为R^{n}。在极限中，连续函数

$x(t)$ 映射到 R^{∞} 中的一个点。

将最优控制问题可视化非常有用的方法是将控制和状态轨迹都视为在这样无限维空间中的点。一旦读者接受这个想法，最优控制和参数优化之间的关系变得更加清晰。

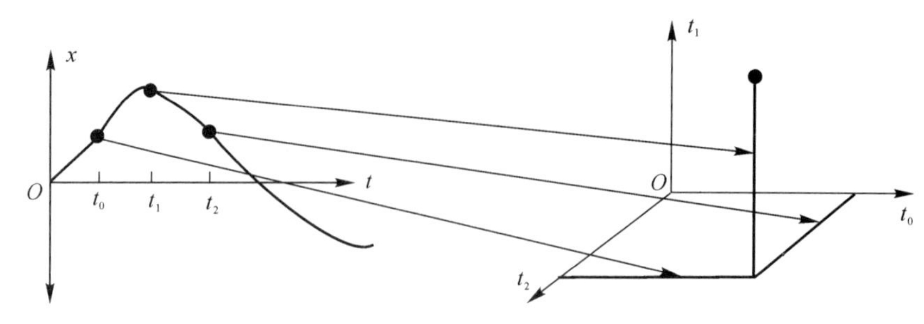

图 8-4　希尔伯特空间的概念

考虑在 3 个时间点 $t_0=0, t_1=1, t_2=2$ 处标量函数 $x(t)$ 的 3 个样本，其对应于从 0～2 s 的时间间隔。定义 $x(t)$ 的样本值为 $x_k=x(t_k)$。显然，如果 $x(t)$ 没有限制，则向量 $\underline{\boldsymbol{x}}_2=[x_0\quad x_1\quad x_2]^{\mathrm{T}}$ 的所有可能值都将形成在R^3 中展开的三维向量。当点$\underline{\boldsymbol{x}}_2$ 移动时，其连续对应的时间从一个函数变为另一个函数。例如，点沿 t_1 轴的移动会提高x_1 的值。

连续函数自然会对怎样的相邻样本可以相对于彼此的 $x(t)$ 移动加以限制。相反，选择在 2 s 内得到 201 个样本，向量 $\underline{\boldsymbol{x}}_{201}=[x_0\quad x_1\quad \cdots\quad x_{200}]$将在$R^{201}$ 中展开。当取极限为 $n\rightarrow\infty$，我们看到向量 $\underline{\boldsymbol{x}}_{\infty}$

在 R^{∞} 展开，它相当于一个表示所有连续函数和 R^{∞} 中某些点之间一一对应关系的函数空间。有时会简要地将时间的函数称为函数空间中的一个“点”来调用这个概念。时间样本只是在 R^{∞} 中产生点的一种方式。函数的任意无限序列表示的系数在 R^{∞} 中形成同样有效的点。

2. 凸度和取样

一旦有了函数空间的概念，任意函数都可以被看作是一个非常长的参数向量，参数优化的许多重要概念都将转化为最优控制。特别是凸度问题。泛函形式的目标可能就像函数一样是非凸的。如果目标函数具有多于一个的局部最小值，则难以使用局部方法找到全局最小值。

3. 连续抽样方法

连续优化方法具有以任意密度搜索局部区域的优点，并且搜索可以从目标与约束的导数信息中受益。然而，给定的初始预测函数（“点”）通常将导致特定的局部最小值，这可能不是全局最小值。

因此，以适当的方式抽取多个初始预测非常重要。采样机制可以以额外的计算为代价，在一定程度上解决局部最小问题。如果函数空间中的最小值是密集的，则这种方法也可能失效。

从多个初始预测中搜索连续函数最小值的组合方法是在函数空间中的许多地方计算精确局部最小值的有效方法，以此发现全局最优解。

8.4.2　直接方法：有限差分

直接方法直接使目标最小化。在参数优化问题中，这意味着在目标函数上执行梯度下降或牛顿法。在这种情况下，表示沿着函数空间中的梯度连续地变形初始估计函数，这意味着任意有限自由度集合将被创建以允许其他无限维度向量的变形。

一个非常基本的方法是有限差分。将 $\underline{\boldsymbol{u}}(t)$ 替换为一组 N 个等间隔的样本 $\underline{\boldsymbol{u}}(k)$。边界条件很容易表示为 $\underline{\boldsymbol{x}}(0)=\underline{\boldsymbol{x}}_0$。然后将动态模型转换为差分方程，有

$$\underline{\boldsymbol{x}}(k+1)=\underline{\boldsymbol{x}}(k)+f[\underline{\boldsymbol{x}}(k),\underline{\boldsymbol{u}}(k)]\Delta t$$

目标函数是

$$J=\phi[\underline{\boldsymbol{x}}(n)]+\sum_{k=0}^{N-1}L[\underline{\boldsymbol{x}}(k),\underline{\boldsymbol{u}}(k),k]\Delta t$$

这是参数优化问题，其中控制向量历史 $\underline{\boldsymbol{u}}(\cdot)$ 构成 Nm 未知数，并且在状态向量历史 $\underline{\boldsymbol{x}}(\cdot)$ 中存在 Nn 个自由度。当 $n>m$ 时，还有优化的余地。目标函数受边界条件和离散系统模型给出的等式约束。给出输入 $\underline{\boldsymbol{u}}(\cdot)$ 的初始预测，系统模型可以被积分以得到 $\underline{\boldsymbol{x}}(\cdot)$。然后，可以计算 J。可以在保持 $\underline{\boldsymbol{x}}(\cdot)$ 不变的情况下相对于 $\underline{\boldsymbol{u}}(\cdot)$ 对 J 求导来应用梯度下降法，然后在下降方向移动，并再次迭代。

8.4.3　间接方法：打靶法

这是找到必要条件解的间接方法。在参数优化问题中，这意味着对通过将导数设置为零而产生的联立非线性方程进行线性化和求解。在这种情况下，这意味着求解欧拉-拉格朗日方程 —— 一组具有边界条件的联立微分方程。

若 n 阶自然常微分方程的所有初始条件都被指定，则解随时间的变化是完全确定的。类似地，在起始点和其他端点处施加的总共 n 个边界条件通常将决定唯一的解。因此，一些边界条件必须保持未指定状态，以便可以进行优化。必须至少有两个（通常有无数个）函数满足施加的边界条件。在这种情况下，目标函数的目的就是做出其中最好的选择。

有一类方法被称为打靶法，这种用于求解边界值问题的方法是通过搜索初始条件找到可以满足最终边界值的解。如果存在多个可行解，则可以选择最优解。通过类似于瞄准靶心，这些方法搜索满足微分方程和最终约束的解的未指定初始条件的值。如果不止一个，通常可以找到最佳的。

8.4.4　罚函数方法

罚函数优化方法也可用于变分优化。回想一下，在这种方法中，约束被转换为成本函数，而不是直接满足它。该方法通常减少问题的阶次，从而使求解更简单、更有效。在最优控制的情况下，最简单的例子是使用端点成本函数 $\phi[x(t_f)]$ 而不是最终边界条件。

8.5 参数最优控制

本节建立在7.5.2节和7.5.3节的基础上，引入用于目标轨迹生成的参数轨迹表示。广义上讲，这些方法与微分方程中的未确定系数法和用于求解最优控制问题方法有关。

8.5.1 转换为约束优化

现在考虑将最优控制问题转换为有限长度参数向量的优化问题。由7.5.2节可知，所有输入的向量空间可以都转换为取决于参数向量 $\underline{\boldsymbol{p}}$ 的向量空间，则有

$$\underline{\boldsymbol{u}}(t) \to \tilde{\underline{\boldsymbol{u}}}(\underline{\boldsymbol{p}},t) \tag{8-22}$$

系统动力学方程变为

$$\dot{\underline{\boldsymbol{x}}}(t) = \underline{\boldsymbol{f}}[\underline{\boldsymbol{x}}(\underline{\boldsymbol{p}},t),\underline{\boldsymbol{u}}(\underline{\boldsymbol{p}},t),t] = \tilde{\underline{\boldsymbol{f}}}(\underline{\boldsymbol{p}},t) \tag{8-23}$$

边界条件变为

$$\underline{\boldsymbol{g}}(\underline{\boldsymbol{p}},t_0,t_f) = \underline{\boldsymbol{x}}(t_0) + \int_{t_0}^{t_f} \tilde{\underline{\boldsymbol{f}}}(\underline{\boldsymbol{p}},t)\mathrm{d}t = \underline{\boldsymbol{x}}_b \tag{8-24}$$

这通常写成

$$\underline{\boldsymbol{c}}(\underline{\boldsymbol{p}},t_0,t_f) = \underline{\boldsymbol{g}}(\underline{\boldsymbol{p}},t_0,t_f) - \underline{\boldsymbol{x}}_b = 0 \tag{8-25}$$

性能指标变为

$$\tilde{J}(\underline{\boldsymbol{p}},t_f) = \tilde{\phi}(\underline{\boldsymbol{p}},t_f) + \int_{t_0}^{t_f} \tilde{L}(\underline{\boldsymbol{p}},t)\mathrm{d}t \tag{8-26}$$

整个最优控制问题现已转化为约束参数优化问题：

$$\left.\begin{aligned} &\min \quad \tilde{J}(\underline{\boldsymbol{p}},t_f) = \tilde{\phi}(\underline{\boldsymbol{p}},t_f) + \int_{t_0}^{t_f} \tilde{L}(\underline{\boldsymbol{p}},t)\mathrm{d}t \\ &\text{s.t.} \quad \underline{\boldsymbol{c}}(\underline{\boldsymbol{p}},t_0,t_f) = 0; \quad t_f \text{ 取任意值} \end{aligned}\right\} \tag{8-27}$$

8.5.2 对参数变化的一阶响应

求解非线性方程的标准方法是线性化。目标函数和约束必须被线性化以求得数值解。

请注意偏导数的以下性质：

$$\frac{\partial}{\partial \underline{\boldsymbol{p}}}(\dot{\underline{\boldsymbol{x}}}) = \frac{\partial}{\partial \underline{\boldsymbol{p}}}\left[\frac{\partial \underline{\boldsymbol{x}}}{\partial t}\right] = \frac{\partial}{\partial t}\left[\frac{\partial \underline{\underline{\boldsymbol{x}}}}{\partial \underline{\boldsymbol{p}}}\right] \tag{8-28}$$

时间导数的参数雅可比等于参数雅可比的时间导数。因此，可以相对于参数对系统动力学方程微分：

$$\frac{\partial}{\partial \underline{\boldsymbol{p}}}\dot{\underline{\boldsymbol{x}}}(t) = \left[\frac{\partial \underline{\underline{\boldsymbol{x}}}}{\partial \underline{\boldsymbol{p}}}\right] = F(\underline{\boldsymbol{p}},t)\frac{\partial \underline{\underline{\boldsymbol{x}}}}{\partial \underline{\boldsymbol{p}}} + G(\underline{\boldsymbol{p}},t)\frac{\partial \underline{\underline{\boldsymbol{u}}}}{\partial \underline{\boldsymbol{p}}} \tag{8-29}$$

其中定义了一般的系统雅可比：

$$F = \frac{\partial \dot{\underline{\underline{\boldsymbol{x}}}}}{\partial \underline{\boldsymbol{x}}} = \frac{\partial \underline{\underline{\boldsymbol{f}}}}{\partial \underline{\boldsymbol{x}}}, \quad G = \frac{\partial \dot{\underline{\underline{\boldsymbol{x}}}}}{\partial \underline{\boldsymbol{u}}} = \frac{\partial \underline{\underline{\boldsymbol{f}}}}{\partial \underline{\boldsymbol{u}}}$$

现在可以通过积分这个辅助微分方程来计算最终状态的雅可比，即

$$\frac{\partial \boldsymbol{x}_{\mathrm{f}}}{\partial \underline{\boldsymbol{p}}}=\int_{t_0}^{t_{\mathrm{f}}}\left[F(\underline{\boldsymbol{p}},t)\frac{\partial \boldsymbol{x}}{\partial \underline{\boldsymbol{p}}}+G(\underline{\boldsymbol{p}},t)\frac{\partial \boldsymbol{u}}{\partial \underline{\boldsymbol{p}}}\mathrm{d}t\right] \tag{8-30}$$

实际中，对式(8-24)中的积分进行微分计算可能更直接。同样，可以对目标函数进行微分：

$$\frac{\partial}{\partial \underline{\boldsymbol{p}}}\tilde{J}(p)=\frac{\partial}{\partial \underline{\boldsymbol{p}}}\tilde{\phi}(\underline{\boldsymbol{p}},t_{\mathrm{f}})+\int_{t_0}^{t_{\mathrm{f}}}\left[\frac{\partial}{\partial \underline{\boldsymbol{p}}}L(\underline{\boldsymbol{p}},t)\frac{\partial \boldsymbol{x}}{\partial \underline{\boldsymbol{p}}}+\frac{\partial}{\partial \underline{\boldsymbol{u}}}L(\underline{\boldsymbol{p}},t)\frac{\partial \boldsymbol{u}}{\partial \underline{\boldsymbol{p}}}\right]\mathrm{d}t \tag{8-31}$$

这些结果是莱布尼茨规则的不同形式，其中指出积分的导数是导数的积分。

8.5.3　必要条件

通常，从时间到距离修改自变量是很方便的。令初始距离 s_0 为零，并将最终距离也加入参数向量，则

$$\boldsymbol{q}=[\underline{\boldsymbol{p}}^{\mathrm{T}}\quad s_{\mathrm{f}}]^{\mathrm{T}} \tag{8-32}$$

此时问题可以写成

$$\left.\begin{aligned}&\min\quad J(\underline{\boldsymbol{q}})=\phi(\underline{\boldsymbol{q}})+\int_0^{s_{\mathrm{f}}}L(\underline{\boldsymbol{q}})\mathrm{d}s\\&\mathrm{s.t.}\quad \underline{\boldsymbol{c}}(\underline{\boldsymbol{q}})=0;\quad s_{\mathrm{f}}\text{取任意值}\end{aligned}\right\} \tag{8-33}$$

使用拉格朗日乘数可以求解该问题，现在定义哈密顿算子，有

$$H(\underline{\boldsymbol{q}},\underline{\boldsymbol{\lambda}})=J(\underline{\boldsymbol{q}})+\underline{\boldsymbol{\lambda}}^{\mathrm{T}}\underline{\boldsymbol{c}}(\underline{\boldsymbol{q}}) \tag{8-34}$$

此时有 $p+1$ 个参数(包括 s_{f}) 和 n 个约束(边界条件)。约束优化的必要条件为

$$\left.\begin{aligned}&\frac{\partial}{\partial \underline{\boldsymbol{q}}}H(\underline{\boldsymbol{q}},\underline{\boldsymbol{\lambda}})=\frac{\partial}{\partial \underline{\boldsymbol{q}}}J(\underline{\boldsymbol{q}})+\underline{\boldsymbol{\lambda}}^{\mathrm{T}}\frac{\partial}{\partial \underline{\boldsymbol{q}}}\underline{\boldsymbol{c}}(\underline{\boldsymbol{q}})=\underline{\boldsymbol{O}}^{\mathrm{T}}\quad(p+1\text{ 个方程})\\&\frac{\partial}{\partial \underline{\boldsymbol{\lambda}}}H(\underline{\boldsymbol{q}})=\underline{\boldsymbol{c}}(\underline{\boldsymbol{q}})=\underline{\boldsymbol{O}}\quad(n\text{ 个方程})\end{aligned}\right\} \tag{8-35}$$

这是 $\underline{\boldsymbol{q}}$ 与 $\underline{\boldsymbol{\lambda}}$ 的 $n+p+1$ 个未知数的一组 $n+p+1$ 个联立方程。基于约束牛顿法推导方法，所需迭代可写为

$$\begin{bmatrix}\dfrac{\partial^2 H}{\partial \underline{\boldsymbol{q}}^2}(\underline{\boldsymbol{q}},\underline{\boldsymbol{\lambda}}) & \dfrac{\partial}{\partial \underline{\boldsymbol{q}}}\underline{\boldsymbol{g}}(\underline{\boldsymbol{q}})^{\mathrm{T}}\\ \dfrac{\partial}{\partial \underline{\boldsymbol{q}}}\underline{\boldsymbol{g}}(\underline{\boldsymbol{q}}) & 0\end{bmatrix}\begin{bmatrix}\Delta\underline{\boldsymbol{q}}\\ \Delta\underline{\boldsymbol{\lambda}}\end{bmatrix}=\begin{bmatrix}-\dfrac{\partial}{\partial \underline{\boldsymbol{q}}}H(\underline{\boldsymbol{q}},\underline{\boldsymbol{\lambda}})^{\mathrm{T}}\\ -\underline{\boldsymbol{g}}(\underline{\boldsymbol{q}})\end{bmatrix} \tag{8-36}$$

参数优化控制的牛顿迭代，通过对输入进行参数化，最优控制问题可以转化为使用数值方法解决的约束优化问题。

在指定 $\underline{\boldsymbol{q}}$ 和 $\underline{\boldsymbol{\lambda}}$ 的初始预测之后，每次迭代产生一个新的下降方向，可以用来更新它们的数值，直到达到收敛。

8.5.4　示例：使用参数最优控制的路径跟踪

在 8.3.2 节中的最后一个路径中，注意到添加一个整数项可能会具有消除转角的倾向。如果仅使用控制水平线上的前视点，移动机器人将会如图8-5所示的那样直接前进，目标函数

中的整数项不鼓励转角的消除，这种消除是由于在目标函数(点弧)中仅具有终点成本所导致的。参数搜索空间基本上允许搜索所有输入，可以得到不可行路径(虚线)的最佳近似(实线)。

给目标函数增加一个积分可得

$$J[\underline{\boldsymbol{x}},\underline{\boldsymbol{u}},t_f]=\delta\underline{\boldsymbol{x}}_f^{\mathrm{T}}\boldsymbol{S}\delta\underline{\boldsymbol{x}}_f+\int_{t_0}^{t_f}\delta\underline{\boldsymbol{x}}^{\mathrm{T}}(t)\boldsymbol{Q}\delta\underline{\boldsymbol{x}}(t)\mathrm{d}t$$

$$\delta\underline{\boldsymbol{x}}(t)=\underline{\boldsymbol{x}}(t)-\underline{\boldsymbol{x}}_{\mathrm{path}}(t)$$

$$t_f=L/v$$

该控制公式可以被转换为参数形式，以求解最符合所需路径的任意形状的可行轨迹。添加的(参数)速度控制也是明确的，如果所需的路径具有调速要求，则速度控制将调整速度以符合要求。该速度控制的建立得益于三维地形信息的探测和推进系统模型的建立。

8.5.5 示例：自适应的范围路径跟随

以前方法的改进是使用精确的轨迹发生器获得前视点的采样结果，以保持最终时间 t_f 不受约束。然后使用优化目标的预测范围。目标函数被设计为用来平衡剧烈控制操作，该控制操作常用来消除没有控制力情况下的偏航距，即

$$J[\underline{\boldsymbol{x}},\underline{\boldsymbol{u}},t_f]=\delta\underline{\boldsymbol{x}}_f^{\mathrm{T}}\boldsymbol{S}\delta\underline{\boldsymbol{x}}_f+\int_{t_0}^{t_f}[\delta\underline{\boldsymbol{x}}^{\mathrm{T}}(t)\boldsymbol{Q}\delta\underline{\boldsymbol{x}}(t)+\underline{\boldsymbol{u}}^{\mathrm{T}}(t)\boldsymbol{R}\underline{\boldsymbol{u}}(t)]\mathrm{d}t$$

$\delta\underline{\boldsymbol{x}}(t)=\underline{\boldsymbol{x}}(t)-\underline{\boldsymbol{x}}_{\mathrm{path}}(t)$；　t_f 取任意值

这种情况对应于作为函数而不是常数的边界条件，最优控制理论适应于这种情况。该方法如图 8-6 所示，使用一个视线范围内的抽样来优化目标，以此产生消除偏航距的控制力。

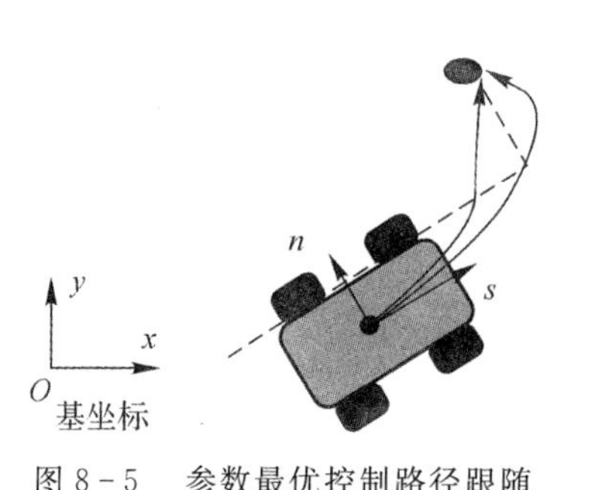

图 8-5　参数最优控制路径跟随

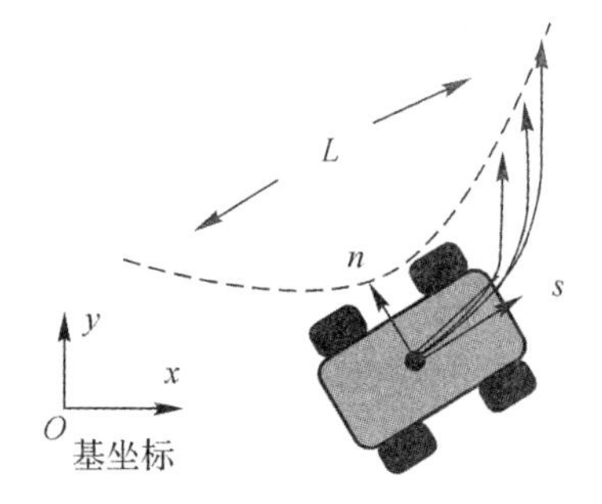

图 8-6　自适应范围路径跟踪

8.5.6 示例：复杂动作的模型预测跟随

当然也存在这样的情况，例如在复杂的环境中，目标轨迹因为需要不断变换方向等原因，在平面上是不连续的。然而，当这样的动作序列被时间或距离参数化后，就不存在不连续性了。假设有 3 个要跟随的轨迹与方向的变化分开，如图 8-7 所示，图 8-7(a) 模型需要一个复杂的 3 步动作来使其转向避开障碍物。图 8-7(b) 模型引入一个动作序列的参数向量以解决

复合问题。控制器正是通过速度不连续性来优化响应的。

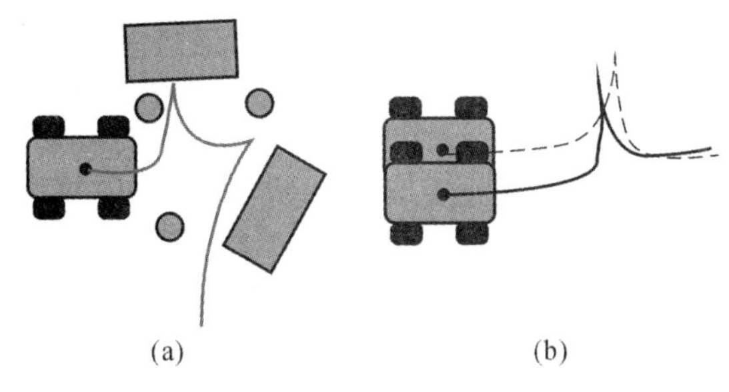

(a)　　(b)

图 8-7　复杂动作的跟随

任意参数选择产生的轨迹为

$$\begin{cases} \underline{\boldsymbol{x}}(t) = \underline{\boldsymbol{x}}(t_0) + \int_0^{t_1} f[\underline{\boldsymbol{x}}, \underline{\boldsymbol{u}}(\underline{\boldsymbol{p}}_1, t)]\mathrm{d}t & (t_0 < t < t_1) \\ \underline{\boldsymbol{x}}(t) = \underline{\boldsymbol{x}}(t_1) + \int_{t_1}^{t_2} f[\underline{\boldsymbol{x}}, \underline{\boldsymbol{u}}(\underline{\boldsymbol{p}}_2, t)]\mathrm{d}t & (t_1 < t < t_2) \\ \underline{\boldsymbol{x}}(t) = \underline{\boldsymbol{x}}(t_2) + \int_{t_2}^{t_3} f[\underline{\boldsymbol{x}}, \underline{\boldsymbol{u}}(\underline{\boldsymbol{p}}_3, t)]\mathrm{d}t & (t_2 < t < t_3) \end{cases}$$

通过将 3 个参数矢量连接成一个，可以通过评估包括转向在内的 3 个动作产生的误差，得出最优解。

习　题　8

8.1　用变分计算设计路径。为了降低成本，路径设计师希望让路径尽可能地符合地形的自然特征。例如，将路段设计为由特定的点(x_0, y_0, θ_0)开始，并以特定的点(x_f, y_f, θ_f)结束。在所有可能连接这两点的路段中，最好选择最容易驾驶的道路形状。正如已经看到的阿克曼转向，当汽车以恒定的速度在道路上行驶时，曲率κ_s的梯度与方向盘需要转动的速率$\dot{\alpha}$大致成比例。因此，选择最易驾驶道路的一种方式是选择转向速率最低的那个：

$$\text{最小化}\quad J[\underline{\boldsymbol{x}}, s_f] = \int_{s_0}^{s_f} (\kappa_s)\mathrm{d}s$$

$$\text{以满足}\quad \underline{\boldsymbol{x}}(s_0) = \underline{\boldsymbol{x}}_0;\quad \underline{\boldsymbol{x}}(s_f) = \underline{\boldsymbol{x}}_f$$

该系统的状态变量为 $\underline{\boldsymbol{x}} = [x \quad y \quad \theta \quad \kappa]$。使用欧拉-拉格朗日方程证明，道路的最佳曲线是回旋曲线 —— 曲线的曲率随弧长线性变化。

8.2　积分的最优控制。假设一个靠速度驱动的一维系统[例如$\dot{x}(t)=u(t)$]是从$x(t_0)=0$到$x(t_1)=1$的。在$u(t)$无约束时，使用最小原理找到最优控制和满足如下性能标准的最佳轨迹：

$$J = \frac{1}{2}\int_{t_0}^{t_f} (x^2 + u^2)\mathrm{d}t$$

第9章　智能控制

智能控制是指感知机器人周围环境后产生的控制。一旦感知环境的能力可用，就需要知道预测在环境中带有感测元件机器人相互作用的预测过程。像经典控制一样，智能控制结合了动力学。像运动规划一样，它包含了预测，并且可以包含几种类型的搜索方法以评估出最佳选项。

因此智能控制可以用优化方法来表述。决定着要做什么有多项选择，每个选择都有各自的优缺点。

9.1　概　　述

对机器人进行智能控制是至关重要的。假设环境只是部分已知量，要完成智能控制，必须在机器人运动过程中进行测量。

9.1.1　智能预测控制

真实传感器的局限性和机器人的运动需要一种即时感知、预测和反应的控制方法，主要有下述理由。

(1)可感知的。系统必须能够感知外部环境。

(2)可预测的。机器人的一些潜在因素和惯量意味着需要一段时间动作的结果才能显现。因此，一旦机器人正在运动，就有必要预测动作的结果，以及场景中运动的其他对象。

(3)可做出反应的。预测仅在短时间内有效。传感器测量范围有限，环境中的对象也在动态变化，机器人感知周围环境的信息就会很快过时。因此，必须高频率地感知环境以了解情况，及时对所得到的内容做出反应。

通用智能控制器将持续执行以下任务：

(1)在空间中运动时需要考虑多种选项，以实现足够准确的预测控制；

(2)对于每个选项，需要考虑机器人与环境中对象相互作用的方式；

(3)消除绝对或可能导致损坏和/或任务失败的选项；

(4)如果出现多个选项，请从任务执行的角度选择最佳选项，执行它并返回到(1)；

(5)否则，执行预定义的异常操作。

显然，这个过程很容易以模型预测控制(MPC)的形式表达。MPC只是一个有限预测的最优控制算法。

9.1.2　最优控制的形式

在优化选项时，每个可能的动作（路径、轨迹、动作）$\underline{\boldsymbol{x}}(t)$ 可以具有一定的相对优点、效用或与之相关的成本 J。例如，对于微小的转弯，并不鼓励踩刹车。更一般地，路径可能会根据其风险级别、跟随预测、速度误差或与目标的接近度进行评估。

候选的动作也可以根据它们对约束的满足度进行评估。障碍可以被定为禁止区域 $\underline{\boldsymbol{x}}(t) \notin \boldsymbol{O}$，区域中包含的所有对象都违反约束。运动的可行性[$\dot{\underline{\boldsymbol{x}}} = f(\underline{\boldsymbol{x}}, \underline{\boldsymbol{u}}, t)$ 的满足度] 以及始终保持滚转和偏航稳定性也是重要的制约因素。

一个简单的方法是将成本/效用的值与每个动作相关联，并施加不与障碍物碰撞的约束。然而，通常情况下，许多考虑因素都可以表示为目标/成本或者约束。与约束相反，障碍也可以描述为在非结构化环境中其遍历与成本 $L(\underline{\boldsymbol{x}}, \underline{\boldsymbol{u}}, t)$ 相关的区域。此外，候选动作可以通过它们是否终止于目标 $\underline{\boldsymbol{x}}(t_f) \in \boldsymbol{G}$ 这一约束来评估。

1. 最优控制方程

可以以最优控制问题的形式表达上述描述：

$$\left.\begin{array}{ll}\min & J[\underline{\boldsymbol{x}}, t_f] = \phi(\underline{\boldsymbol{x}}_f) + \int_{t_0}^{t_f} L(\underline{\boldsymbol{x}}, \underline{\boldsymbol{u}}, t)\mathrm{d}t \\ \text{s. t.} & \underline{\boldsymbol{x}}(t_0) \in \boldsymbol{S};\quad \underline{\boldsymbol{x}}(t_f) \in \boldsymbol{G} \\ & \dot{\underline{\boldsymbol{x}}} = f(x, u, t);\quad \underline{\boldsymbol{u}} \in \boldsymbol{U} \\ & x(t) \in \boldsymbol{O}\end{array}\right\} \tag{9-1}$$

集合 $\boldsymbol{S}$ 定义可能的起始状态，$\boldsymbol{G}$ 是目标集合。集合 $\boldsymbol{U}$ 定义所有可行的输入，$\boldsymbol{O}$ 是与障碍物碰撞的状态集合。通常只关心路径的形状，如在 $\underline{\boldsymbol{x}}(s)$ 中，距离是一个比时间更有用的参数，则

$$\left.\begin{array}{ll}\min & J[\underline{\boldsymbol{x}}, s_f] = \phi(\underline{\boldsymbol{x}}_f) + \int_{t_0}^{s_f} L(\underline{\boldsymbol{x}}, \underline{\boldsymbol{u}}, t)\mathrm{d}s \\ \text{s. t.} & \underline{\boldsymbol{x}}(s_0) \in \boldsymbol{S};\quad \underline{\boldsymbol{x}}(s_f) \in \boldsymbol{G} \\ & \dot{\underline{\boldsymbol{x}}} = f(x, u, s);\quad \underline{\boldsymbol{u}} \in \boldsymbol{U} \\ & \underline{\boldsymbol{x}}(s) \notin \boldsymbol{O}\end{array}\right\} \tag{9-2}$$

在这种情况下，目标函数中的积分是线积分。

2. 将任务融入目标函数中

目标函数就是用设计变量来表示的所追求的目标形式，是系统的性能标准。“任务”的定义可以赋予智能控制器不同级别的责任。有时，目标是保持特定的路径，其中只有两个选择——继续或停止，如 *AGV* 就是以这种方式在工厂运作。机器人具有调节其速度的能力。以下行为是此类目标的特殊情况。

机器人需要躲避障碍物并快速跟随规划的路径运动。它可能被赋予一组（可能有序的）需要被访问的路径点，但它可能有完整的权限来规划路径点之间的路径。机器人可能需要覆盖一个区域（如割草）或甚至搜索某物、逃避某物、追逐某物。

3. 多目标

当需要满足多个目标时，可能需要一些机制来打破现有运动关系或在多个目标中进行选

择。一种方法是单独评估多个目标，并选择允许每个时刻影响机器人行为的目标。

考虑到跟踪目标路径时同时存在躲避障碍物的情况。当预先知道一个名义上安全的路径时，将使用这种架构。

使用变分法躲避障碍物作为安全阈值。在这种情况下，将选择具有可接受的安全评分（躲避障碍）并具有最高效用评分（路径跟随）的动作。

除了已有矛盾之外，多个目标可能会以其他方式相互干扰。例如，避障动作可能导致异常大的路径跟随误差，这可能导致路径跟随中的不稳定或无法收敛。

9.2 评　　估

本节考虑了式(9-2)中被积函数$L(\underline{\boldsymbol{x}},\underline{\boldsymbol{u}},s)$及其积分的计算。此时，将考虑这个被积函数可以代表一个与离散障碍物的碰撞测试或成本领域的运行成本计算。现在，让$\underline{\boldsymbol{x}}(s)$表示便于评估障碍物交叉点或遍历成本函数的坐标。在任一情况下，与机器人在特定位置相关联的成本通常取决于机器人所占的体积——因为其任何部分都可能会发生碰撞。

对于二元的障碍，计算$L[\underline{\boldsymbol{x}}(s)]$包括体积（或面积）交集。

$$L[\underline{\boldsymbol{x}}(s)]=\hat{V}\{o(x,y,z)\cap v(x,y,z)\} \tag{9-3}$$

该符号旨在表达在机器人的整个体积上计算交集。o是障碍的二元域，v是机器人的二元域。对于成本域，计算$L[\underline{\boldsymbol{x}}(s)]$包括体积（或面积）成本积分：

$$L[\underline{\boldsymbol{x}}(s)]=\int_V c(x,y,z)\mathrm{d}V \tag{9-4}$$

其中，c是成本域。

9.2.1 构型的成本

从字面上讲，障碍是对运动的阻碍。它并不会令机器人停止——只是阻止它的运动。障碍物可以以熟悉的方式表征为不是很容易爬坡或下降的台阶或斜坡，或者运动困难的冰或泥。由于机器人的反作用力，茂密的树枝是几乎不可穿透的。

尽管将障碍物视为空间区域是方便的，但机器人与障碍物的相互作用可能会依赖于以下风险：

(1)点风险：移动机器人的任何部分都不能驶过10 m高的树；

(2)车轮风险：移动机器人车轮不能通过一个洞——但起落架可以；

(3)位姿风险：如果方向与梯度正交，斜坡上可能会发生滚动风险，但如果平行（上坡或下坡）则不会发生滚动风险。

在成本域的情况下，构型成本的基本计算是体积积分，有时称为成本卷积。在计算的某个时刻，必须考虑机器人的宽度和长度，如图9-1所示。在一般情况下，还需要考虑高度，因为在工厂、仓库、森林和家庭中会出现许多不可预见的障碍物。

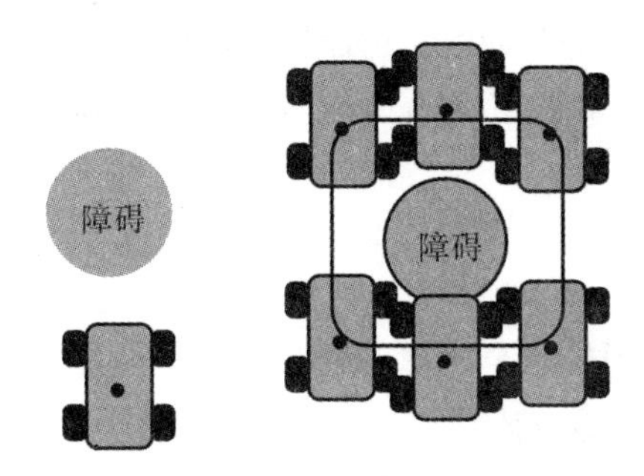

图9-1 成本卷积

当环境是已知和静态的，一种更高效的方法是成本域与机器人进行卷积。

9.2.2 状态的成本

许多避障情况不仅取决于移动机器人位姿。例如，翻转倾向与横向加速度有关，障碍物冲击力与速度有关。本节讨论一种更正确地表示整体状态 $\underline{\boldsymbol{x}}$ 的函数的成本 $L(\underline{\boldsymbol{x}},\underline{\boldsymbol{u}},s)$。

1. 机器人风险的类型

比障碍物更一般的概念是风险。风险是使得机器人具有无法完成任务风险的任意一种运动的情况或状态。风险包括以下5种。

(1)控制失控：当机器人滑动并失去控制绕垂直轴角速度的能力时，将发生偏航不稳定问题。当斜坡太陡，无法有效地制动时，可能会在牵引力减小或下坡时发生滑动。

(2)接触不良：围绕纵向(滚动)或侧向(俯仰)轴线转动可能暂时或永久地使车轮失去作用，而弹道运动则是完全使运动与车轮无关。

(3)牵引力丧失：湿的或冰冻地面可能导致剧烈的车轮滑动。诱捕风险是机器人故意或以其他方式进入的地区，但无法离开。

(4)碰撞：与造成损害的障碍物的相互作用。机器人可能会在前方、侧面或底盘与物体发生碰撞。

(5)风险：未确定环境中工作具有一定的风险。机器人在工作过程中没有完全感知到的特征也是一种风险。

2. 风险空间

虽然规定了障碍物成本为标量，但复杂的环境和规划好的动作可能需要更精确的方法。许多情况同时存在多重风险，考虑一个瞬时状态的成本同时融合几个影响因素。采用超维度风险空间是有用的，每个关节与特定的风险状况相关联。

如图9-2所示，任何状态空间轨迹都会引发相关风险空间轨迹。可以想象，随着机器人在任务空间中的移动，某种风险向量的尖端扫过风险空间。

3. 风险单位的统一

为了在多个轨迹之间做出最优化选择，设计师的任务是制定一个与所表示条件的严重性级别相一致的单位系统。在某些情况下，可能存在量值的自然概念。例如，20°的倾斜是10°严重性的两倍，并将30°作为上限。在斜坡的情况下，可以使用稳定裕度来说明加速效应。

一旦风险空间的所有维度已经减少到使用统一的单位，这个风险向量的长度就变得有意义了。量度一致性的最终目标是做出正确选择的前提。例如，如果 20°的斜坡比底盘和地面之间的 5 cm 间隙的情况要差。

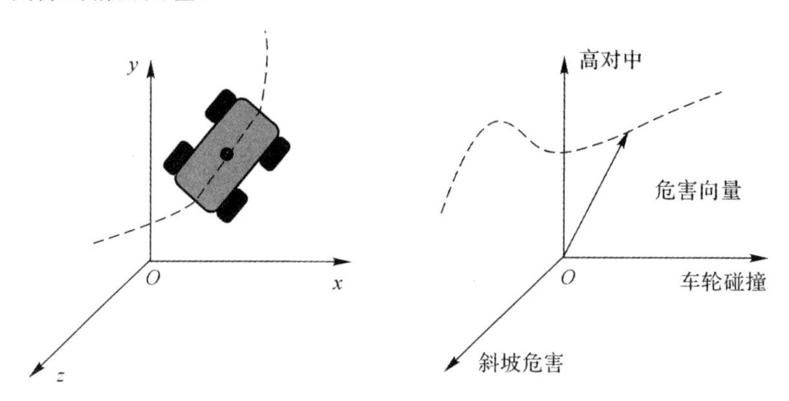

图 9-2　将状态映射到风险区域

9.2.3　路径成本

一旦轨迹或路径上的所有构型和／或状态都具有相关联的成本，则最优控制函数可通过沿其长度进行积分来计算轨迹或路径的成本，候选路径的成本计算变为成本域 $L(\underline{\boldsymbol{x}},\underline{\boldsymbol{u}},s)$ 中的线积分。

$$J[\underline{\boldsymbol{x}},s_f]=\phi(\underline{\boldsymbol{x}}_f)+\int_{s_0}^{s_f}L(\underline{\boldsymbol{x}},\underline{\boldsymbol{u}},s)\mathrm{d}s \tag{9-5}$$

函数式(9-5)中的第一项可以表示轨迹结束点的成本。这可能是到最终目标剩余路径的估计成本。

成本必须在空间上保持一致，以便保证正确的行为。目标会根据机器人的选择做出正确的行为。最终，$L[\underline{\boldsymbol{x}}(s)]$ 表示每个单位距离的成本，它可能是以能量或风险为单位，并与当前状态 $\underline{\boldsymbol{x}}(s)$ 相关。如果 $L=11$，则系统将选择 10 倍于平均成本 $L=1$ 的路径。

9.2.4　用于目标和约束的模型

为了计算路径的成本，需要计算路径上的点(状态、构型)的成本。评估约束合规性还需要对机器人构型进行计算。为了进行这些计算，有必要对环境和机器人进行建模。这些模型可用于目标函数或约束(见表 9-1)。

表 9-1　模型的使用

	用于产生运动的属性	用于约束的属性	用于目标函数的属性
机器人模型	状态(运动预测)	机器人体积(碰撞约束)	功耗，车轮打滑，突然性操作
环境模型	地形或机械属性	障碍物体积(碰撞约束))	接近障碍物

9.3 表　　示

本节讨论为计算智能控制器中目标函数和约束所需的表示。智能控制器需要将场景信息转换为能够进行有效决策的表示。将原始环境传感器信息转换为场景模型是感知的工作。感知将在后面的章节中讨论。在本节中，将使用由感知产生的环境模型，结合机器人状态和动作的表示，以评估候选动作的相对优点和风险。

9.3.1　运动表示

需要一些数据结构来对智能控制中正在评估的运动进行编码。本节介绍设计中的一些重要内容。

1.运动约束

运动中的一些如有限的曲率或曲率速率这些限制，可以以运动学的方式表示为

$$|\kappa(s)|<\kappa_{\max},\quad |\dot{\kappa}(s)|<\dot{\kappa}_{\max} \tag{9-6}$$

通常情况下，运动约束只能表示为微分方程，因为它们不能被积分，即

$$\dot{\underline{x}}=f(\underline{x},\underline{u},t) \tag{9-7}$$

有时需要通过对运动施加人为的限制来减少计算。例如，对于差动转向机器人，控制器可能只能搜索到线和拐点。满足这种约束的路径是可行的，其他路径则是不可行的。

2.路径和轨迹的表示

我们有时会利用时间和空间来区别运动参数化的表示。称 $\underline{\boldsymbol{x}}(t)$ 为轨迹，而 $\underline{\boldsymbol{x}}(s)$ 则是路径。用于表示运动最基本的两项为输入 $\underline{\boldsymbol{u}}(t)$ 或相关状态轨迹 $\underline{\boldsymbol{x}}(t)$。对于这两项的比较有一个很长的列表，但最基本的一项是输入本身是可行的，但状态轨迹在地面固定坐标中却能方便地表达。其他选择是这两种的特殊情况。曲率序列 κ_k 只是采样的输入 $\underline{\boldsymbol{u}}(t)$，而网格单元的有序序列或者是路径点$(x_k,y_k)$ 是 $\underline{\boldsymbol{x}}(s)$ 的采样形式。

3.运动表示的紧凑性和完整性

具有紧凑且完整的路径表示是十分有价值的。紧凑的表示使得在进程或计算机之间需要传达的数据量最小，并且它可以构成一种能提供更多信息的机制，向控制器提供的不仅仅只是期望的当前输入或状态。例如，预测控制器需要知道将来的轨迹来进行优化。紧凑的表示也会提高处理效率，因为改变路径时需要修正的地方较少。

在一些离线表示中记录轨迹也是非常重要的。对于AGV，回旋曲线、直线和弧线是轨迹形状的常见形式。复杂的形状总是可以通过更简单的形状的序列来近似，能够用单个的图元表达更多的任意运动是非常有利的。

当轨迹用于规划目标时，如果所有可行的运动都可以在所使用的表示中表达，则搜索最佳解决方案将只是一个全局的搜索。缺乏完整的表示可能会导致非智能行为。

对于移动机器人，曲率多项式是转向输入紧凑性与完整性表示的方式，也可以类似地表示速度或加速度输入。

9.3.2 构型的表示

成本计算需要了解机器人所占据的体积或面积。当环境是已知和静态时，可以将障碍物表示为成本或作为坐标系特殊集的子集或区域。在这种情况下，可以预先计算体积交集，再对障碍物的交集进行测试，计算成本就要低得多。

对象的构型是相对于固定参考系中理想对象上的每个点的相对位置。构型空间，又叫 C 空间，是对象所有构型的空间。C 空间可以被认为是一组完全确定构型的广义坐标。

1. C 空间障碍

在运动规划和控制的背景下，C 空间通常与工作空间形成对照，工作空间只是三维笛卡儿坐标系中所有点的空间。机器人可以表示为 C 空间中的一个点，但却在工作空间中占有体积，这是关键区别。可以检查 C 空间中的每个点，以查看相关构型是否与障碍物相交，如果是，则将该点识别为 C 空间障碍物的一部分。这样做会将评估运动体积的问题转化为评估点运动的问题。它能够根据 C 空间中的路径属性来表达问题，而不是根据任务空间中扫描到的体积。

2. C 空间维度

在一般情况下指定机器人构型所需的变量数量是 C 空间的维数。要获得 C 空间的维度：

(1) 首先添加所包含对象的每个刚体的空间自由度数；

(2) 然后给关节和接触施加约束(包括地形跟踪)。

径向对称性与确定每个点是相关的，但与计算扫描体积或检测交点无关，因此在径向对称的情况下，所使用的坐标系的维度可以低于 C 空间的维度。例如，轮的旋转角度不影响其是否与物体碰撞，因为所占体积相同，而与车轮转角无关。这个维度减少的空间被称为体积 C 空间，如图 9-3 所示，由于关节和对称性，确定体积 C 空间的维度需要一定的分析。从机械手顺时针方向看这 4 个机器人所需的维度分别为 5，3，2 和 5。

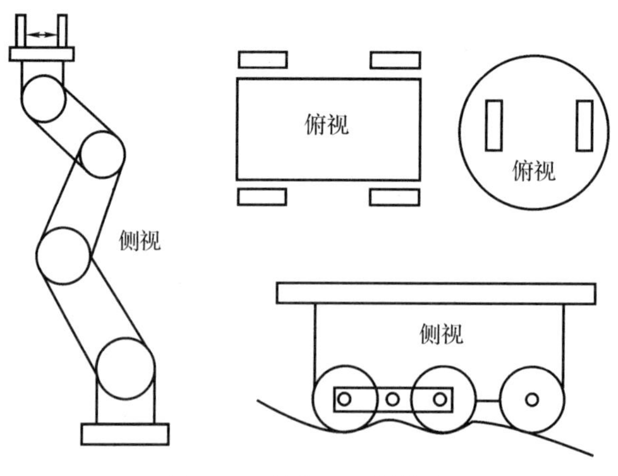

图 9-3 体积 C 空间维度

路径碰撞检查的计算复杂度直接与体积 C 空间的维度和障碍物的复杂性相关。因此，有时候，为了减小空间的维度，模拟对称性和近似机器人形状(如圆圈)是很有用的。

9.3.3　环境表示

选择候选路径上的一个点并指定机器人的构型后，计算过程需要参考环境模型。本节介绍环境中不同地点相关的成本表示的一些内容。用于设计表示一些更重要的情况包括成本和空间维度的动态范围、内存要求、交点的计算效率和成本梯度信息的可用性。

1. 设置和域的表示

最基本的方法是将与环境相关的信息表示为集合(如区域或对象)或域。集合表示将标签或索引(如"障碍物")映射到空间的区域。通常，成本(或二元障碍标志)与每个区域显性或隐性相关，并且在区域内认为成本是形式统一的。集合的元素可以是点值或区域值，但是在任一情况下，如果要进行体积交集计算，则必须导出每个元素的位置和形状。形状信息可以被记为体积或边界。当环境结构简单时，集合表示是非常有效的。例如，简单的障碍物及其位置和半径的列表对于表示移动物体非常有效。

相反，域表示将空间中的点映射到标签上或直接映射到成本上。这样的表示在空间上使用栅格(数组)，其中每个元素都对成本或其他有用信息(如高度)进行编码。空间中的每个点都有相关的成本或标签。

2. 形状表示

对于世界坐标系中的机器人和离散物体(如家具)，通常使用边界表示而不是内部(体积)表示。大多数使用传感器进行测量。如果没有边界交叉，就不能发生体积相交，因此在这两种情况下都可以进行相交测试。

3. 障碍与自由空间

计算碰撞所需的最基本信息(形状相交)是体积信息。不管是使用体积还是平面，应该选择能够显式地表达障碍或自由空间的信息。环境是用占用来表示，是根据被占用且并不与之碰撞的空间子集来表示的。有时，不仅能表示出占用，也表示出空闲空间——没被占用的集合，图 9－4 所示为被占用的和自由空间的二元性，要知道哪个在不同的情况下使用更好。

4. 抽样与连续

当使用集合时，也常常使用对象的连续表示。例如，可以使用诸如多项式的简单曲线序列来表示障碍物的边界。在简单的环境中，连续的表示更高效。例如，对于多边形障碍物和多边形机器人，可以通过相交的线段有效地计算碰撞。在这样的表示中，计算复杂度取决于对象的数量(或其边界的组成部分)。

虽然域在概念上表示一个连续体，但它们通常以采样形式表示。这是复杂环境中的最佳选择，其连续表示会产生不合理的内存量。在这种情况下，计算复杂度往往取决于表示的分辨率。

5. 层次和四叉树

在采样表示中，依赖于分辨率的计算复杂度使得我们期望仅在必要时才表示细节。减少内存的一个有用方法是使用一种被称为四叉树(三维空间中为八叉树)的分层网格。这表示为填充、未填充和部分填充节点的树，其中详细描述了每层中部分填充的节点。

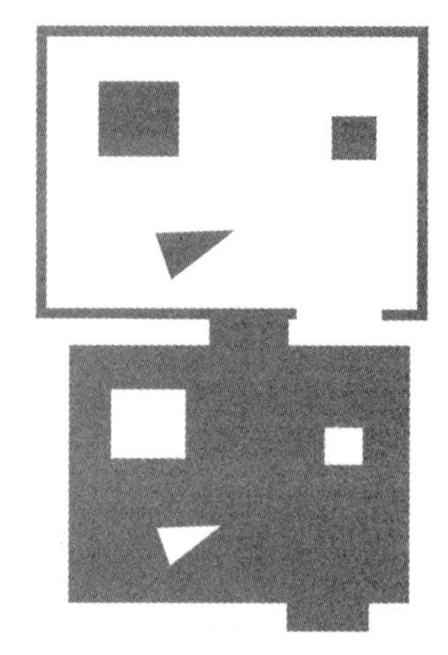

图 9-4 被占用的和自由空间的二元性

9.3.4 导出的空间表示

一旦对基本几何或成本信息进行编码，从其中获取其他信息就是有用的。这样做可以一次性计算出导出信息，而不需要每次都执行碰撞检查。

1. 势场

可以得出障碍的势场，其中目标位置产生吸引力，障碍物产生排斥力。可以从当前位置的场得到控制趋势(例如，沿着梯度)。点将在由势场产生的伪电压的影响下沿着点所在方向的梯度移动。

接近域将到任意障碍物边界的最小距离与空间中的每个点都联系起来了。障碍物内的点可以是负的。在这种情况下，梯度将趋向于将一个点移出碰撞域，如图 9-5 所示，对目标来说，分别具有吸引力和排斥力，并分别引导点接近目标。此外，最近障碍物表面的距离可以被用作势场，该势场梯度使点远离障碍物。

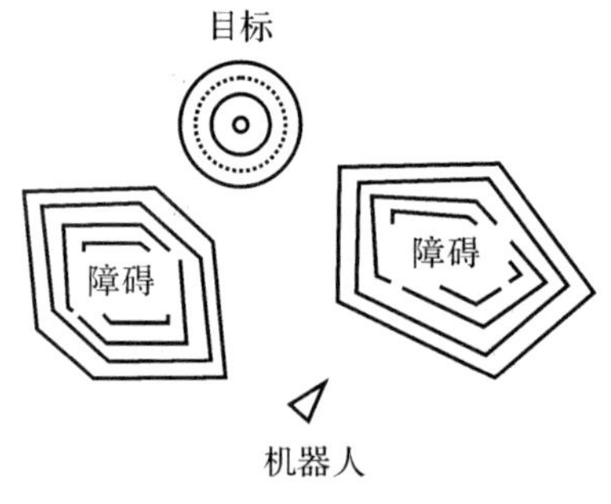

图 9-5 势场和接近域

2. Voronoi 图

Voronoi 图是另一种非常有用的表示法。可以认为它是由接近域的局部最大值形成的子空间。Voronoi 图中的点到两个或更多障碍物的距离都相等，这就是最近距离，因此这些点在某种意义上是通过一个空间的最安全的路径。

3. C 空间障碍

当环境是已知且静态的情况下，障碍物用离散方式表示时，环境中障碍物的边界可以离线地转换为 C 空间中的等效障碍物边界。

对于障碍物边界上的每个点，可以计算出与该点接触的机器人的每个形态，这些点的并集就是 C 空间中障碍物的边界。

所有这些点的集合是相关 C 空间障碍物的边界。C 空间障碍物既是机器人形状又是障碍物形状。在 C 空间中，可以通过检测机器人参考点是否在 C 空间障碍物内来检测碰撞。

4. 状态空间与工作空间的划分

类似于 C 空间障碍，区分状态空间和工作空间也是必要的。机器人某些部分可以到达工作空间中所有点的集合称为可达工作空间。相反，工作空间中无法到达的点集称为不可达工作空间，而其他点的集合则是可达工作空间。可达工作空间中的障碍是可以避开的，而不可达工作空间中的障碍则不能避开。

9.4 搜　　索

智能控制问题的解仍然依赖于多种替代方案并选择最佳方案的过程。本节讨论如何在实践中计算可行解的问题。

理想情况下，搜索过程会考虑所有的选择，但是由于搜索空间是一个连续体，因此在有限的时间内这样做是不可行的。一般来说，所有搜索过程都将生成离散样本，以对所有约束进行测试，并计算目标值。在设计此采样过程时，需要考虑大量因素。

9.4.1 抽样、离散和松弛

可视化所有可能轨迹空间的一种方法是考虑所有可能输入 $u(t)$ 的空间。搜索该函数空间的实际方法包括离散采样和参数化，松弛是除了采样之外单独使用的非常有效的方法。

1. 输入离散化和参数化

首先考虑输入离散化，并假设输入是曲率和速度。假设目标函数将在未来计算 40 个时间步长 Δt，并假设有 10 个可能的信号等级。如果输入信号的时间导数没有约束，那么就有 10^{40} 个独特的曲率，以及独特的速度信号。为了对这个数字的大小有形象的认识，可以参考宇宙的年龄是 434×10^{15} s。即使幅度变化限制在一个步长之内，也有 $10\times3^{39}=405\times10^{16}$ 个独特信号。

可以根据其他应用中使用的样条函数和曲线生成许多参数化选项。一个简单的方法是通过泰勒级数来近似它们的输入信号，并在级数系数的空间中进行搜索。这种方法早期用于轨迹生成。系数可以离散化以产生所需的样本。

2. 抽样和松弛

采样技术的优点在于解不一定是相同的局部最小值，但是当障碍物密集或目标函数具有许多局部最小值时，采样方法就非常低效。相反，路径松弛法可以利用梯度信息进行更有效的搜索，但是它们只能找到最近的局部最小值。复杂情况下的有效方法是对用于松弛过程的多种初始猜测进行采样。

9.4.2 约束排序

在人工智能中，当搜索过程必须满足多个约束条件时，启发式排序是一种施加约束顺序的规则。在某些情况下，一种顺序可能比另一种顺序更有效率。首先施加限制最强的约束更有效，因为它在一个步骤中消除了更多的选项，而不是两个步骤中才完成。

在智能控制中，因为有多个约束条件，则必须解决类似的问题。两个应用最广的约束是可允许性(躲避障碍)和可行性(满足动态模型)。如果这些约束依次施加，则存在以下两种选择：

(1)查找可允许的路径，然后检查可行性；

(2)查找可行路径，然后检查可允许性。

这个选择涉及表达运动的坐标选择。可行的轨迹在输入空间中很容易找到，而可允许的轨迹在状态空间中很容易找到。

1. 搜索坐标

在状态空间 $\underline{\boldsymbol{x}}(t)$ 中构造轨迹并不总是容易甚至可能，然后尝试计算与它们相对应的输入 $\underline{\boldsymbol{u}}(t)$。输入 $\underline{\boldsymbol{u}}(t)$ 通常是不存在的，因为状态空间的可行子空间相对较小，如图 9-6 所示，逆模型对于任意最终状态来说并不存在，因为并非所有状态都可到达。在这些初始条件下，机器人的时间限制可达状态空间不包括向前推进，因为驾驶杆需要时间进行移动。

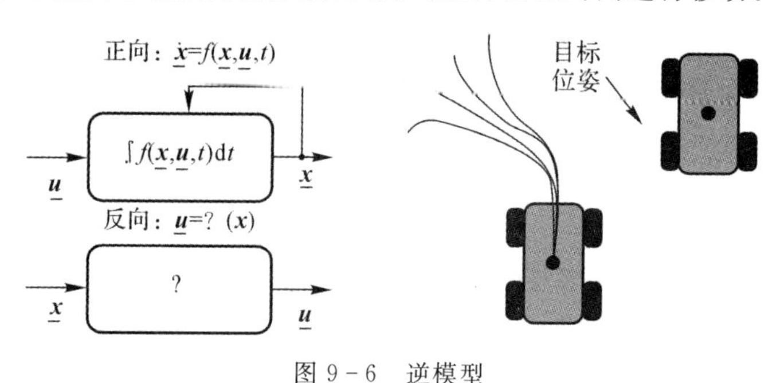

图 9-6　逆模型

一般来说，机器人跟随的路径取决于地形与输入。

2. 环境约束和指导

通过上述分析，对输入空间进行抽样是可行的，因为可行性是一个限制性非常强的约束。然而，有时在状态空间中表达的某些约束比动态可行性更有限制性。当追踪道路(或任何类型的指定路径)时，搜索的路径与经过轨迹一致，才是有效的，因为输入空间中的均匀采样可能搜索不到合适的路径。这种方法的重点在搜索，并且减少了不必要的计算。

这样的搜索可以通过前进方向上的道路的第一个采样点进行，然后使用轨迹发生器来对系统动力学模型求逆。道路被设计为可行驶的，因此在这种情况下可能存在解。

道路或路径可以被认为是在状态空间中优先表示的指导信息。也可能存在其他形式的指导信息。

9.4.3　高效搜索

每当由于路径约束、混乱环境或动力学模型等使得搜索受到高度限制时，搜索的效率将更为重要，因为满足所有约束条件的轨迹更少了。

1. 减小影响

基于以下三方面的考虑：①在不同输入下，任何实际系统的频率响应都将最终产生几乎相同的输出；②环境的分辨率总是有限的；③真正的最优解通常不止满足一个要求，当找到足够好的解时，搜索过程才可以终止。

2. 重新计算

有几种可用于重新计算的方法。一种方法是递归结构法，如图 9－7 所示，具有 3 个备选项的深度为 3 的输入树可以为零初始条件生成一组轨迹样本。请注意，这种递归结构还可以减少计算，因为路径段是共享的。递归路径结构可以显著减少测试轨迹的总长度。这种递归结构也适用于动态规划。

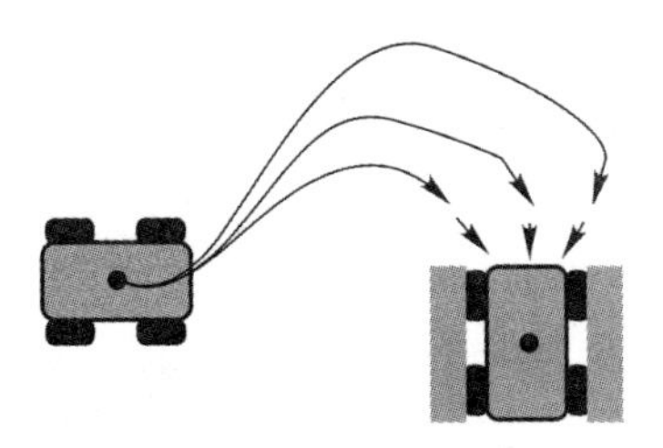

图 9－7　导航函数指导

另一种方法是要记住机器人通过环境模型中给定单元格的所有轨迹的索引。该方法使用预先计算的查找表。然后去掉通过障碍物的所有轨迹，在环境模型中进行可容许轨迹的搜索。

3. 利用可达运动

机器人计划要经过的状态空间中的高速区域相对较大，利用时间对状态空间中可达区域进行障碍物扫描会更有效，因为更节省时间。

9.4.4　搜索空间设计

在智能控制中测试的样本的群体包括搜索空间。本节介绍一些其他的权衡和理想的特征。

1. 相互分离

实际搜索空间的连续性使得完全搜索是不可能的，但离散搜索空间的结构可能会影响找到可行解的可能性。在没有任何其他信息的情况下，最好样本在任务空间中分离得很好。

在更一般的情况下，如果样本的跨越运动的空间满足所有约束，则十分有利。这很容易使用轨迹发生器在路上进行实地测试。当没有这样的引导约束时，搜索空间是一个比等效数量的恒定曲率命令更好的选项。最终位姿具有三个自由度，但一条弧只有两个，因此最终航向完全取决于最终位置。换句话说，如果导航障碍物的唯一路径是S曲线，则基于弧的搜索空间可能永远都不会找到该路径。

2. 完整性

看起来在足够高的频率下测试弧是一种有效的搜索方法，因为任何曲线都可以通过短弧很好地近似。然而，机器人的动量要求轨迹在将来一段时间内是安全的。无法保证执行半个不安全的轨迹后将会再次显示另一个安全选项。

3. 通过持久性控制不确定性的鲁棒性

由于未建模问题、模型误差或其他干扰，无法最优控制，也无法最优预测机器人未来的状态，因此，如果搜索空间相对稀疏，并且随着时间的推移缺乏持久性，那么未来的搜索空间中就可能失掉一些带有误差的解。

这个问题也许有可行解，尽管通过狭窄通道行驶的风险很大，但将固定搜索空间的简单装置放在地面而不是机器人上使得解产生所需的持久性。每个新的搜索迭代从最近的目标状态而不是实际状态开始。当从实际的机器人位置生成轨迹时，会忽略控制误差，并且搜索空间移动到了新的位置。当从机器人的目标位置产生时，初始控制误差不为零，并且以较低的控制等级持续地拒绝引起误差的干扰。

实现鲁棒性的另一种方法是松弛。如果初始搜索空间可以稍微变形以避开障碍物，则可能会重新生成一个初步的解。

习 题 9

9.1 形态空间。根据图9-8所示的两个多边形，绘制形态空间障碍物。假设左边的多边形是可移动的，右侧的多边形是固定的。使用左下角作为三角形的代表点。给出描述C空间障碍物多边形的每条边的尺寸。将三角形旋转90°并重复上述过程。

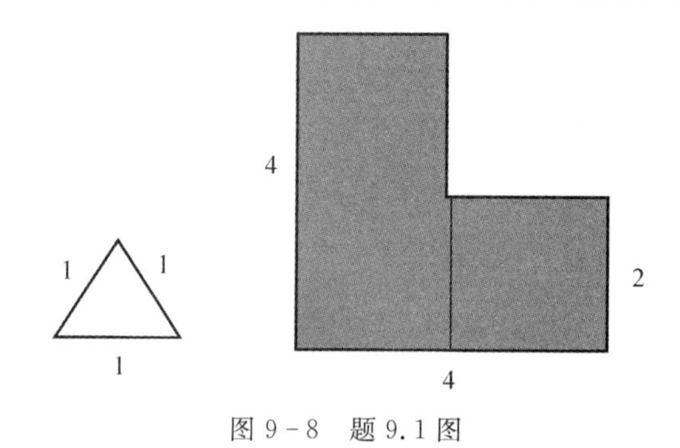

图9-8 题9.1图

9.2 路径分离。使用您喜欢的电子制表软件或编程环境，证明成功地避开障碍对搜索路径相互分离的依赖性。根据表9-2和表9-3中的弧和回旋曲线参数生成长度为10 m的两组九条路径：

表 9-2　弧

	1	2	3	4	5	6	7	8	9
a	−0.2	−0.15	−0.1	−0.05	0.0	0.05	0.1	0.15	0.2
b	0.0	0.0	0.0	0.0	0.0	0.0	0.0	0.0	0.0

表 9-3　回旋曲线

	1	2	3	4	5	6	7	8	9
a	−0.2	−0.2	−0.13	−0.05	0.0	0.05	0.13	0.2	0.2
b	0.0	0.05	0.0	0.0	0.0	0.0	0.0	0.05	0.0

在 $0<x<10$ 和 $-6.5<y<6.5$ 的范围内的随机位置生成 50 个单位半径的障碍物，并判断每一组中的 9 个轨迹中是否至少有一个不与任意障碍物相交。对于两个路径集进行 10 次判断，并注意在随机障碍域中找到安全路径的平均成功率。绘制路径集以查看它们之间的区别。尝试解释你的结论。

参考文献

[1] 刘极峰. 机器人技术基础[M]. 北京:高等教育出版社,2006.

[2] 孙迪生,王炎. 机器人控制技术[M]. 北京:机械工业出版,1997.

[3] 蔡自兴. 机器人学基础[M]. 北京:机械工业出版社,2000.

[4] KELLY A. Mobile robotics: mathematics, models and methods[M]. New York: Cambridge University Press,2013.

[5] NIKU S B. 机器人学导论:分析、控制及应用[M]. 孙富春,朱纪洪,刘国栋,等译. 2 版. 北京:中国工信出版集团,电子工业出版社,2018.

[6] GREEN C J, KELLY A. Toward optimal sampling in the space of paths [C]// 13th International Symposium of Robotics Research. Hiroshima: Springer Tracts in Advanced Robotics,2007.

[7] KHATIB O. Real-time obstacle avoidance for manipulators and mobile robot[J]. IEEE International Conference on Robotics and Automation,1985,5(1):90-8.

[8] LOZANO P T. Spatial planning: a configuration space approach [J]. IEEE Transactions on Computers, 2006, C-32(2):108-120.

[9] RIMON E , KODITSCHEK D E . Exact robot navigation using artificial potential functions[J]. IEEE Transactions on Robotics & Automation, 1992,8(5):501-518.

[10] CHOSET H, BURDICK J. Sensor-based exploration: the hierarchical generalized voronoi graph[J]. The International Journal of Robotics Research, 2000, 19(2): 96-125.

[11] SOUERES P, FOURQUET J Y, LAUMOND J P. Set of reachable positions for a car[J]. IEEE Transactions on Automatic Control, 1994, 39(8):1626-1630.

[12] LAVALLE S M, KUFFNER J J. Randomized kinodynamic planning [J]. The International Journal of Robotics Research, 2001,20(5):378-400.

[13] HOWARD T M, GREEN C J, KELLY A. State space sampling of feasible motions for high performance mobile robot navigation in Highly constrained environments [C]// Field and Service Robotics, Results of the 6th International Conference. Chamonix:Wiley, 2007.